中国建筑设计年鉴

2016

（下册）

CHINESE ARCHITECTURE
YEARBOOK 2016

程泰宁／主编　潘月明　张晨／译

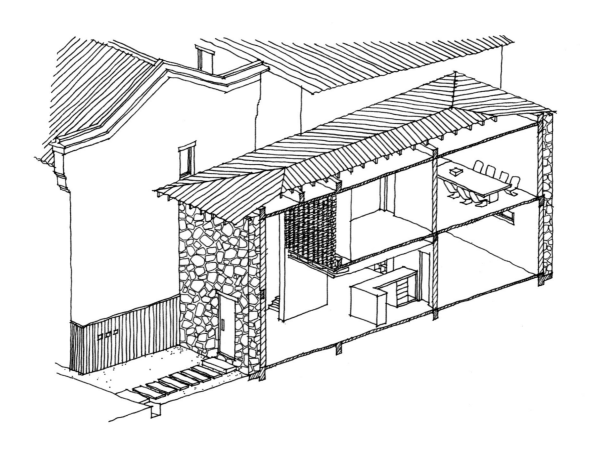

辽宁科学技术出版社

·沈阳·

CONTENT
目录

COMMERCE   商业

TRANSPORTATION　交通

RECREATION　休闲服务

HEALTH　医疗健身

INDEX　设计者（公司）索引

董事

韦业启

环境保护部顾问

澧信工程顾问有限公司

幕墙顾问

江河幕墙集团有限公司

景观设计师

傲林国际设计有限公司

室内设计

Aedas室内设计/ HASSELL / 奥必概念

灯光设计顾问

Brandston Partnership Inc

标牌设计

Fabio Ongarato Design

北京，中关村软件园

新浪总部大楼
Sina Plaza, Beijing, China

Aedas / 设计　　Aedas / 摄影

新浪总部大楼为新浪在中国的主要办事处。新浪是纳斯达克上市公司，经营新浪网和社交平台微博，每日拥有超过 85 万个用户使用。

项目的地上建筑面积为 76,500 平方米，地下建筑面积则是 48,000 平方米。大楼有 55,000 平方米的开敞办公室／研究与发展空间、会议室、企业展示区和员工福利区，其中包括娱乐和休闲设施、餐厅和超市。设计也提供调整空间的最大灵活度。

地块简介

新浪总部大楼位于北京西北部、被誉为"中国硅谷"的中关村软件园，相邻著名的颐和园和西山风景区，自然景观非常优美。项目地块属中关村西路和中关村南路交叉口，紧邻众多一线信息科技及互联网企业。这一区域拥有极好的公共交通条件，并规划成低密度环境。大部分项目按要求紧贴地块边沿建造，以形成富有冲击力的街景。建筑高度不得超过32米。

设计概念

设计以"无限"为概念，借喻通过媒体技术和信息流通的进步开辟了数码世界的无限机会。大楼的设计反映着符号"∞"，以展现"无限"的设计概念。整个建筑规划利用模块化方法来确保最大的灵活性，可按需要而作出空间调整。

源自中国传统建筑庭院的格局，大楼结合 2 个内庭空间创造出经典的围合庭院式总部大楼，采用自然采光及对流风，打造更舒适的办公空间。"新浪之眼"位处整体规划的中央，这一中庭空间作为主要的垂直交通枢纽，同时设置 12 米高、呈锥形的媒体屏幕，传送新浪网及新浪微博上即时资讯。

垂直动线及办公核心位于建筑的四角，与中央中庭相连。内部动线模仿无限符号，从而使大楼用户高效地从建筑一端通达令一端，而建筑对角的通行时间不多于两分钟。虽然建筑形态呈直线，但推演过程严格遵循设计原则。建筑形态经过被挤压、揉搓、捏合，得以形成入口、阳台、特殊的双层挑高工作区以及天窗。

空间布局

新浪内部文化以人为本，因此这幢总部大楼不单设置办公必需的工作间、电视演播室及研发设施，也包括一系列员工设施，比如健身中心、淋浴室、图书馆、员工餐厅、自助茶水间、诊所以及母婴室，以满足员工的不同需求。

一层——首层：北侧入口为访客的正式及主入口。入口处显眼的大波浪雨棚，作为横线的美丽延续，以建筑语言活泼地点亮设计。进入大楼后，大堂空间延伸至称为"新浪之眼"的主中庭，作为主要垂直交通中心，通过楼梯、扶梯及电梯连接通往各

层。与北侧入口大厅相连的是设有多个会议室的会议中心。本层同时设有员工健身中心、休闲室以及公司展示区，可以通向大楼东侧及南侧的室外区域。

二层：为特别打造的圆形会议室，同时设有会议设施及主要办公区域。

三层到五层：主要办公区域，包括位于大楼终端、面朝整体内部庭院的员工培训区、讨论区等，同时配备开放的休闲区、自助茶水间及休息区。

六层：公司管理层办公室以及主要办公区。

地下一层：拥有电视演播厅、采访室、设有200个座位的礼堂、1,300座的员工餐厅以及连接员工餐厅和主中庭的下沉广场。

地下二层：停车场、其他支持性服务、机电及数据中心。

可持续性

项目符合公司的经营理念，目标将建筑发展成为一个绿色和方便用户使用的总部大楼。它已经获得了预认证的LEED白金评级。

大楼朝向最佳化，能有效地将太阳热能降到最低，同时将自然通风最大化。自然采光，特别在大堂及办公空间周边的位置可以减少人工照明的用量，天窗也能照亮顶层的走廊。双层低辐射玻璃的使用大大减低制冷能耗，同时外遮阳片为建筑幕墙提供高效遮阳。

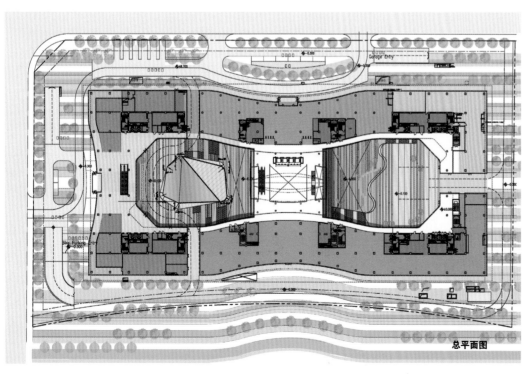

总平面图

剖面图

二层平面图

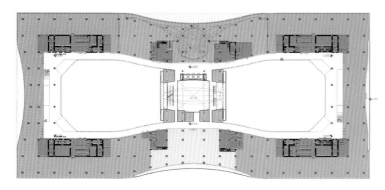

完成时间
2016年
总建筑面积
15,000平方米

上海，虹桥机场

上海虹桥机场商务园一期工程花瓣楼

First Phase of Business Park at Shanghai Honqiao Airport

MVRDV / 设计　SHEN-PHOTO / 摄影

MVRDV总体规划中的第一座建筑，花瓣形的标志性建筑，提供15,000平方米甲级写字楼，结合租赁灵活强大的身份。　另外45,000平方米的地块在上海的虹桥机场边缘将包括共9栋MVRDV设计的办公楼及凯达环球设计的地下街，并将于2016年初完成。由MVRDV为协信地产集团设计的花瓣楼将获得三星级绿色大厦标签，拥有在中国最好的节能等级。总体规划的综合用途项目共包括110,000平方米的办公楼，47,000平方米的零售空间，及55,000平方米的停车场。

MVRDV在2013年与其他两队竞争，赢得了该地区的建筑设计和总体规划。城市总体规划位于邻近高铁车站以及中国大陆第四个最繁忙的上海虹桥机场，并将在林荫大道和高速公路为主的地区，以更亲密的形式，建立城市生活与步行街和广场。

第一个节能型办公楼的总体规划已经完成，与另外九个办公楼将在2016年年初依序完成，共提供110,000平方米办公楼。

"该花瓣楼是我们的整体计划中的里程碑"，MVRDV的共同创始人和首席设计师Jacob van Rijs说道，"该建筑位于附近一个新的地铁站入口，如同行人的指路明灯。总体规划中的二期工程正在建设中，我们结合灵活通用的办公空间，一个如村庄般的城市规划，提供亲密和友好的户外空间。"

该建筑融合了四个塔的顶端，透过其之间的阴影创造亲密的广场。该建筑的底层有大面玻璃，将有零售空间，同时使建筑物能够灵活地通过一个或多个不同租户使用的四个塔之间的顶楼功能连接。该建筑使用圆的形式，最大程度地减少外墙的数量，同时也扩大视野。

花瓣楼的悬臂，自遮阳形式是通过与楼上小开口的外观连接，以减少能源消耗，使之获得建筑节能三星级。白色的外墙，由极轻，但高度绝缘的GRC板，提供了一个微妙的移动网格膨胀，它到达地面变得更加开放，并达到了空调需求减少。

虹桥中央商务区将实现中国"绿色建筑标签"三颗星的最高排名。可持续建筑的功能包括高性能的保温，优化建筑形态，阴影的空间，自然通风，雨水收集，透水路面，便捷的公共交通和城市热岛效应的减少。所有的10栋楼也将提供屋顶绿化作为本地物种的栖息地。

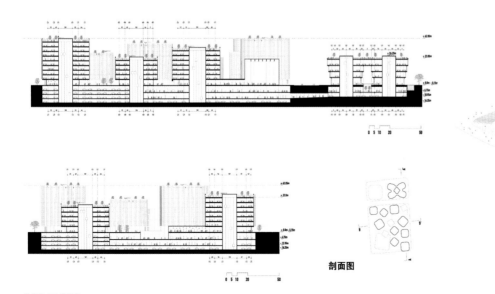

剖面图

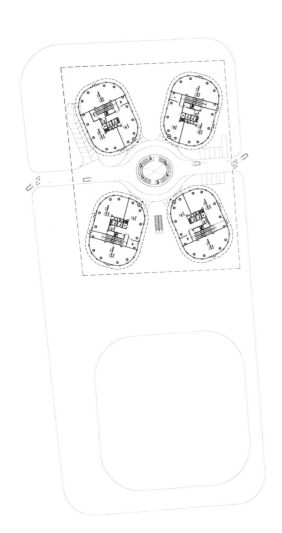

总平面图

N 0 5 10 20 50

上海，徐汇区

漕河泾办公研发园区
华鑫天地
Yidian Office Complex

法国雅克·费尔叶建筑事务所 / 设计   卢克·伯格理, 乔纳森·莱荣霍夫德 / 摄影

合作方
同济大学建筑设计研究院(集团)有限
公司
景观美化
DLC
业主
华鑫置业（集团）有限公司
荣誉
上海市2015年度优秀工程设计二等奖
竣工时间
2015年6月
面积
60,000平方米

2011年2月，法国雅克·费尔叶建筑事务所一举赢得由国资开发商上海仪电(集团)有限公司举办的办公和商店综合体项目竞赛。该项目位于上海市西南部的徐汇区。这片居住区自地铁建成以来就一直保持不断发展趋势。项目于2015年的夏季正式交付完工。从着手设计到建设完工，JFA负责对该项目质量上的全程把控。

独特景观中的城市设计

标识性：该项目由一系列的项目单体组成。建筑通过折叠与切割的手法来塑造其标示性，从而创造了光影变化、高低错落、丰富多样的透视角度。多样性创造了灵活的功能空间及强烈的标识性。项目大多为南北朝向，从而提高了采光度，同时也为办公区域打开更广阔的视野以欣赏运河沿岸风光。

建造景观

城市景观地貌：设计以"城市地形"的概念设计了一种新颖的"建造景观"效果。在此，建筑设计与自然融为一体。项目位于之前极少被公众所注意的一条运河边上。其中一个我们提议的要点是用植被堤去更换环运河的灰色墙体。现在这条绿树成荫的堤岸被改造为一个沿运河的公共步行道。在此，自然得以在繁华都市腹地寻回一席之地。

办公楼群本身即是一道风景。首层折纸状的绿色屋面局部伸展向地面，如同一封通向屋面的邀请函，当地居民可以沿着这片绿径在屋顶与地面间愉悦穿行。楼与楼之间清晰的分割给予各个办公空间独立的可识别性。临近河岸的建筑立面高低错落，在这里设计了活泼生动的公共空间，连接着办公区或休闲区。

景观设计方面，该项目更倾向于与自然环境相呼应。多余三分之一的地表面积被用于打造绿色空间，其中不包括办公室的基础结构，我们更像是在设计一座美丽的花园。

陶板立面营造灵动之感

色彩与材质：建筑立面由竖板环绕，通过调节上海地区强烈的太阳热辐射来保护结构。立面元素由双重材质组成，一面是基于中国传统建筑材料蓝/绿色陶板，另一面则为香槟金色铝板。双重色彩及材质创造出独特的韵律感和项目日新月异的城市视角。依据观赏的位置不同，建筑可以呈现全部的绿色或是蓝色，亦或是全金属。出人意料的移步易景效果创造出一个外观与材质不断变化的动态效应。空间与时间的碰撞共创一种全新的城市建筑感官体验。

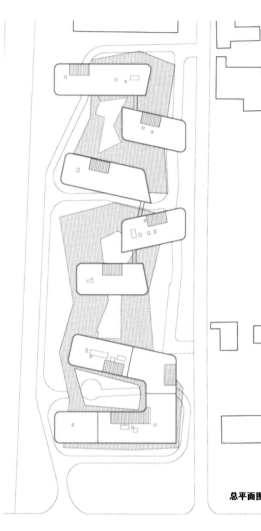

总平面图

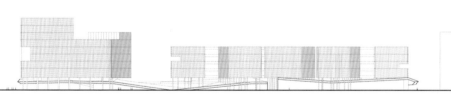

东立面图

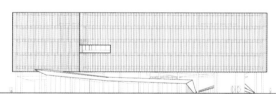

西立面图

承包商
福建丰盈建筑工程有限公司
主持建筑师
王彦
设计团队
高广也、张旭
景观设计
ATR Atelier
结构设计
上海同筑结构事务所
完成时间
2013年6月
总建筑面积
3,900平方米
预算
1500万元人民币

上海，漕河泾开发区

上海漕河泾现代服务业集聚区三塔办公楼

3Cubes Office Building, Shanghai, China

gmp · 冯·格康，玛格及合伙人建筑师事务所 / 设计

三塔办公楼综合体位于上海市西漕河泾现代服务业集聚区内，项目设计者为gmp建筑师事务所。建筑综合体底层设有服务功能，总建筑面积共约6万平方米，由三栋立方体建筑组成，高度差在35米至60米之间不等。

gmp设计方案主要理念在于刻画建筑综合体的优雅感和同质性。幕墙的处理为实践这一理念起到了决定性的作用，同时在技术角度也具有独特的意义。

建筑白色立面严整、简洁优雅，竖向幕墙肌理令建筑和谐的融入周边环境，三栋单体的组合将建筑群从异质化的周边环境中凸显出来。幕墙设计上强调和谐与对立之间的变化和张力。一片由草坪和树木构成的绿化景观，其蜿蜒的边界沿着凸起的山包布置，之前的拱形切口形成进入建筑群底层空间的入口。底层空间可进行自然采光，其流动于三栋立方体之间，实现了空间的贯通，与冷峻、凝练优雅的建筑外形构成鲜明的对比。

设计的核心建筑语汇无疑是幕墙的概念。其之间的变化调整或差异正是造型设计的基本构成元素：体量最小的塔楼立面网格最大，开放的窗口以两个楼层为一个单位，而体量最大的塔楼立面网格则是以一个楼层为一个单位。如此一来造成视觉错觉，巧妙地强化了建筑组团的整体感。

立面还有另外一个特点：玻璃幕墙与白色多孔镶板之间的转换变化、其宽度与扭转的角度均通过参数化设计方式计算得出。所涉及的参数变量包括季节性光照水平、相邻建筑的遮蔽情况、建筑内部空间的朝向和视野以及其对私密性的需求程度，所有立面均通过建立独立的点阵三维模型进行计算，从而得出不同的开放及扭转数据。模型计算技术实现了采光和视野的优化配置，以及高度精确的遮阳角度。三栋办公塔楼也因此获得了卓越的美学品质，富于变化的竖向折叠式幕墙肌理别有生趣。在夜间，立面效果将通过安装在幕墙内的照明单元得到强化：所有建筑幕墙都将成为灯光艺术装置墙，赋予建筑令人难忘的形象。

剖面图

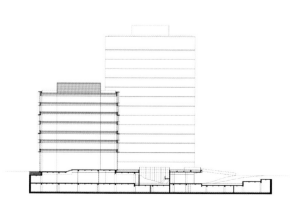

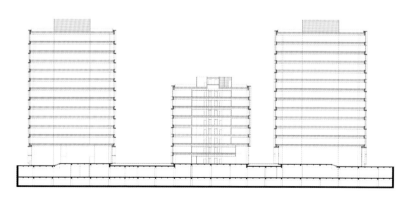

一层平面图

北京，朝阳区

中国国航集团大厦
Air China Tower

AREP设计公司、中国中元国际工程公司／设计

本项目是中国国航集团总部大楼的建设工程——中国国航集团是中国规模最大的航空公司，这一工程为中国国航集团提供了在北京最繁华的一条街道上展示自身实力的机会。

工程所在位置位于北京城区和机场之间，三环的东北角。高耸的大楼从横跨市区的远处就可以望见。引人注目的白色外观，紧凑的弧线造型代表人类关于飞行的梦想，借此在飞速发展的北京城内巩固中国航空的先锋形象。

从西面看，建筑似一个巨大的熠熠生辉的白色翅膀（机翼），充满生气，仿佛朝天空飞去，与周围高楼的造型十分不同。从东面看，建筑有趣地呈现为一个轻盈光亮的竖轴，让人感受到平静、力量、轻盈和温柔。在一天之中的不同时间里，大楼或是反射太阳的光芒，或是映出城市的光辉。项目轮廓鲜明，

寓意不言自明：机翼形状的高楼赫然矗立，由路堤和花园，大楼和基座组成，拥抱周围的城市景观。

从地面观察，大楼的简约造型即象征着航空运输。比例较小的建筑元素分散排布，配合传统中国园林，呈现更为生动的形式，就像从空中观察地面的人类活动一样。

建筑的高使用效率一部分源于根据不同朝向采取不同的外墙处理手段。工程的朝向和造型设计不仅考虑到了周围居民楼对光照的需求，同时也对大楼室内办公区域能够获得的日光进行了最大化设计。这栋大楼将以温柔的力量融入北京的城市景观，优雅而微妙。与此同时，项目还将展示中国航空的核心价值观，连接天空与地面，拉近人与人之间的距离。

业主
中国航空（集团）有限公司
设计师
杜地阳（Jean-Marie Duthilleul），
铁凯歌（Etienne Tricaud）
面积
120,000平方米
高度
110米
建成时间
2015年

总平面图

西立面图

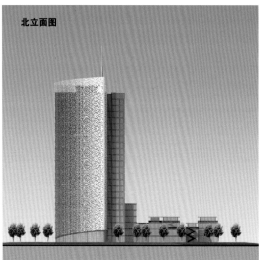

北立面图

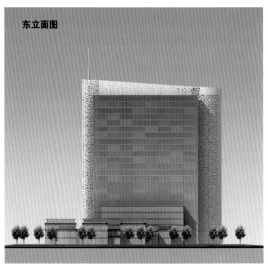

东立面图

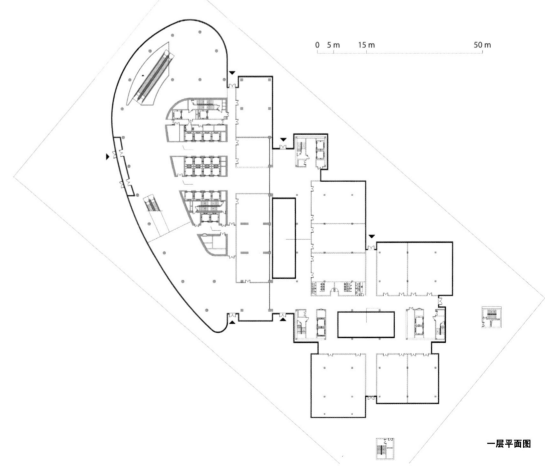

一层平面图

0 5m 15m   50m

WORKING ■ 办公

设计团队

张之杨、许孔明、朱志彬

项目功能

办公

完工时间

2015

建筑面积

33,100平方米

基地面积

9,727.04平方米

深圳，龙岗区

大万文化广场
Dawan Plaza

局内设计／设计

　　本项目处于一个比较特殊的地段，南侧面向新区的比亚迪大道，是坪山新区最重要的形象道路之一，道路红线超过60米，完全是现代大都会的空间尺度；而西侧则临近历史遗存的大万世居客家围屋和围绕着它的城中村，建筑尺度比较密集细碎。

　　项目的投资方是村委会和发展商的联合体。业主最初优先考虑商业价值以及投资成本的控制。出了若干轮方案，都是大体量的高层楼宇，由于完全忽视了对邻近的大万世居客家围屋尺度上的呼应与尊重，在规划局一直无法保证通过。

　　设计之初,我们提出几个设计目标:

　　(1)新的建筑体与旁边的客家围屋以及城中村获得尺度上的尊重与和谐。

　　(2)使建筑主体面向比亚迪大道获得良好的展示性的同时，在建筑语言上能够为坪山新区提供一个建筑学审美上的样板。

　　(3)处理好与项目基地西侧相邻的公寓楼视线对视及相互遮挡问题。

　　(4)获得理想的建筑效果的同时造价可控。

　　(5)项目所在区域距离坪山现有的生活街区较远,期望在这里通过空间的组织，营造出既独立又能聚人气的商业氛围。

　　(6)首层基本上为出租或销售型的商业及街铺，应使沿街面长度最大化。

　　(7)由于造价限制整个楼宇采用VRV分体式空调系统,保证外立面整洁的前提下，处理好室外主机的安置问题。

　　在城市规划和体量安排上，我们首先将一栋80米高的主楼面向比亚迪大道, 体块简洁方正, 在尺度与形式上良好的呼应了比亚迪路这条未来城市主干道的商务形象展示需求。主楼与地块西侧的住宅楼之间自然形成了接近80度的夹角，良好的规避了两者之间可能出现的对视与遮挡。然后将剩余的体量

化解为4个四层的小楼，与主楼共同围合成一个内向的院落，中心院落与周边的道路形成街道式的步行连接，这些小楼在尺度上与河对岸的城中村建筑物以及客家围屋形成有友好的对应关系。

　　这种聚落式的规划布局有效地营造了相对独立, 而且容易聚集人气的内部广场空间; 同时, 由于独立建筑楼栋数量的增加，首层最大化地延长了可展示的商业界面，独立的三四层的小楼，可以经营餐饮商业，也可以独立销售。因此，这种规划布局不仅赢得了业主的认同，而且满足了规划部门的要求。

　　为达到简洁大方的效果，主塔楼朝南的立面运用外挑600的格栅形成整体重复简洁的韵律感之外，还可以起到遮阳节能的效果。由于造价问题，项目放弃了使用铝合金的型材结合幕墙，而是和混凝土预制构件供应商共同研发了一种全新的外墙系统，外观上完全与幕墙效果一致，但实际上是窗墙系统。

立面图

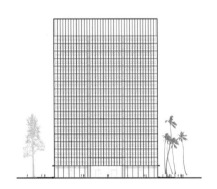 

剖面图

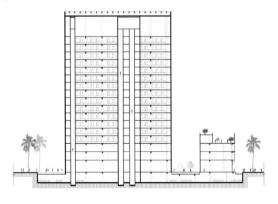 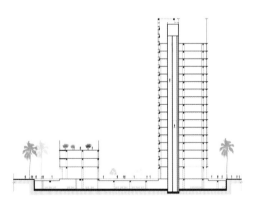

一层平面图

1.大堂
2.门厅
3.商业
4.卫生间

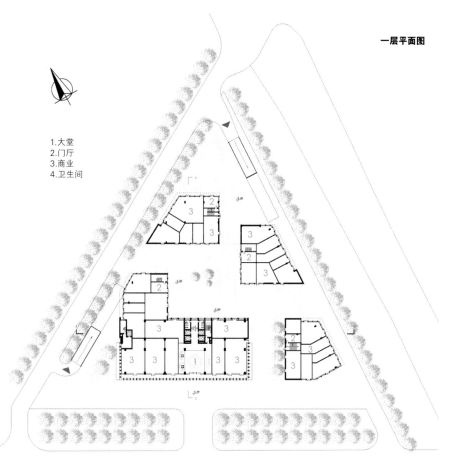

设计单位
杭州中联筑境建筑设计有限公司
设计团队
王大鹏、沈一凡、孟浩、
汤焱、祝容、裘昉
合作单位
湘潭市建筑设计院
建成时间
2015年
建筑面积
51,781平方米

湖南，湘潭

昭山两型产业发展中心
Zhao Shan Industrial Development Center

程泰宁 / 主持建筑师

湘潭自古以来就有"山连大岳，水接潇湘"的美誉，而昭山两型产业发展中心用地距离潇湘八景的"山市晴岚"不远，且用地东面紧靠虎形山，南面距仰天湖也不远，如何让和谐的建筑处于山水之间，并且既能体现出行政建筑的特点又具有当地传统的文化气息，这是设计的出发点。整个设计的立意为"山水城岚"，山者为昭山虎形山，水者为湘江仰天湖，城是建筑介入山水的途径，岚为山水之间的云霞，彰显着浓郁的文化气息，整个建筑为昭山两型示范区的建设奠定了基调。建筑造型从湖南传统建筑的"穿斗式"形式中提取意向，经过提炼变形，最终实现了似与不似的抽象继承目的。

湘潭自古以来物产富饶、交通便利、人才辈出。近年来，湘潭市的经济和社会发展保持良好的态势，城市综合实力明显提高，城市建设也进入了快速发展阶段，形成了一江两岸共同推进的空间发展格局。随着长株潭城市群区域规划和"两型社会"建设的

战略实施，长株潭区域中心部位的城镇正面临着新的机遇和挑战。湖南省"两型社会"建设综合配套改革五个示范区之一的昭山示范区于2009年6月8日正式挂牌成立，在湘潭共有三个示范片区，易家湾昭山片区是其中之一。

昭山两型产业发展中心位于潇湘八景之一的昭山近旁。场地周围山峦重叠，植被葱茏，自然环境十分优越。发展中心是现代化办公建筑。设计希望借意自然，营造出寄情山水的田园意境，表达中国而现代的审美理念。项目总建筑面积51,781平方米，其中地下15,791平方米，地上建筑面积35,984平方米。距潇湘八景的昭山不远，建筑环山而建，建筑形体逐层跌落，犹为山体的延续，同时又形成了与自然环境相融无间的内部庭院。空间布局既体现了办公建筑的公共性，又营造了寄情山水的园林意境，单体造型表现传统建筑的水平构线和湖南"穿斗式建筑的细节"，经过提炼变形，试图塑造一个典雅精致，又颇有力度感的建筑

形象。中国而现代，是我们的创作定位。本项目也为昭山两型示范区的建设奠定了基调。

建筑整体布局呈U字型，办公主楼和两栋附楼呈U字型布局，自然形成一个朝向虎形山打开的"三合院"，与环境充分对话。"三合院"的空间容纳了服务交流性的大型会议室、餐厅、健身休息等功能，这些功能由景观性的回廊亭榭和水景有机地串连为一体，既满足了办公楼的使用要求，又使得院内空间富有园林的趣味与意境。东侧的虎形山，西南侧的低洼湿地与建筑有机整合，既提升了环境质量，也强化了建筑的开放性。"三合院"空间充分利用山景，与由回廊连接的多功能空间共同形成了一系列不断变化的庭院，富于中国传统的园林空间韵味。该项目采用江水源热泵、外遮阳系统、雨水回收、中水利用、空气监控装置等技术，并且充分考虑了自然采光、通风机、屋顶绿化等被动节能措施，获得了国家绿色建筑三星级的认证。

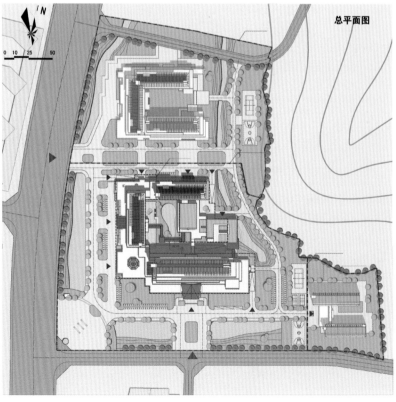

总平面图

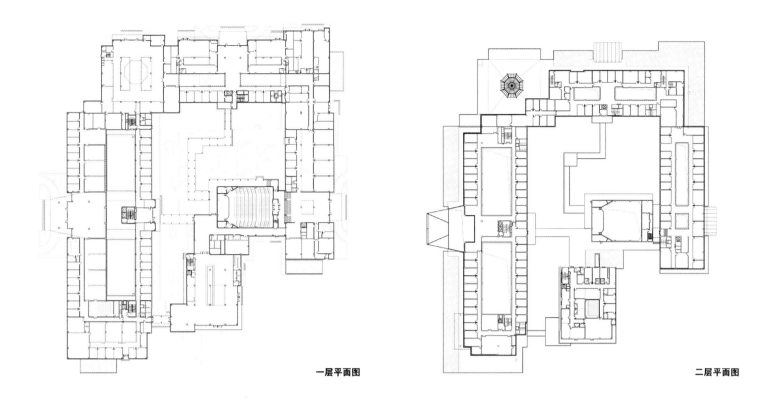

一层平面图   二层平面图

北京，光华路

光华路SOHO2
Guanghua Road SOHO

gmp·冯·格康，玛格及合伙人建筑师事务所 / 设计

业主
SOHO中国
设计
曼哈德·冯·格康和斯特凡·胥茨以及
斯特凡·雷沃勒
项目负责人
Daniela Franz、董淑英、
Wang Nian、苏俊
设计人员
Anna Bulanda、Margret Domko、
Gerardo Garcia、Soeren Gruenert、
Matthias Gruenewald、
Li Shanke、李峥、刘虓、解芳、
邢九州、周斌、Sun Ziqiang、Zhao Xu
建筑面积
103,000平方米

gmp·冯·格康，玛格及合伙人建筑师事务所受SOHO中国委托设计的光华路SOHO2城市综合体落成。光华路位于北京东部中央商务圈核心区域，紧临使馆区，区位显赫，综合体由五栋具有流线型立面的建筑体组成。其中布置有84,000平方米办公空间以及19,000平方米可短期租赁的办公单元。

与北京常见尺度宏大的街道不同，光华路周边街区密集，形成亲密而活跃的都市氛围。光华路SOHO2项目充分关注了这一特点，并通过多样化的空间交织以及道路沟通强化了都市空间密度，形成引人入胜的街区环境。

不同尺度的通道和空中连廊构成交通网络，贯通了综合体内部空间。道路网络贯穿214米x 77米的综合体内部，并将其与周边街道空间联系起来。如此实现了建筑整体与都市景观之间富于张力的视野交流，避免了建筑背街面的出现。

五栋建筑幕墙转角流线一直延续到倾斜的屋面处，倾斜屋面的设计旨在避免遮挡北面住宅区，在遵守当地日照标准的同时也成就了独特的造型语言。屋面形成建筑"第五立面"，凹进的平台和日光中庭点缀其间。

每座单体建筑的顶部楼层均通过空中栈桥连接，提高了空间的灵活机动性，屋面之上的空中花园可享有俯瞰城市的视野。

建筑综合体内部的道路系统多为曲线。来访者将进入一个流动的、以建筑塑造景观的空间。建筑底部三层空间围绕两座巨大的日光中庭布局，中庭可为来访者提供明确的空间定位。位于玻璃幕墙之前的垂直百叶可对采光进行调节，同时也给建筑的立面带来柔和清透如波浪般光泽，如同一层浮动于建筑表面的垂帘，彰显建筑整体的轻灵优雅。

总平面图

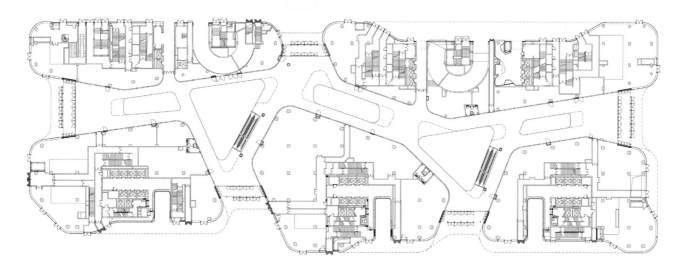

一层平面图

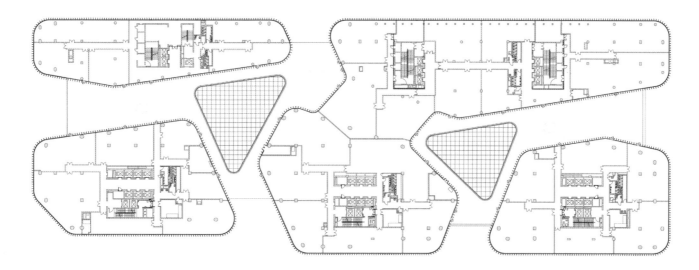

三层平面图

设计
曼哈德·冯·格康和尼古劳斯·格茨
以及玛德琳·唯斯
项目负责人
孔晡虹、Martin Hagel、郝艳莉
竞赛阶段设计人员
Jan Blasko、Rebekka Brauer、王青
实施阶段设计人员
Jan Blasko、Rebekka Brauer、蔡磊、
方敏、高庶三、Martin Hagel、郝艳莉、
孔晡虹、李肇颖、Florian Wiedey
业主
中国人寿保险公司
地上建筑面积
79,000平方米
地下建筑面积
45,000平方米
总建筑面积
124,000平方米

上海，浦东

中国人寿数据中心
Data Center of China Life Insurance in Shanghai

gmp · 冯·格康，玛格及合伙人建筑师事务所／设计

中国人寿为中国规模最大的保险公司，其位于上海浦东的数据中心日前投入使用。项目由gmp·冯·格康，玛格及合伙人建筑师事务所担纲设计，建筑综合体经过6年设计建设于2015年6月落成。gmp同时承担了建筑室内设计。建筑设计传达了两个核心观念，以建筑语言突出其最大的人寿保险提供者的企业形象：首先是其诚信、安全、持久、客户导向的企业精神，另外一方面则是最先进的数据处理技术，实现可持续性。

由3座建筑体组成的综合体提供约8万平方米的楼面面积，运营空间、会议空间、值宿空间围绕保险公司数据处理中心的核心区域布置。所有的功能融合在三个简洁的长方形建筑体块中，体块的布局相互之间具有张力，将建筑之间的空间定义成了大气的入口空间和内庭院。裙楼建筑一部分为多层建筑，一部分简化为条带装饰，闭合了综合体的开放一侧，围合入口广场和绿化景观，使得建筑组团对外形成了一个完整的整体形象。在建筑呈现信息安全保密的数据中心形象的同时，庭院面向各个方向的开放刻意创造了一个公开透明、为客户服务的良好氛围。建筑立面上的玻璃窗带突出的水平方向的错落的纹理传达了计算机芯片的意象。水平向白色和透明交替玻璃窗带与相连的箱式幕墙刻画了建筑体和室外空间，赋予建筑令人难忘的外部形象。

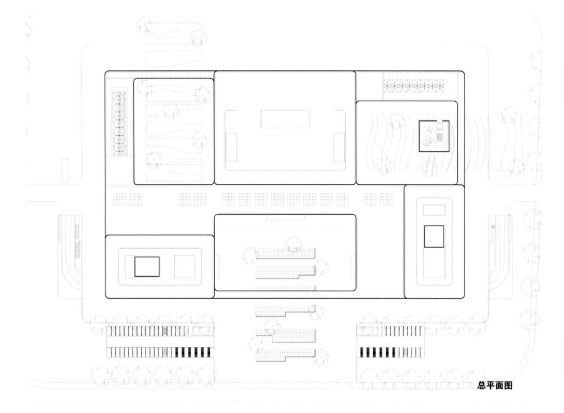

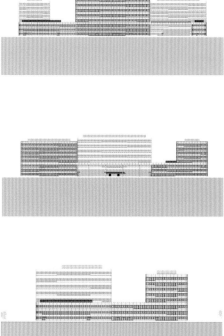

总平面图

立面图

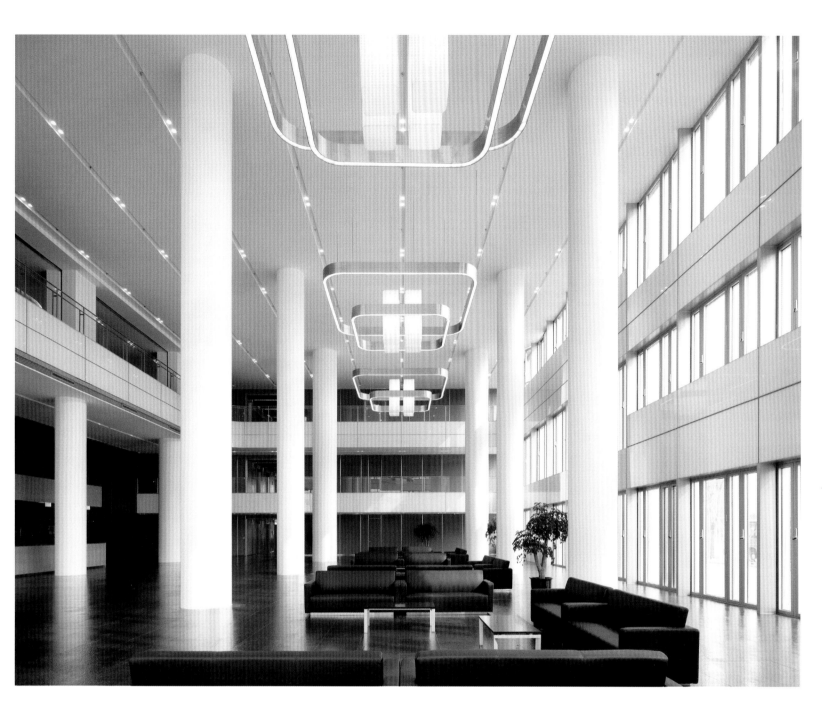

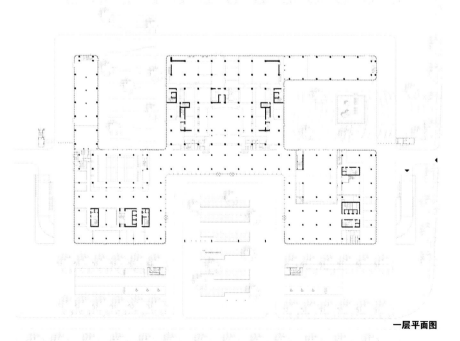

一层平面图

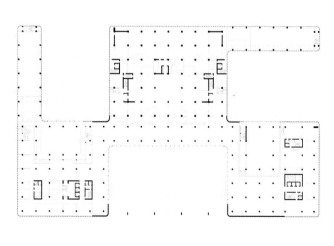

二层平面图

设计团队
南旭、吴怀国、王轶超
建筑面积
300平方米
项目年份
2015年

上海，普陀区

泵房改造项目
Pump house renovation

NAN Architects，JWDA／设计　南旭，肖潇／摄影

一个废弃多年的泵房，独处于居民区的深处。小区里朝九晚五的人们，甚至不会多看它一眼。斑驳的墙体，恣意的藤蔓留藏着许多记忆。如何重塑它的存在，是建筑师思考的课题。业主想要把它改建成能容纳8~10人办公的场所。空间是建筑的本质。我们的策略是在保留其结构和空间格局不变的前提下，剔除多余的装饰构件，挖掘其内在的空间记忆和价值，赋予其应有的气质。

不同于普通的建筑，泵房的楼板上为器械预留了许多吊装孔，墙角上也设置了两个排气烟囱。这些构件虽然不再使用，但仍然被我们保留下，通过建筑手段加以利用，与旧时的空间记忆展开对话。

由于身处居民区内，办公室的私密性也是要解决的问题，我们将室外平台设置在背对居民区的南侧。北侧通过加建的实墙，与居民的视线隔绝。而顶部的天窗和底部的条窗则与户外空间产生联系，使空间神秘而不压抑。泵房有6米的层高，开了很多高侧窗。加建的夹层空间正好可以利用这些窗，只是对其比例尺寸稍有调整。原有的地下储水空间被我们改造为地下室。为避免沼气的隐患，我们将地下室的入口设于室外，利用原来的弧面挡土墙和主体建筑的空隙，布置了悬挑楼梯。紧贴着建筑生长的两棵老树，在纯净的白色墙面的映衬下，更显得生机盎然。

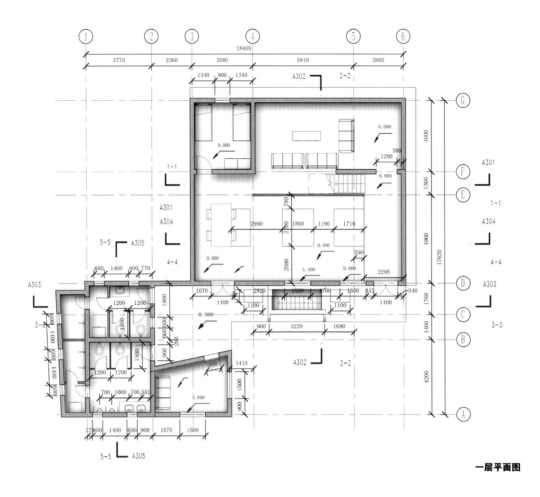

一层平面图

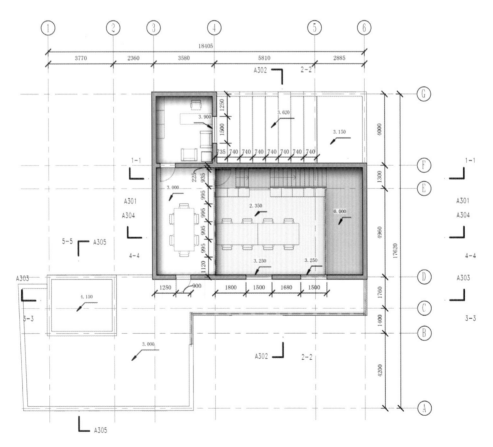

二层平面图

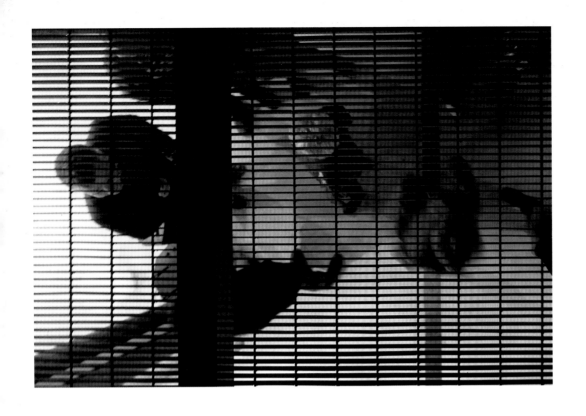

建成时间
2015年
类型
四合院改造
规模
240平方米

北京，大栅栏

茶儿三号
Cha'er 3

reMIX 工作室 / 设计

茶儿三号是reMIX在大栅栏更新计划中的第三处四合院改造项目，而这次则是作为我们自己的设计工作室。场地最初是一个由南房、北房院落组成的南北向合院，其房间木构架的形制保留完好。

在20世纪六七十年代快速工业化的潮流中，一些小型工厂在胡同区域中建立起来，多将院落加顶以最大化室内空间，适应轻工业的空间需求，这里也不例外。原有院落上方由8米高木质屋架覆盖，整个地块形成中间高、两边低三个坡屋面组成的空间序列。北房内部分成四个小间，其南立面仍保留原先的门窗，而南房的北立面则已被改为一堵实墙。南北房中支离破碎的平面分隔导致自然通风采光的不足，并不允许灵活的室内布局。

我们的改造从拆除所有的吊顶及非承重墙开始，并紧接着对清理后的结构进行了新一轮的测绘和勘察。东西侧墙外包裹的石膏层被剥离开来，裸露出斑驳的青砖墙。

我们对建筑表皮的干预是修复性的，并必须严格遵守原先的轮廓。从木材的截面可以清晰分辨出其建造的时期——圆木属于原有结构，而方木则是工厂时期的加建结构，我们最大程度的保留了所有的木结构，并在个别局部采用不同的金属构件加固。此外，在屋面及地面都增加防水和保温层，并安装地暖设施，使用导热性较好的素混凝土地面。原先三个屋顶体量之间所形成的天沟导致其相邻墙面因常年的潮湿完全腐朽，因而亟待重建，并将原有的带状高窗替换为热工性能更好的双层中空玻璃。

室内空间的干预则主要包括增加一个具有独立结构的钢结构夹层，南房北面的玻璃隔断和一系列的嵌入式家具。

从功能布局上，缺乏自然通风和采光的北房承载所有的服务功能（卫生间、厨房、储藏和模型车间），阳光充足的南房布置会议室和一个可独立的办公单位，而中间两层通高的空间则作为开放的办公/展览区。夹层是另一个较为独立的办公区，地面的铺装采用金属格栅，既最小化对其下方空间采光通风的影响，又可在灯光下形成具有戏剧性的光影效果。

改造后的空间布置不仅使得各功能区域间获得更丰富的视觉交互，也允许了一定的灵活性，为多种场景下的功能布局提供可能。

在旧建筑原有结构状况较差而整个工程造价极为有限的情况下，我们有意识的包容和保留各种历史遗留的结构和空间不规则性和"不完美"。从材料上，我们亦试图创造混凝土与钢的"粗糙"质感与白色墙面及家具的"光滑"之间，木结构及青砖墙的"温暖"和玻璃隔断的"纯净"之间的有趣的对比与对话。

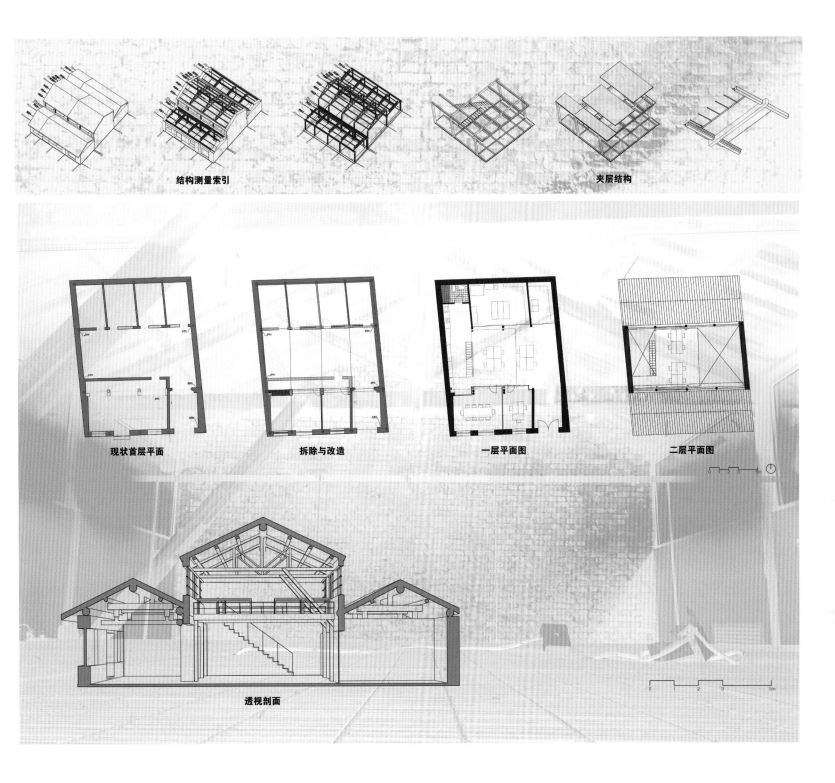

结构测量索引

夹层结构

现状首层平面

拆除与改造

一层平面图

二层平面图

透视剖面

设计团队

郑一春、谢秉佑、王亚坤、拉西木

施工

南通启益建设集团有限公司

项目类型

办公、厂房改造

状态

已建成

时间

2015年9月–2016年3月

建筑面积

350平方米

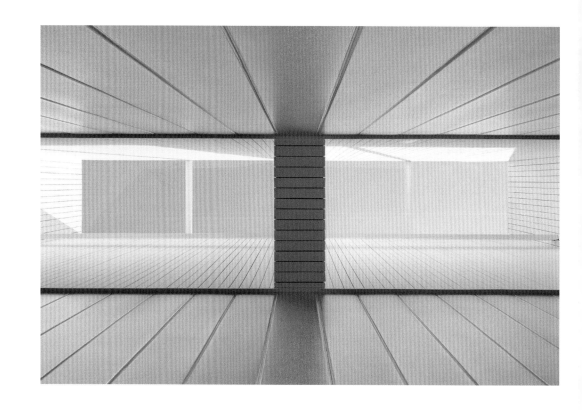

北京，半壁店

半壁店1号文化创业园 8号楼改造

Renovation of No.8 Building in Beijing Banbidian Industry Park

程艳春／支持建筑师　夏至／摄影

在北京半壁店1号文化创业园深处，一栋拥有U型玻璃立面的2层小楼，是C+Architects新近完成的一个厂房改造项目。新办公空间可容纳30~50人同时工作，并在原本开敞的建筑里创造出了一个全新的交通秩序以及尽可能多的用以讨论、休息的自由空间。

"楼梯光间"

由于主入口附近的L形旧楼梯无法满足业主对于公司前台区域诉求，建筑师的首要任务就是重新定义室内垂直交通，因此整体方案概念的出发点，即通过设定一个焦点——直行单跑楼梯——重新划分建筑内部的空间与功能。新楼梯位于整栋建筑内部的视觉中心处，被两片U形玻璃墙夹在中间，其上方为6.2米长、1.1米宽的天窗，日间，天光洒下来，经过U形玻璃的漫反射，办公空间里诞生了一个温暖、明亮的"楼梯光间"。横跨三榀屋架的天窗通过其石膏板隔墙里的钢龙骨与原有屋架里的角钢焊接形成了结构支撑，同时对已经发生形变的屋架起到了一定的保护作用。

围绕着"楼梯光间"有一条回形交通流线，在其四周根据使用需求划出了或私密、或公共的功能分区。一层西侧安排了相对私密的总经理办公室、封闭会议室及生活功能区，东侧是相对开放的办公区、会议讨论区及休闲区；二层南侧为若干行政管理人员办公室，北侧则是开敞办公区；建筑东侧的独立狭长空间，可进行小组讨论或小憩。作为"交通枢纽"，楼梯最终又把不同分区有序、高效地组织起来。

"正负空间"窗

细节方面，建筑师除了在二层南侧的砖墙上新开了窗洞并扩大了北侧窗洞以改善采光、通风以外，还利用建筑外墙墙体较厚的特点设计了一种多用窗。改造后的每个窗户分为正、负空间两个部分：室内正空间的玻璃窗安装在窗套外侧，窗台可作为置物空间使用；室外负空间的可开启玻璃窗安装在窗套内侧，方便开窗通风的同时也可减少湘雨的可能性。施工完成后，黑色喷漆钢板做成的窗套与刷白的砖墙形成了精致与粗糙的鲜明对比。

与庭院相伴

不久的未来，办公楼北侧将规划出一个三角形庭院供公司内部使用，因此，建筑师将建筑北侧砖墙上的一扇窗户改造成了门洞，届时可方便员工从办公区直接进入到院子里。同时，一层附属小建筑还加设了卫生间、厨房以及休息室等功能，其中，厨房直接通向庭院。天气好的时候，人们可以在厨房简单地加工完食品、酒水，拿到院子里就餐甚至举行小型的派对活动。

一些遗憾

在设计方案中，建筑内部大范围的使用了木条装饰，原本想要回收旧木头，把其坏掉的部分裁掉循环再利用，让失去生命和功能的木头重新具有意义，但由于工期原因最后还是选择了新木头；出于成本的考量，室内入口处的植物墙也未能实现；另外，前台上方的彩虹天窗也被物业禁止施工，这些皆为设计中的一些遗憾。

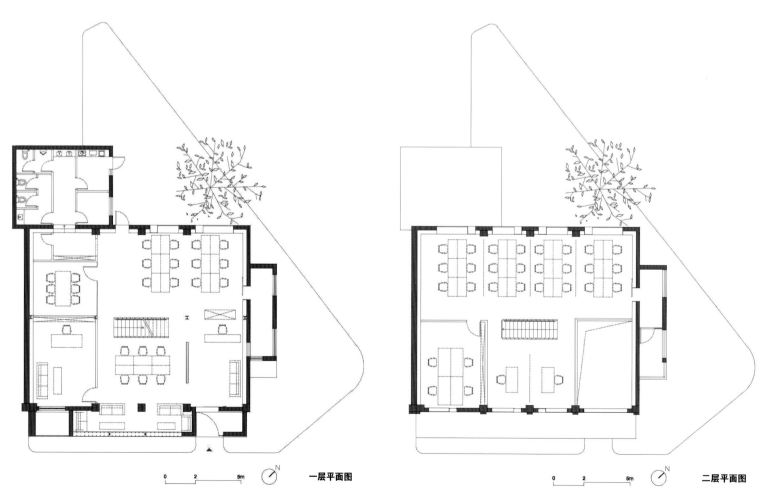

一层平面图

0 2 5m N

二层平面图

0 2 5m N

北立面图

南立面图

剖面图

剖面图

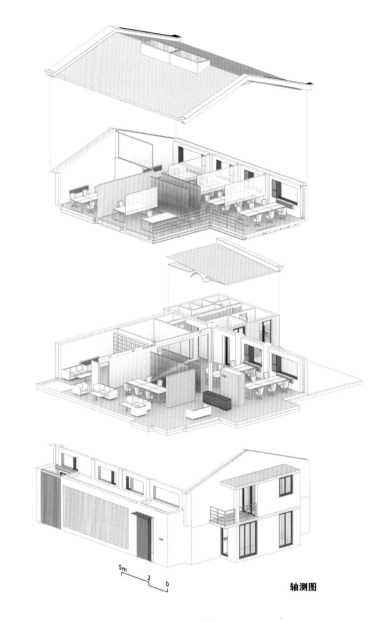

轴测图

业主
西子集团
项目总负责
凌建
竣工
2015年
建筑面积
10.6万平方米

上海，莘庄

上海西子联合总部综合楼
Xizi United headquarters building, Shanghai

GOA大象设计／设计　范翌／摄影

　　该项目位于上海莘庄商务中心核心区，基地周边拥有良好的城市景观资源，北侧毗邻莘庄商务区的中央湖景区，南侧紧靠城市滨河绿色通廊——淀浦河。

　　整个规划由5栋建筑组成，其中2栋高层办公楼和3栋多层办公楼。为了给高层办公楼争取尽可能多的城市景观，设计把南北两个地块的高层办公楼交错布置，减少相互之间的视线遮挡。总体布局上，5栋建筑沿基地周边"U"字型布置，通过建筑之间的围合，形成中心景观庭院，为办公人员提供一个休闲、舒适的交流场所。高层建筑与多层建筑的有机组合，加上建筑体块之间的跌落、错动，形成了富有

变化的天际轮廓线。建筑主立面的设计采用竖向线条，侧立面则以凹槽把建筑分解成几个体块，并赋予不同高度，达到高耸挺拔的体型效果。

　　对切割后的形体，在不同面上做了区分。为了强调体块轻盈的片状感，正侧面采用不同的幕墙类型，正面用石材结合玻璃的形式突出竖向肌理，侧面用全玻璃幕墙体现挺拔剔透的感觉。幕墙开启扇统一设置在正面，侧面保持幕墙的纯净。

　　建筑围合出的半开放庭院解决了沿庭院一圈办公空间的景观问题，这是视线上的交流。与环

境更直接的互动则在底层空间。办公的底层空间打通，除了门厅以外，还设置了商务配套设施，使整个底层部分变成开放的系统，和中心花园直接联通，楼与楼之间均设廊架连接，人们可以自由地在室内外穿梭活动。

　　外墙材料采用干挂花岗岩和玻璃幕墙结合的做法，整个建筑群体呈现出现代、典雅的性格特征。

鸟瞰图

总平面图

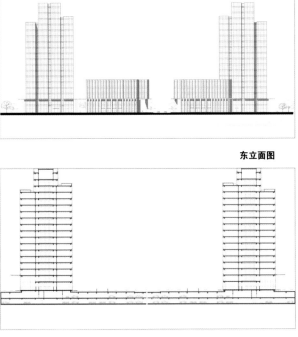

东立面图

组合剖面图

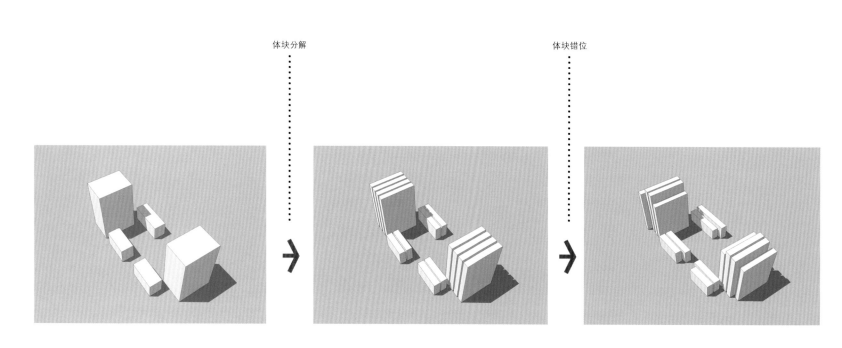

体块分解　　　　　　　　　　　　　体块错位

组合一层平面图

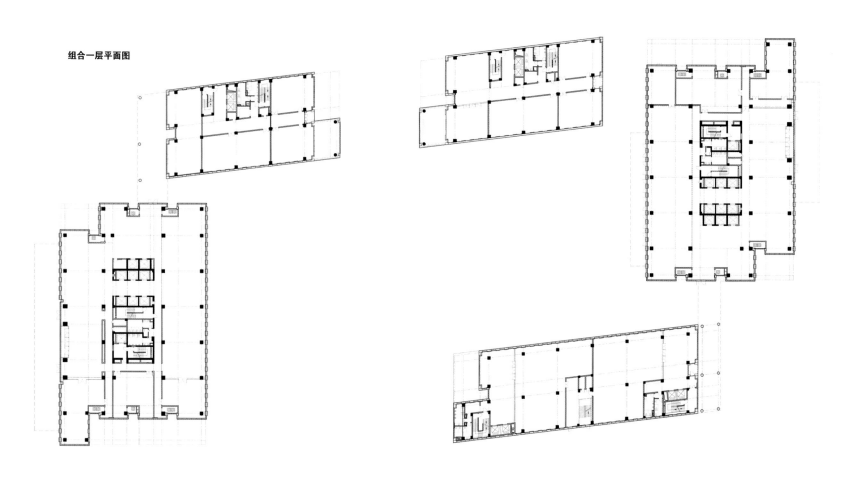

业主

广州市万科房地产有限公司

设计团队

马清运、张健蘅、郑敏明、李志东、
周文昕、陈光慧、Castro Eduardo、
耿令香、张德俊、周丹奇、
Elena Pelayo Rincon、蒋文斌、
朱彦霖、刘宇超、李茁

总用地面积

约3.1万平方米

总建筑面积

约12万平方米

功能组合

公寓、SOHO、办公、商业

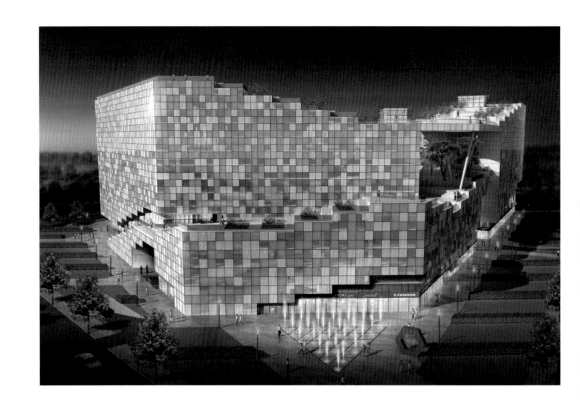

广东，广州

万科云
Vanke Cloud

马达思班张健蘅工作室／设计

　　万科云位于广州天河智慧城IBD核心区，天河软件园高唐园区内，华观路与高唐路交汇处，并与次要干道紧密相连，四面环路。在高科技企业聚集的区域及顺应互联网迅速发展的时代，该项目定位于服务高科技IT企业的创意办公综合体。同时，万科云也是万科集团在广州开发的首个商务综合体项目。

　　本项目旨在创造一个完整的、整体的地标建筑，外立面简洁干净纯粹，内部空间富有节奏变化。内外的结合予人强烈的视觉冲击力和深刻印象，有别于城市中心孤岛式向上延伸、单一的功能布局，具有独特的建筑语言和个性。

　　我们没有重复制造盒子的屏蔽空间，而是把它看作与地块、环境、城市空间相互依存的场所。把

人们从局限中最大限度释放出来，回到一种充满交流、见证和偶发性的空间机制。与自发形成传统街巷，挑战于高密度的建设条件底下没有平面和静态，而是立体的和蔓生的空间体系。

　　设计采用庭园和退台的形式，将整个建筑通过屋顶平台相连接转化为一个整体造型，在几个界面都形成了较好的衔接关系，从西面起通过大台阶直接群房屋顶，再通过群房屋顶，与高层屋顶较低位置相连，形成一个十分有趣的屋顶平台，平面错落但紧凑而有序，既利于采光通风，又充分利用了周围的景观视线，以营造丰富的空间体验。

　　建筑通过大小两个相扣的六边形布局方式，形成的主入口外面进小庭园和中央庭园，下沉的中

央庭院不仅改善地下空间质量，也能为日后空间扩容，多样化的空间功能调整提供有力的支持。另外起落的屋顶造型连接成环，布有各种园林空间，休闲和体育锻炼空间释放，不仅在各种固有功能空间在建筑形体中分布合理，而且在整体使用的时空上互不干扰，为有目的性的使用人群做到极致的空间融合，很好的创造人性化商务办公的新模式。

　　整个建筑通过屋顶的台阶与底部起伏的退台，形成动感的城市边线，有如音乐中高低起伏的旋律，增加建筑的立面变化使建筑具有了音乐般的流动性。因此，项目的建筑形体本身就是一个十分具有时代感的大型雕塑。

鸟瞰图

総平面図

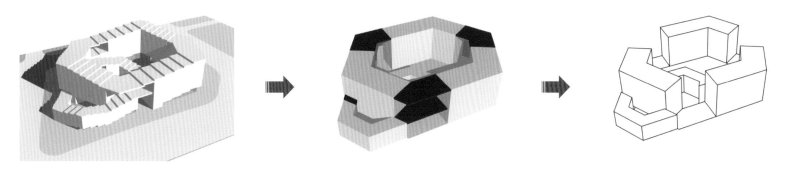

通过体型断开，化整为零，看似巨构的体量实为高效布局的5个单体组成，空间丰富，同时满足规划需求

体量研究图

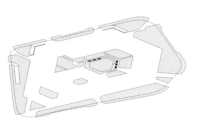

1.地块

2.加入绿化空间

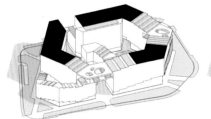

3.提升绿化空间

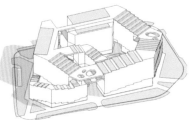

4.形成空中花园

立体公园

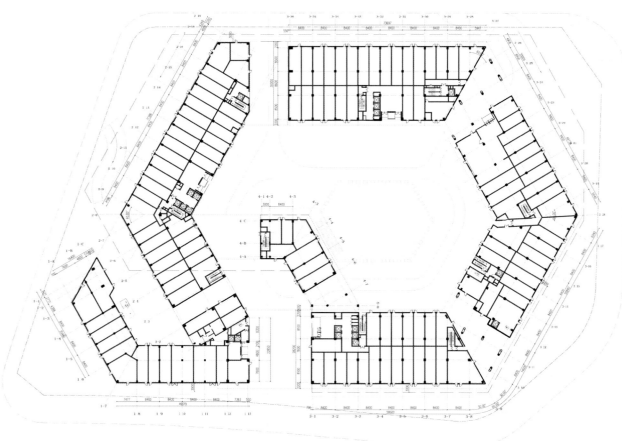

一层平面图

业主
Soho中国
设计
曼哈德·冯·格康和
施特凡·胥茨以及施特凡·瑞沃勒
项目负责人
苏俊
竞赛阶段设计人员
高博，张菁
实施阶段项目负责人
Matthias Wiegelmann、鲍威
实施阶段设计人员
Anne Bulanda-Jansen、董淑英、
Andreas Goetze、郭福慧、Peter
Jänichen、李凌、Sebastian Linack、
Mulyanto Mulyanto、苏俊、田雪莉、
王宓、肖闻达、解芳、徐东、周斌、
Catharina Cragg、Kerstin Baur、
戴天行、史夏瑶、王禹、
张菁、郑星汇、周雪峰
合作设计单位
华东建筑设计研究总院
建筑面积
18,950平方米

上海，外滩

外滩SOHO
Bund SOHO

gmp·冯·格康，玛格及合伙人建筑师事务所 / 设计

距外滩最后一座建筑落成至今已逾半个世纪，而今天的黄浦江畔，由租界时代金融贸易建筑构成的"万国建筑博览群"迎来了其建筑学意义上的收官。由gmp·冯·格康，玛格及合伙人建筑师事务所设计的外滩Soho办公和商业综合体作为江畔外滩南段最后一座建筑，以优雅的剪影收束了赋予上海"东方巴黎"盛誉的外滩天际线。Soho中国于2011年发起了外滩Soho国际设计竞赛，gmp事务所于当年中标并获得设计委托。

外滩滨江大道是上海游客云集的重要城市景观，风貌独具，呈现着国际大都会的繁盛兴旺，是众所瞩目的焦点。从这里可以一览对岸高楼林立的浦东陆家嘴金融商贸中心。与对岸自由生长的城市丛林相比，外滩Soho和谐的融入了外滩建筑群从新哥特主义到"装饰艺术"风格的多元风格中。建筑的设计理念在于延续万国建筑群的历史风格，但避免刻意的怀旧和现有形式的重复，并在以古城公园和豫园为标志的老城区之前定义出历史建筑群的尾声。

外滩Soho所处基地位置显赫，由六座单体建筑构成，形体参差错落构成空间上的突出和退进，极富雕塑感。修长窗带贯穿建筑体始终，与封闭的窗扇以及顶部的退进设计营造出远观如轻盈薄片层层叠加的效果，立面丰富多变适应并配合了周边城市环境中存在的多元化尺度。四栋办公楼的高度在60米到135米之间，在南面界定出了清晰的边界，另一方面将自身纳入外滩历史建筑群的序列之中。位于西侧和北侧的两栋建筑略为低矮，参考了周围建筑的基本体量，底层和办公楼相同，可提供高品质的国际化餐饮及商业空间。楼宇之间错落形成一系列街巷和微型广场，是周边城市空间中狭长"里弄"、星罗的街道路网形式的延续。薄片叠加肌理在这里以条带状元素出现，这一主题还重复出现在大堂的内装设计上。

外滩Soho勾画了一个充满活力的商业步行街区，其内景观随着来访者游走其中而愈发生机勃勃。综合体面临黄浦江滨江大道一侧密度增大，呈现出闭合体块的特征，建筑正面入口形象细腻精致，大尺度玻璃幕墙近乎透明。在上海近年建成的大量单体建筑中，外滩Soho为守护传承城市地域文脉做出了贡献。

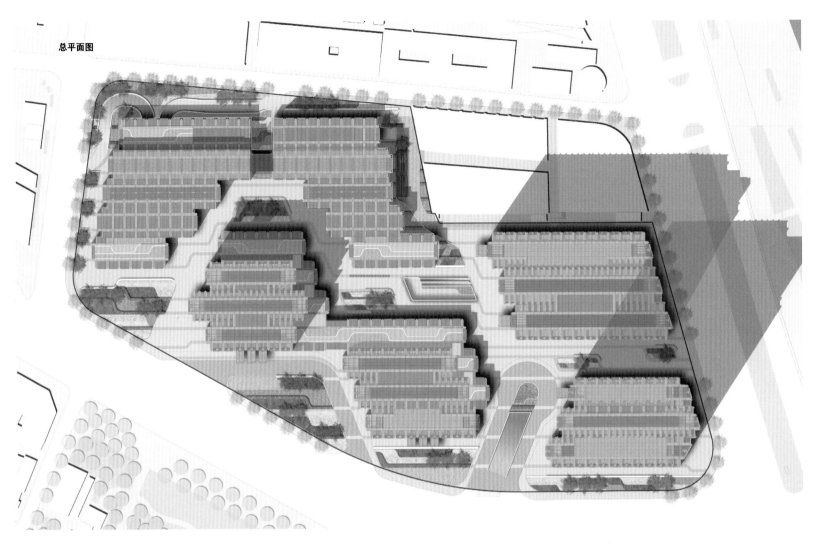

総平面図

剖立面图

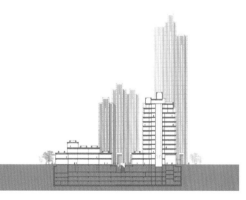
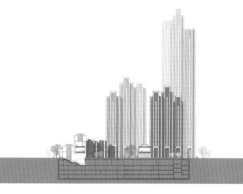

业主

SOHO中国

设计

曼哈德·冯·格康和

斯特凡·胥茨以及斯特凡·雷沃勒

竞赛阶段项目负责人

苏俊

实施阶段项目负责人

Matthias Wiegelmann, 孔晶

实施阶段设计人员

蔡羽、郭福慧、

Kornelia Krzykowska、李凌、

Sebastian Linack、解芳、

Thilo Zehme、张盈盈、郑珊珊、

周斌、Catharina Cragg、戴天行、

高蕊、华戎、吴华、袁航、张旭辉

中方合作设计单位

华东建筑设计研究院

照明设计

CONCEPTLICHT GMBH

地上总建筑面积

71,565平方米

地下总建筑面积

64,975平方米

商铺面积

85,661平方米

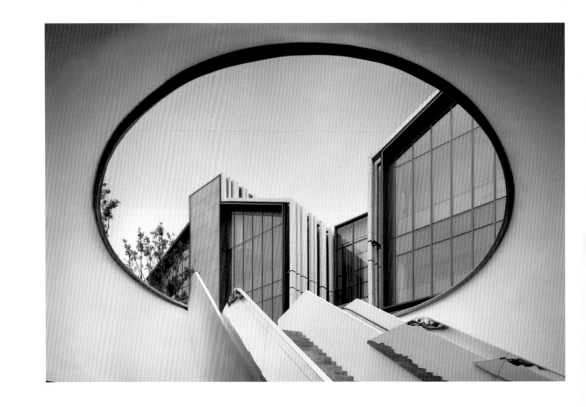

上海，黄浦区

上海SOHO复兴广场

SOHO Fuxing Lu, Shanghai

gmp · 冯·格康，玛格及合伙人建筑师事务所 / 设计

上海原法租界内坐落着密度较大的联排建筑群，也就是被称为石库门的里弄式住宅。"里"意为"邻里"，"弄"则为贯穿邻里的狭窄街巷。"里弄"内保留有私密的城市空间，这是上海历史发展过程中形成的一种独特的都市空间形态。

SOHO复兴广场为一座由办公空间、商业配套和餐饮设施构成的城中之城，其在尺度与街道走向布置上延续了周边街区的现状，同时也尊重了现有的历史建筑，以遗留的城市肌理弥合了老街区与新街区之间意义重大的交汇之处。SOHO复兴广场将致力于为行业领先的新兴创业企业提供服务。

建筑综合体由9座拥有坡屋面、东西走向的长型

建筑单体以及一座拔地而起、脱颖而出的高层建筑构成。在街区内部，巷陌和一道中央轴线交织贯通而成交通网络，所有街道均通向一座设有餐饮设施的中央广场。广场中心一个圆形的入口连接了位于地下层的商街与地铁站。

建筑的幕墙与屋面采用了浅色并宽窄不一的天然石材条形饰面板。与浅色条带装饰形成鲜明对比的是玻璃幕墙的深色金属框架。建筑群回避了一味仿古怀旧的建筑语汇，塑造了如同抽象画般的幕墙形象，强调了上海内环核心区的都市感和现代性。

SOHO复兴广场在落成后获得了绿色建筑LEED金级认证。

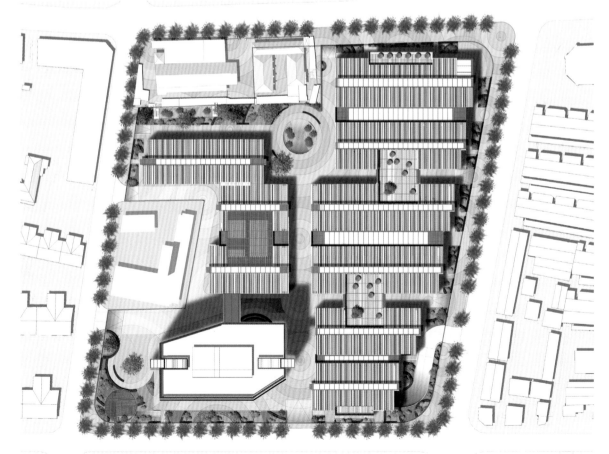

总平面图

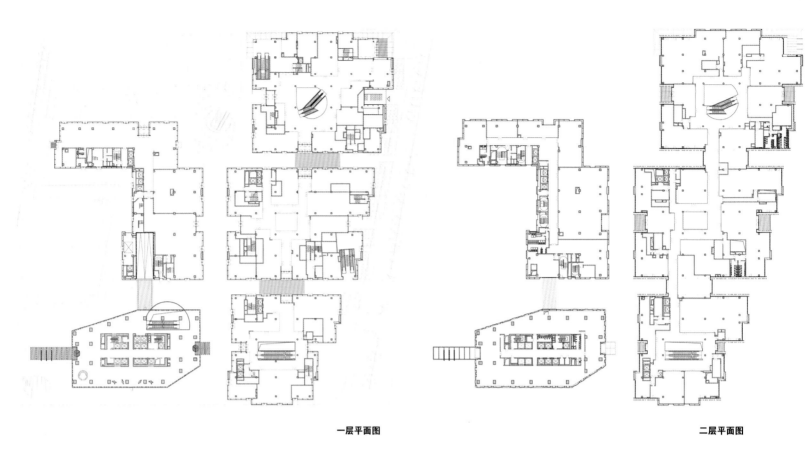

一层平面图

二层平面图

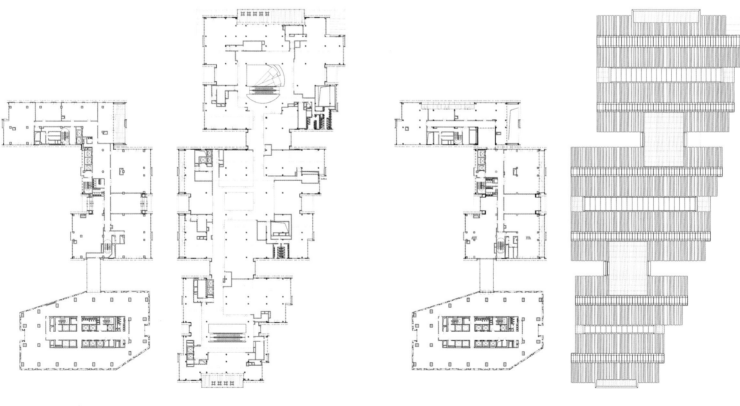

三层平面图

五层平面图

董事

林世杰

本地设计院（联合体）

中国建筑西南设计研究院有限公司

结构工程师

AECOM

机电工程师

PBA

景观设计师

ACLA

幕墙顾问

Aurecon

四川，成都

恒大·华置广场
Evergrande Huazhi Plaza

Aedas / 设计　Aedas / 摄影

恒大·华置广场坐落于成都核心区，包括商业零售、办公、酒店及住宅业态功能。购物中心 THE ONE、超甲级写字楼恒大华置办公楼以及六星级酒店成都瑞吉酒店均已开业运营。四幢塔楼错落分布有致，引导围绕绿化购物廊的人流与活力，并保证周边视野的最大化。每幢塔楼都拥有卓然不同的立面设计，却又整体和谐统一。东侧的酒店与西侧的办公楼形成门户，引导人流进入购物中心。

地理位置

本项目位处成都古城闻名遐迩的地标位置，距市中心的天府广场和春熙路仅数步之遥，坐落于一整块 250 米长、150 米宽的城市街区，毗邻太升南路和提督街。当地政府已启动老城区复兴计划，本项目所在地将成为青羊区新中央商业区的核心位置。

设计概念

恒大·华置广场内的所有建筑都展示出四川风景区黄龙的自然地貌景观。黄龙，是四川著名的风景名胜区，以方解石沉积形成的天然彩池而闻名。恒大·华置广场的设计灵感来自天然梯田池，赋予这一城市商业综合体独特的地域特征，在形式与功能之间形成完美平衡，从而为充满活力的城市中心创造一座都市绿洲。

THE ONE 购物中心

THE ONE是整座城市综合体的商业零售部分。其建筑形态、空间和材质的灵感同样来自四川九寨沟的天然梯田景观及水塘。泥土色调的花岗岩以随机的图案与质地用于THE ONE的立面设计，以诠释自然地貌的岩石元素。建筑亦融合了一系列蜿蜒层叠、不同高度、连接室内空间的室外平台，以营造流动的形态和建筑空间，从而与整个综合体设计完美融合。

沿着太升南路主街，一排12米高透明玻璃店面的跨层店铺特别为不同种类的旗舰店所设。其上是百丽宫电影院，可通往室外平台和购物中心内部。六层高的 THE ONE提供共 72,000平方米的室内商业面积，6.45米的层高允许不同业态组合最大程度的灵活性。中央广场下方是中央大中庭，自然光透过上方雕塑感的天窗进入中庭，并有扶梯直通向中央广场。绿化购物廊同时打破了室内购物中心和室外商业零售街的界限。这样的空间设计反映了这一城市的原生、户外、时尚的生活方式——既创建了可用于露天餐厅和酒吧的室外平台，也为本地社区创建了一座城市公园。

恒大华置办公楼

36层高的恒大华置办公楼亦已于今年初落成启用，提供超甲级的办公空间。组合幕墙的设计，实现了玻璃外立面一气呵成延伸至建筑底部，顺势形成入口顶棚的独特建筑形态。宏伟的入口大厅巧妙地与雕塑、绿墙和水景连贯穿插，呼应建筑的垂直感

和多面雕琢元素。

成都瑞吉酒店

成都瑞吉酒店拥有高雅别致的外立面设计，采用了巴西花岗岩、仿木材的建筑细节、珍珠白窗框等多种暖色调的建筑材料，以配合瑞吉品牌热情好客的品牌内涵，使访客从酒店外观开始就获得宾至如归的视觉享受。幕墙系统采用玻璃和花岗岩作为两大主要材料，从而使组合而成的玻璃幕墙垂直流畅、动感跃现，而花岗岩幕墙则展现出庄严和稳重的个性，二者相辅相成，共同谱写了一曲高山流水的现代建筑乐章。

配合西侧的恒大华置办公楼，两幢塔楼呈门户之势，引导访客通往基地中央的购物中心。

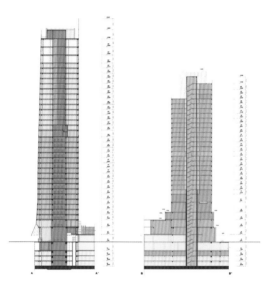

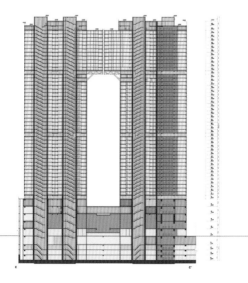

剖面图

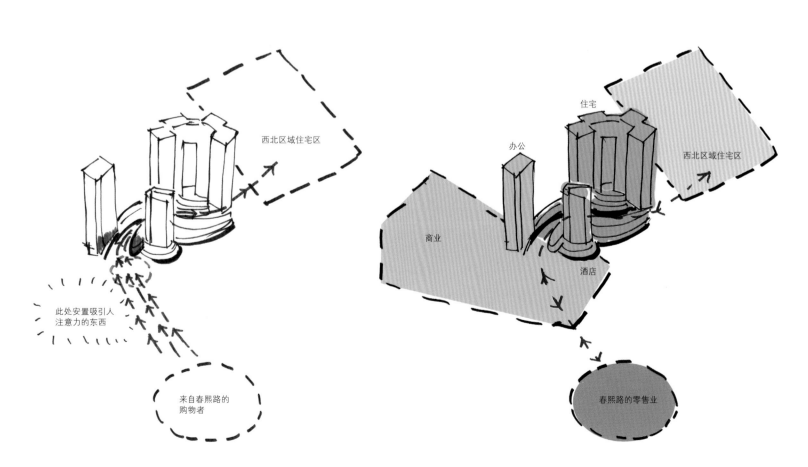

西北区域住宅区

此处安置吸引人
注意力的东西

来自春熙路的
购物者

住宅

办公

西北区域住宅区

商业

酒店

春熙路的零售业

总平面图

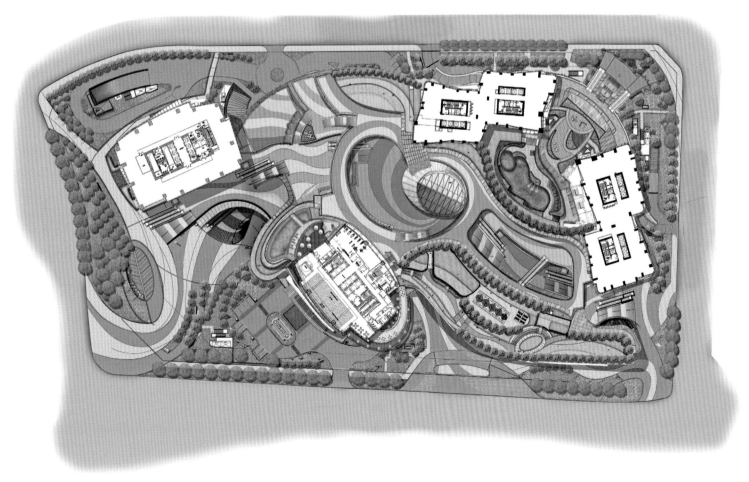

建筑设计

英国扎哈·哈迪德建筑事务所

灯光设计公司

GD-Lighting 大观国际设计咨询有限公司

灯光设计团队

王彦智、黄新玉、任慧、周同迅、熊小梅

委托方

河西新城

含地下空间的总建筑面积

465,000平方米

酒店：136,000平方米

会议中心：106,500平方米

办公室等：122,500平方米

地下停车场100,000平方米

江苏，南京

青年奥林匹克运动会
国际会议中心

Nanjing International Youth Cultural Centre

扎哈·哈迪德，帕特里克·舒马赫 / 主创建筑师　舒赫 / 摄影

南京青奥中心坐落于南京河西新城的河畔位置；地处南京新CBD中央商务区。项目包含面积106,500平方米的会议中心，总面积258,500平方米的两栋大楼以及100,000平方米的地下空间，占据CBD在江畔上主轴线的终点。

该项目是计划2014年完工的南京市标志性开发工程。规划图上体现出河西新城的城市环境与长江沿岸的农业用地以及江心洲岛城郊景观之间的连续性、流畅性和连通性。扎哈·哈迪德建筑事务所的追加方案中还提出建设一个人行天桥，连接广场与江对岸。

南京青奥中心占地5.2万平方米，建筑面积共计465,000平方米。两座高楼中较高的一个314米，有68层楼，包含办公区和一个五星级酒店。较矮的楼高255米，含59层，容纳的是为会议中心配备的酒店。两座高楼共用一处五层楼高、混合功能的基座结构。

会议中心

会议中心包含了一个会议大厅、几个多功能室、会议室、展览空间、餐厅、VIP区以及零售区域。四个主要项目元素（会议厅、音乐厅、多功能大厅和VIP区）围绕院子分布，而彼此独立。这四个元素向上延伸，在高处合而为一，行人可以步行穿过一楼的开放景观。会议大厅可以容纳2,100人，配备了多功能镜框式舞台以便开展文化和戏剧活动。音乐厅可以容纳500人，优化的配置适合进行声乐、管弦乐表演，也能够满足对于音频设备有要求的演出。

塔楼

两座塔楼实现了从垂直方向的城市CBD到水平方向的江水之间的动态过渡。较高的大楼象征着青奥中心在河西新城城市格局以及南京的城市天际线中的地位。多功能基座与会议中心表现出的流畅的建筑语言将沿江的自然景观与新CBD的城市景观结合在一起。这样的建筑组合设计将垂直（城市景观）和水平（江水与自然景观）方向并列。

材料

高楼与基座接口处的玻璃外墙逐渐转变为长菱形纤维混凝土板网格，为会议中心和基座赋予坚固的印象和雕塑感；突出形式的动态特征，增加室内的自然光照。

灯光设计

建筑师对空间倡导开放性，善于从不安定的元素中找到秩序。而灯光设计团队最终也从神秘的空间中择取"流动"与"能量"作为灯光的设计主题，"流动"是生命的延续、是线与面的乐章、是自然的赋予，"流动"是"能量"的延续，"能量"是"流动"的源泉，互相依存、互相交织，光，亦如是。

灯光是室内设计师或者室内材料的再发挥，对于没有过多采光照明的大会议厅，尤其依赖于

灯光照明；灯光的颜色、光度以及要表达的环境的气氛，都是材料另外一种的体现。在初步了解透光膜的光学参数后，我们用AGI软件进行了模拟计算，以得到最精确的数据参考，但结果却不是很尽如人意，采用大功率LED模组的拉膜灯箱提供环境的照度不足200Lux，这是非常棘手的问题，我们找来了材料供应商，进行大量的拉膜研究，因为拉膜对光的折射及表面漫反射的能力相对较弱，但透射能力极高，这是由于拉膜属于微孔类材料，他的作用不单单是装饰，还兼顾将声波转化为能量的吸音特性，保持拉膜白度的基础上，最高可有70%的光被有效输出了，这个高输出也因灯箱2次反射积累的部分能量得到释放有一定关系，随后我们又在类似的拉膜中进行表面亮度测试，目的在于得到最佳地面照度的同时让发光膜一样显出最合适的亮度比，材料确定后我们拿到了满意的照度报告。然后又经过多次打板测试，终于确定了，这种方式对于剧场类照明是可行的。光与空间是互相影响、互为表情、创造共同情绪的交集，青奥会议中心的完成让灯光更深层次的表现了"光材料"的魅力，演出一场光与空间的共舞。

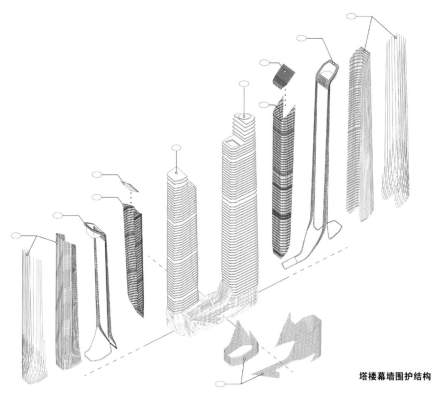

塔楼幕墙围护结构

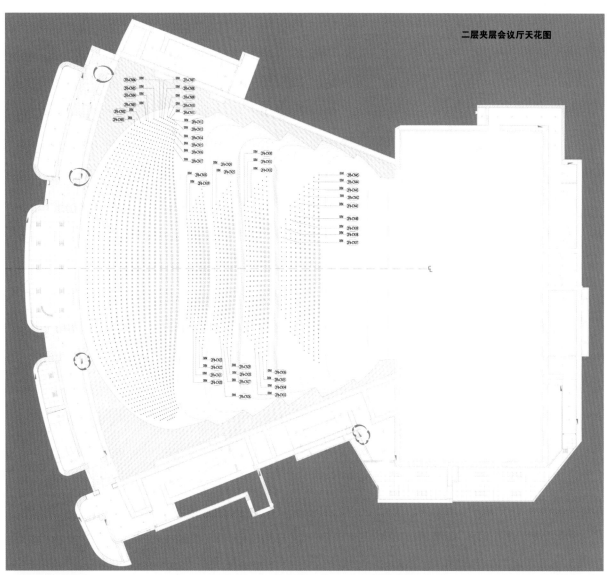

二层夹层会议厅天花图

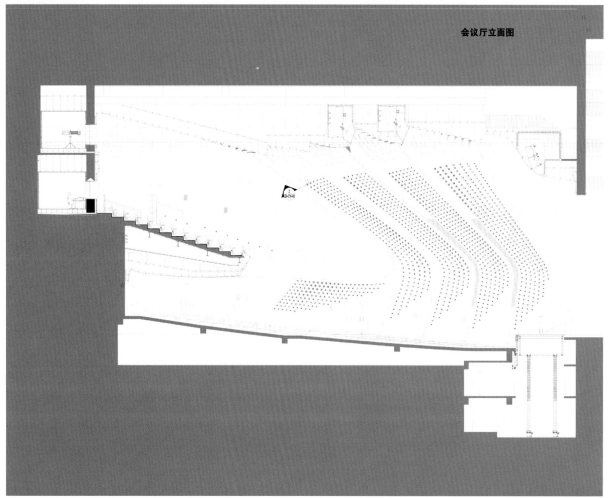

会议厅立面图

业主
上海万居德实业有限公司
设计团队
上海创盟国际建筑设计有限公司
建筑
韩力、孟浩、顾红兵、孔祥平、
王欧、 张向军
结构
李俊民、刘宇宏、周军
给排水
时荣伟
暖通
陆仁瑞
机电
张新华
项目规模
15万平方米
设计/建成时间
2009/2015年

上海，松江区，泗砖南路

松江名企艺术产业园区
Songjiang Art Campus, Shanghai

袁烽 / 主持建筑师

项目地处上海市郊的松江区新桥镇，如何回应地方性文化特色以及塑造新的城市空间特色成为构思的起点。松江作为上海历史文化的发源地，如今却因过速发展而呈现了文化真空状态，大规模的无序开发、均质无效的公共空间和缺乏特色的公园绿地……

名企艺术产业园区的构思试图通过创造步行街区与均质绿化体系的系统融合，整理空间布局关系。紧凑式的道路布局可以实现亲近的空间布局与邻里关系；同时，组团绿化编织了场地的基底，我们尤其注重发掘场地上现有河流与场地的对望关系，塑造水景、绿化与建筑相互交融的新场所精神。景观系统作为整个项目稀缺但又重要的元素，被我们作为基础设施来系统化地思考整个项目。景观基础设施将交通、景观、服务实施相互串联，创造出了不同单体建筑的独特价值，实现了"水景"、"园景"、"街景"等多重的景观意义。

整个项目地处上海，必须回应的是高密度和高容积率的问题。建筑单体的设计尝试创造多层高密度的混合型产业园区。在项目开发初期，甲方并未明确园区的具体功能。我们通过概念策划将办公、艺术家工作室、艺术交流等功能组拼成一个具有一定混合度的社区。一方面，设计通过单元体空间原型的创建，在基本空间柱网的控制下创造了灵活组合的可能，益于邻里交流的复合空间体实质是建立在非常基本的空间原型上的；另一方面，园区内规划沿街商业空间提供相关服务、收藏、交易等多元化商业功能，形成了园区对外的窗口。各个单体又具有各自的独特意趣，露台花园、退台景观和独门院落等各种不同的空间与景观结合的方式既提升了各个艺术单元自身的魅力，同时也使得艺术家进驻时各取所需，为其艺术活动提供不同类型的空间支持。这样通过基础功能空间的原型组合和空间规划，实现了产业园区产业链的有益组合，为今后的发展提供内在的可能。

在单体建造方面，我们重点考虑的是降低成本材料及如何与数字化设计相结合。因此我们在设计中采用了直白的几何逻辑理性，通过简洁的构造方式，实现了传统材料的当代价值。通过对梁、柱、板等基本建筑元素的细节化处理，让结构直接呈现出建筑的本真之美。红色页岩砖、玻璃和混凝土等材料彼此真实反映了建造关系，营造出了一种朴素和简洁的整体性氛围。通过数字化设计手段重新使得传统的红砖砌筑焕发出新的魅力，传统的"丁－顺"砌法通过非线性的逻辑而加以重构，简单的定位与控制方式让工人通过简单的学习就可以加以营造，这也进一步控制了项目成本。入口会所屋顶利用有力的几何逻辑创造出了独特的空间景观效果，屋顶朝着人们接近园区的方向扭转与翘曲，反宇向阳，随着不同的观察位置，屋顶的翘曲与天空的关系也不断变化，同时直纹曲面的几何关系也使得钛锌板的铺设实现了精确的操作。

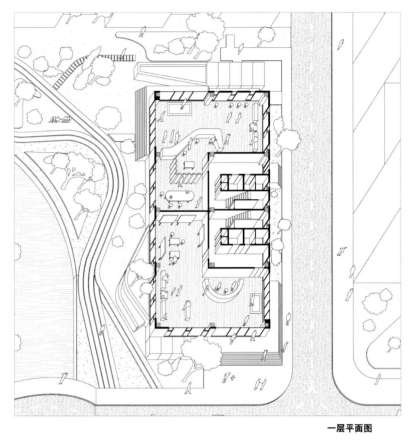

一层平面图

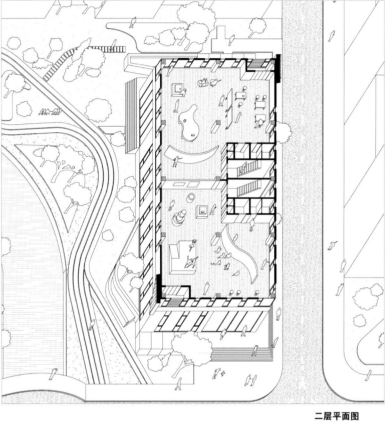

二层平面图

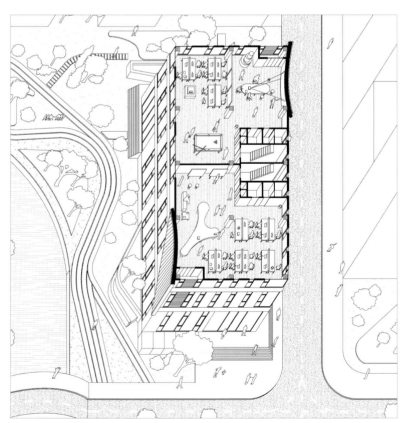

三层平面图

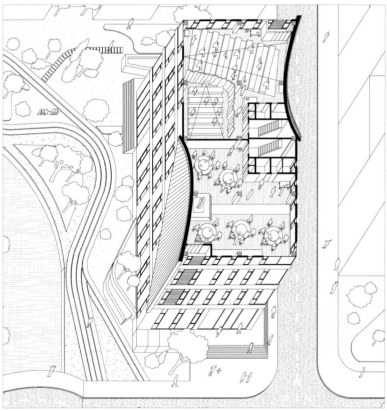

四层平面图

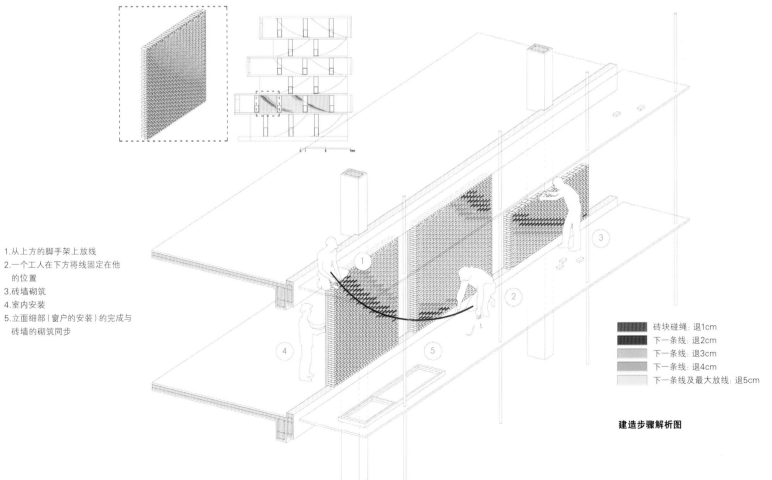

1.从上方的脚手架上放线
2.一个工人在下方将线固定在他
　的位置
3.砖墙砌筑
4.室内安装
5.立面细部（窗户的安装）的完成与
　砖墙的砌筑同步

砖块碰绳：退1cm
下一条线：退2cm
下一条线：退3cm
下一条线：退4cm
下一条线及最大放线：退5cm

建造步骤解析图

室内设计
汉诺森设计机构
建成时间
2015年12月
主要用途
商品交易中心
结构主体
钢筋混凝土，钢
占地面积
75,580平方米
建筑面积
16,300平方米
总建筑面积
326,200平方米（72,500平方米/地下，
253,700平方米/1～22层）

陕西，西安

中国中西部商品交易中心
Midwest Commodity Exchange Center, China

日本Interdesign Associates株式会社、何野有悟建筑事务所／设计
日本Interdesign Associates株式会社、
哈维尔·卡列哈斯·塞维利亚（汉诺森设计机构）／摄影

中西部商品交易中心（下称MCEC中心）是位于西安国际港务区的金属制品贸易中心。这里被视为中国"新丝绸之路"发展战略的一项重要工程，近期一批新的城市建设项目也在这里开始动工。MCEC中心与丝绸之路有着深厚的历史和文化渊源，预计这里会出现地标式的城市景观，代表新型交通基础设施下的国际贸易。

组成MCEC中心的7个建筑可以大致分为：代表南北/东西运输之间联系"纽带"的A、C、D、E四楼；代表公平国际贸易"金色烙印"的B楼；以及呈现两个六角形，代表新城市发展的F和G楼。这些建筑形成的复杂外观，表现出城市景观随着观察点不断变化在各个方向都不断变化的十足动感。MCEC中心的主要功能体现在贸易中心和会议室等服务设施。A、B、C和D、E几座大楼组成楼群，由半封闭入口大厅连接，展现五层楼高的开放空间和玻璃屋顶。F和G两座大楼是各自独立的行政大楼，通过

举架两层楼高、气势恢宏的入口大厅的南北入口便可以直接进入两栋大楼内部。B座是MCEC中心的运营总部，三维立体的外墙覆面设计向上延伸，呈现不规则图案。蜂窝状幕墙设计实现了网络模式的可视化。其他六栋建筑采用的是丝网印刷玻璃覆面，以不同角度安装，呈现蜂窝图案。此外，覆面结构使得内外空间连通，同时为贸易活动空间注入活力。

鉴于MCEC中心是金属制品贸易场所，建筑师还为这些建筑设定了专门的设计代号；幕墙设计也以金属概念为主："金色烙印"大楼的元素是"金"（B座）；"纽带"大楼的元素为"铂金"（A、C、D、E座）；代表"大门"的大楼元素为"青铜"（F和G座）。每面外墙都根据各自朝向分隔成不同尺寸。外墙上的"虚线"由丝网印刷玻璃制成，配有遮阳挡板，内部嵌有LED照明装置。夜幕降临时，建筑群的外墙上照明装置根据设置组成特别的效果，流光掠影，形成壮观活跃的城市景观。

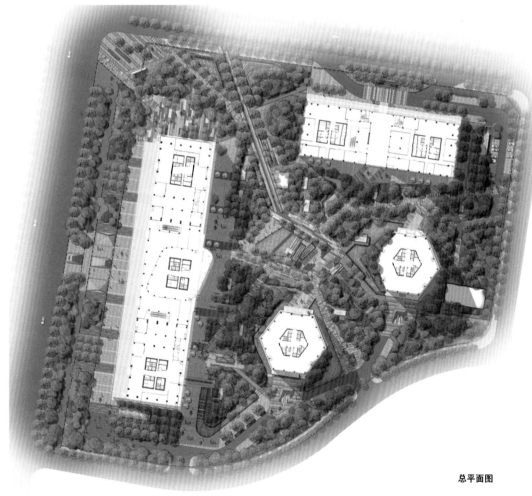

总平面图

图像

场地

开放空间

地标

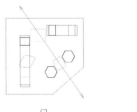
门

城市空间–开放空间

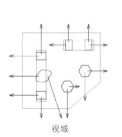
视域

城市空间–商业空间

商业空间–开放空间

分析图

项目类型
商业类照明
灯光设计
**GD-Lighting 大观国际设计咨询
有限公司**
灯光设计团队
**黄新玉、任慧、周同迅、丁洁、
熊小梅、许晨**
设计范围
建筑外观、景观及室内公共区
项目面积
8.5万平方米
设计时间
2012年4月
完工时间
2015年

陕西，西安

金地湖城大境商业中心
Xi'an Golden Lake City Habitat Business Center

CALLISON建筑事务所 / 设计　舒赫 / 摄影

　　西安金地湖城大境商业中心建筑面积8.5万平米，地上四层，地下二层。整体设计由美国CALLISON建筑事务所操刀，其商业中心定位在品质与生活。灯光的配合不同于普通的商业广场，追求过度的渲染与强烈的氛围，该项目的灯光设计着重于抓住建筑细节与表现细节，呈现一个安逸、舒适的购物环境，这也是配合该项目的商业定位的最佳选择。

　　室内外设计从"动与静"中由来，将"水""岸"及西安特有元素融入其中，将逐层叠落的立体花园结合湖景、绿色环境共同融合打造一个灵动别致的生活体验之所。

　　"动与静"的主题在建筑外观的灯光中得到了契合。"静"表现鱼鳞形式排布的外幕墙秩序的美；"动"如水中倒映，在缓慢动态韵律图案变化中配合着结构韵律，为建筑增添了几分优雅的美感。

　　室内着重强调了"水"与"岸"的主题，每层推

进各异的走廊与挑台形成了"岸"的空间感，曲线的连续性与立体的变形形成了一个庞大的视觉围合空间。当看到室内方案时，其最迷人之处除了流畅的空间语言外就是采光天顶了。巨大的玻璃顶部被三角形钢架支撑起一个不规则的水滴形，在灯光表现中，将幽蓝色的天空与闪烁的星辰这些自然元素融入其中，使三个中庭平添几分宁静。徜徉在室内空间中，向上望去是幻境的天空与优美的线条，在顶层向下看是空间错落的水岸与山谷，在享受购物的同时，也能从灯光中感受到愉悦与舒畅。

　　景观是一条纽带，它既是建筑的延续，又是室内的衔接，灯光设计将建筑与室内、"动"与"静"、"水"与"岸"共同倒映在景观中。室内的星空映射在商场入口，随着星空闪烁而闪烁。建筑的光晕染了地面，呈现斑斑光影。这一切的结合使得我们拥有了一个完整的氛围，一个贯通的情节。就算观者无法读懂其中的含义，但他们能分享这相同的感受与心情，这就足够了。

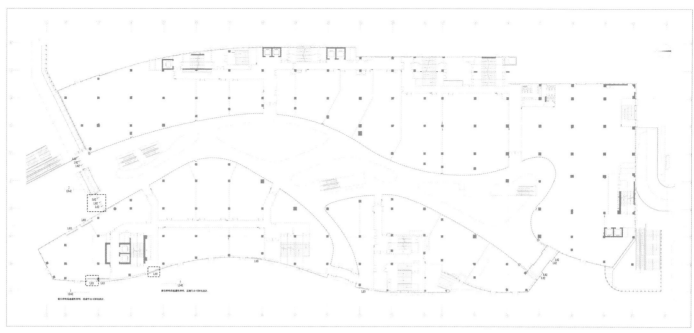

一层平面照明定位图

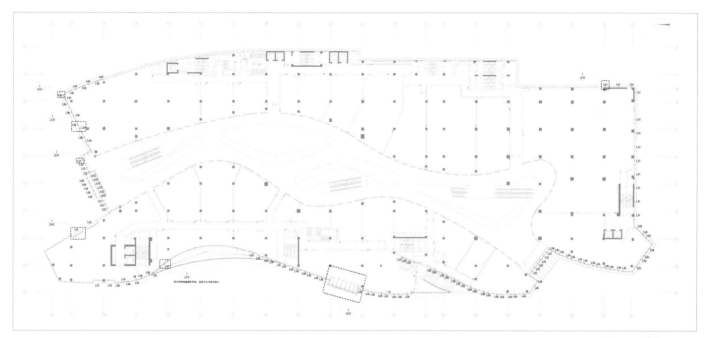

二层平面照明定位图

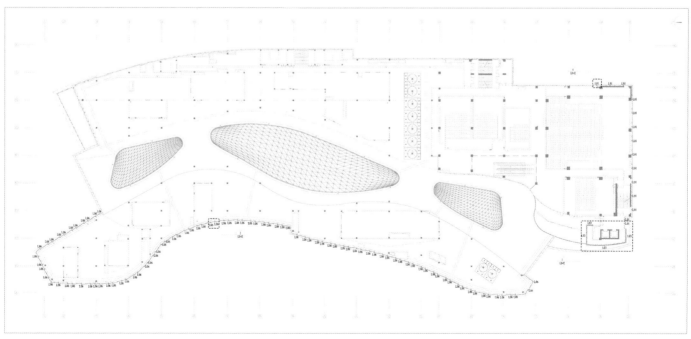

五层平面照明定位图

COMMERCE ■ 商业

设计团队

熊星、林琼华、鄢文龙

建设单位

世茂集团华南区域

建筑面积

1,000平方米

竣工时间

2015 年 10 月

深圳，月亮湾大道

九级浪
世茂深圳前海展示中心
Shenzhen Qianhai Shimao Exhibition Center

上海日清建筑设计有限公司 / 设计

1850 年俄国画家艾伊瓦佐夫斯基根据民间传说创作了油画作品《九级浪》，表现人们征服九级风浪的大无畏精神，表现了人与自然拼搏的顽强意志和壮观景象。

"九级浪"建筑的设计灵感，来源于油画及烟火作品中表达的人与自然拼搏、共生的精神。巨浪层叠，不断重复，不断攀升，最终归于宁静。建筑与自然，建筑与人，人与自然，产生精彩的对话。世茂深圳前海中心项目是世茂集团华南地区首个项目，项目主体为320米扭转平面的超高层办公建筑及部分商业建筑。"九级浪"做为项目的展示及销售中心，同时也是世茂集团华南区域的展示窗口。因此要求我们的建筑设计既要符合超高层项目本身的动感和时代感，也要注重体现企业的历史和文化。在这个意义之下，"九级浪"代表的是世茂之舫，驶于泉州港，行至深圳前海湾，掀起巨浪。

草图构思："九级浪"的选址位于前海月亮湾大道的前海展示区，选址较为规整。建筑面积为1,000平方米，建筑高度在15米以下。展示区的设计在于通过公共空间来展示未来的生活概念和方式，同时推动营销。 设计从景观、建筑、室内、灯光等方面入手，运用现代主义的手法，通过空间、材料、色彩等手段打造金属之浪、色彩之浪、光之浪。

形态张扬亦沉稳——建筑的功能空间是一个优美的"凹"形，而贯穿始终的语言则是"三角形"，不论整个立体表面的划分，还是主入口悬浮的玻璃金字塔，金属的立体表皮，水池、草坪、树池的形态，内墙面、天花、铺装的样式，细微到展示台面、座椅、摆件的选择，无一不是运用"三角"的元素。通过这种稳定又赋予想象的语言，实现统一而又生动变化的空间，建筑与环境内外渗透，深入其中，体验自然感受艺术。

建筑材料语言——建筑的材料采用最常规的铝板和玻璃面，主墙面为银灰色与仿木的深褐色铝单板，底部的透光面为三角形的玻璃幕墙。银灰色的铝板采用了立体折边的方式，形成几何形态的层叠波浪，在项目工程施工的过程中，被现场工程人员简称为"九级浪"幕墙，不断变化角度的金属幕墙与阳光相互作用，恍惚光影变幻波光粼粼的海面，以有限似无限，以有形似无形，给观者以无限的遐想。稳定的三角体量被运用成玻璃金子塔造型，悬浮于"九级浪"幕墙之上。玻璃体的结构与表面分隔与金字塔造型一脉相承，均为均匀的等腰三角形，巨大的体量之下，形成韵律和重复的美。仿木铝板的使用，得以中和主墙面铝板以及玻璃的冰冷色调。因灰色铝板、玻璃配以适量木纹铝板墙面，透过材料、线条、语汇的简化，量体、块面和空间的延伸，凝聚成一股沉潜亦张扬之气，是整个建筑的点睛之笔。

立面图

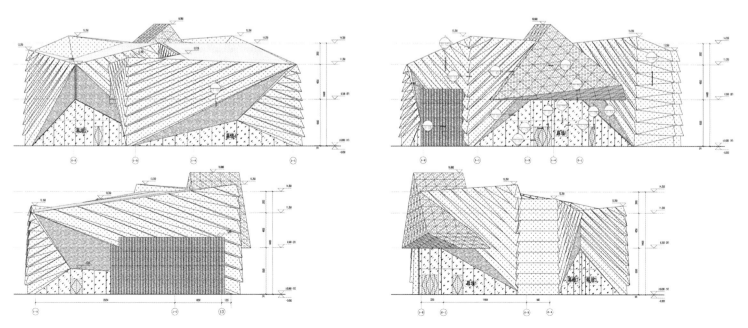

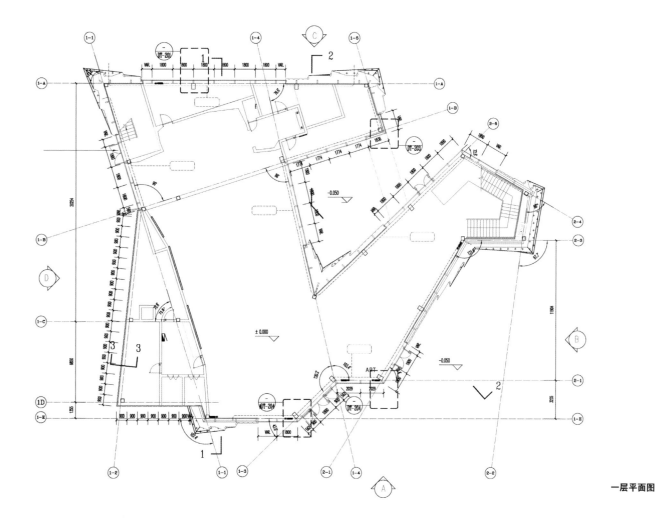

一层平面图

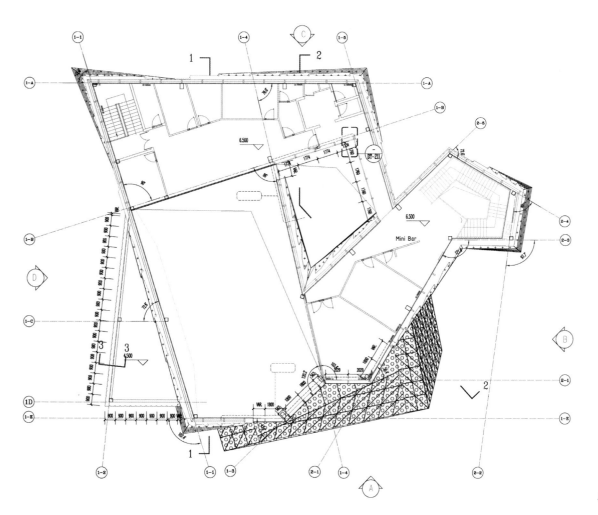

Mini Bar

二层平面图

津岛设计事务所在北京打造了这个环境宜人的办公室和营销中心项目。

项目所在位置靠近北京国际机场，在101国道和机场北侧快道沿线。由于地处城郊，主要面向周边商业团体。考虑到北京国际机场的T3航站楼近在眼前，这里无疑是适合24小时国际工作模式的完美地点。此外，项目地处郊区，与城市项目相比，就需要采取完全不同的设计思路。与美国不同，在快速发展下的北京乃至中国，以郊区为核心的生活/工作模式都属于一种相对较新的现象和趋势。很快新的公路和地铁网络会将城市与新建的郊区连接在一起。设计师并没有将项目场地当做孤立的地块处理，而是利用这个机会将其打造当地的枢纽。这个项目称得上是为周边区域发展为免税区繁华的核心区域创造了条件。商人们可以在结束了国内或国际航班的旅行之后轻松地到达这里开展工作。

考虑到未来作为集合地点的功能需要，包括销售中心一楼在内的景观空间都将作为公共空间使用。小型零售空间和几个室外广场为销售中心的使用者以及未来的周围办公区域提供休闲空间。尽管如今的企业依靠先进的信息技术，比以往更方便开展远距离自主运营。地处郊区的办公室仍然需要避免产生隔离感，相反应当积极加入当地行业网络，确保办公场所保持活力，进而避免经营出现停滞，激发创造力。仅仅通过现有的办公策略是无法实现这些目标的。

与传统的办工模式不同，项目在设计上主张宜居办公，并具有五个主要特点（即5L）：宜居、互联、开放、活泼以及与自然环境契合。以上特点是通过建筑、景观与室内设计之间的互动体现出来的。 项目旨在打造适合21世纪的办公环境，与旧式的办公设计加以区分；人们在这里工作，积累压

力，回到家里或其他地方释放压力，在这之中达到一种平衡。这是眼下许多公司选择的工作氛围。设计师希望将营销中心打造成这种人们愿意工作的环境。相对于在单调的环境中，用指定的办公桌办公，具有不同特点，适应不同情况和心情的工作空间显得更胜一筹。应该包含一个可以专注于某项工作时的隐私空间，一个可以让同事进行头脑风暴和讨论的互动空间，一个进行重要会议的正式展示空间，以及让人可以从工作氛围中得到放松的休闲空间。但这类工作空间目前正经受Google和Facebook等公司办公系统的测试，旨在减轻员工的工作压力，进而提升工作创造力。但它不仅适用于创意产业。天竺销售中心预期将这种办公形式向大型机构以及更大范围进行推广，以此为思路，将其打造成适合的概念，应用于其他产业的小到中型企业。所有部门的员工都可以从5L工作理念中受益；拥有选择工作地点和方式的自由。

北京，北京国际机场

北京天竺销售中心
Tianzhu Marketing Center

津岛设计事务所 / 设计　西川正雄 / 摄影

设计团队
津岛晓生、勒罗伊·默克斯、谭温妮
建成时间
2015年8月
面积
2,130平方米

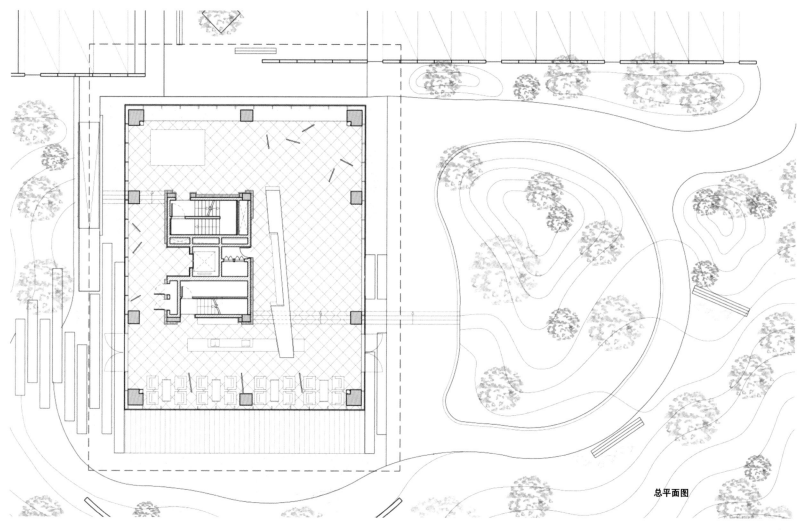

总平面图

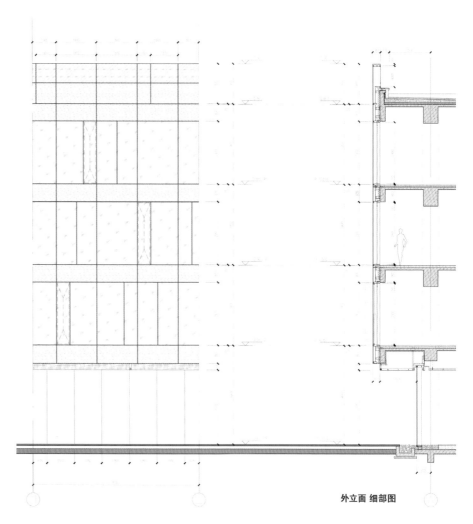

外立面 细部图

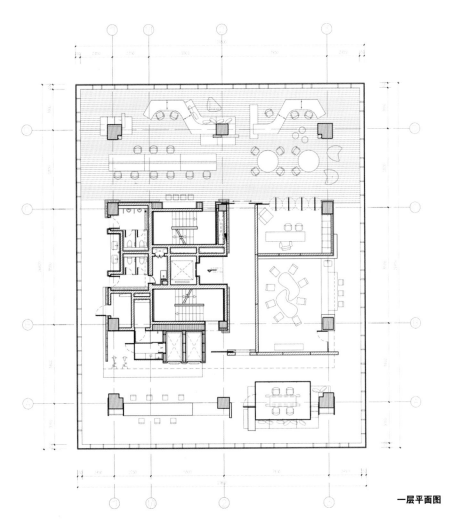

一层平面图

项目采用了透明度很高且充分自由的空间设计，体现5L理念。这里是与自然共存的一个起点，不仅为创造可持续的未来付出努力，还为员工提供一个更宜人的工作环境。建筑师使用精致玻璃幕墙作为室外跟室内唯一而有似有还无的透明隔断，象征对外向开放型生活的鼓励，使工作环境不再沉闷、封闭，而是变成自在而有活力的空间。

项目使用的材料主要包括混凝土、石头、木材等天然材料。顶层空间对一楼形成遮挡，建筑的下部无论在视觉还是其他方面都成为了周围景观的一部分。庭园不仅提供土地与植被组成的优美环境，也通过阻隔来自北京机场免税区的嘈杂声音，创造一处平静之地。庭院景观中的植被吸引了多种多样的昆虫和动物，形成所谓的"生态景观"，形成一个可持续的完整生态链；就像沙漠中的绿洲一般，这个玻璃空间使得员工可以在开放式的办公室工作，配备的各种设施则营造出家一样的氛围。除了办公室，这里还可以找到客厅、餐厅、聚会、洗漱，甚至睡觉的地方。设计的目的是为了让建筑的使用者们总是可以找到适合自己情绪以及工作需要的空间，通过消除陈旧、重复的工作空间激发人们的创造力。

BEIJING VANKE 5L OFFICE

材料

彩钢夹心板、阳光板

结构

轻钢

设计时间

2天

面积

100平米

建成时间

2015年11月

江苏，苏州

紫一川别墅售楼处
Purple River villa Sales Center

俞挺、黄河 / 主持建筑师　邵峰 / 摄影

某日，设计师接到太湖天阆老业主电话，她看到了设计师设计的纸房子择胜居。希望设计师能帮忙设计个售楼处，"两天设计，五天建成，一个月拆除，越便宜越好。"设计师说如果让他实验一下他的建筑学思考，就可以试着做。业主答应了。

设计师觉得如此小的临时建筑要么不合时宜的摆了一个实际中可能被忽视的造型，要么过于追求简洁而变得简单，一眼明了。他不想被如此裹挟，他认为果壳虽小，仍然自以为宇宙之王，所以售楼处需要一个简洁的形式突出在基地上，但在这个简洁的形式内一定还要构建一个复杂的系统。

这个复杂系统如何构建？设计师一直觉得当代建筑将维护系统复合在一道气候边界上并不应该成为建筑立面唯一解。他一直试图把墙体上的保温、防水、饰面和围护墙体上分开形成层层叠叠的层次。这些层次之间可以形成不同性质的空间，

比如院子，灰空间或者边庭，复杂性就开始出现了。同时，他又觉得围墙可以是建筑墙体的延伸，围墙和建筑墙体的分与合会形成多出来的空间，这些空间模糊了建筑的气候边界，是墙体维护系统分层手法的一种变体。所以他觉得庭、院、园都应该是建筑的一个组成部分，这样建筑超越气候边界的限制而形成一个具有视觉不稳定边疆的复杂系统。

不过那些因为维护系统分层而形成的空间应该是怎么样的呢？方形是建筑师最容易想到嵌入到这个简单范式之中的。不过，设计师想起了阿甘母亲的名言"人生就像一盒巧克力，你永远也不知道下一个吃到的是什么味道。"于是他选择了三角形、正方形、长方形和圆形作为巧克力放入一个长方形，根据功能流线将他们串联起来，它们挤压着范式的边界，却在范式内部形成了轮廓变化丰富的庭院。他用半透明的阳光板消解围墙的封闭性，阳光板复合在建筑外墙的那部分有一些反光，消解了建

筑外墙的实体感。设计师不关心建筑的永恒性，这和视觉的坚固一样，在他看来是一种陈腔滥调。

最后设计师为紫一川别墅售楼处创造了一个精致果壳，似乎就可以结束工作了，但他站在工地湿嗒嗒的泥地中，看着被冬天虐待的无精打采的草体，就像他在水塔之家中力排众议地铺上了枫叶墙那样，他突然决定把房子的外墙和屋顶都变成朱红色。这或许是他早就厌倦了建筑界无论什么都是那副白乎乎的性冷淡的调调。他说他厌倦了用大家公认的审美和偏好来限制自己，他恶狠狠地用上了红色，室内则是恶狠狠的紫色，红得发紫，这是作为那个萧条场地的对偶而存在的下句，这上下句可以重新定义这个场地，售楼处即便才存在一个月，依然可以自由自在地遐想，自由自在地少想，自由自在地选择我们自身。这任性的红色，骄傲地矗立在冬天灰黄的阳澄湖岸边，短暂，但曾经在过。

五天后，设计师看到了前方传来的照片，他得出的经验教训是：1.在中国，无论什么想法都可以被极粗糙的方式魔幻现实主义地实现。2.在中国的工地上没有工匠，只有被称作"工人"的人。3.看来是时候改变一下枯干的极简主义是没错的，各种矛盾和丑恶现实不断打击着生活，使人或压抑或痛苦，白坦陈这些，但红可以消化这一切。

不过一个月它会被迅速拆除，取而代之的是设计师在2012年设计的紫一川温泉度假酒店，一个几乎被他忘记的项目，但那个项目或许可以存在100年或许更久。

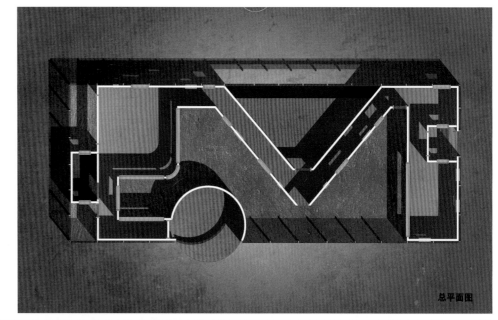

总平面图

广东，广州

天境花园销售中心
Heaven Realm Garden Sales Center

彭征／主持建筑师

参与设计

彭征、谢泽坤、吴嘉

设计团队

广州共生形态设计集团

设计时间

2015年1月

竣工时间

2015年8月

项目面积

850平方米

主要材料

金属漆、铝复合板、瓷砖、地毯、
古铜金发纹拉丝不锈钢

项目以建筑空间的逻辑性为线索，以"窗口"为设计的基本符号，通过不同尺度和朝向的"窗口"在满足功能的前提下形成趣味性的室内立面，大厅的"窗口墙"如同岩石壁般的造型寓予了"峰境"的象征性，并通过透明的建筑表皮由内向外传达。

项目以一个纯净的超大体量橱窗效应来应对一个相对新兴的场域，由内而外的空间逻辑，造就了区域范围内的强烈个性和整体感，形成深刻的感官印象和城市新记忆点。

超大尺度的古铜色金属漆和铝板实现了空间感知的一体化，局部跳跃的亮黄色，使空间的穿越成为一场时尚和有趣的体验。

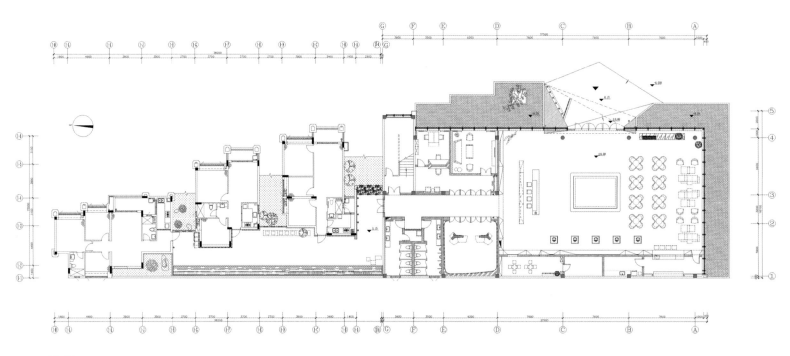

平面图

山东，青岛

MAX 产品展示中心
MAX products Exhibition Center

PRAXiSd' ARCHITECTURE / 设计

我们项目的业主正在企业集团化过程中。MAX展示中心是在不同的城市对其产品进行展示和销售的中心。为了达到最好的可视性，展示中心将会被放置在规划用地十字路口的一角。使用者以经济和高效的建造为目的，将售楼处规定为一个可以被复制的单体，以相同的形式出现在不同的基地环境中。

在没有具体的基地和周边文化环境的参照时，我们的设计开始于对企业文化的认知和建筑内部功能、结构的理性分析。然后建筑被设想为一个"礼物盒"，承载传达企业策划思想的模型沙盘。

造访者要通过一个空间序列后再看到"盒子"里内容，在这个空间序列中企业的LOGO"MAX"被诠释成为建筑经验中的材质、形体和空间：立面的外挂构件为"M"，门厅的前台为"A"，沙盘四周的

地面延伸到墙面成为"X"。外立面设计试图表达意外性：一种对严谨的方盒子的消解，对理性的层板梁结构的消解。"M"组成的格栅以及带有"M"图案的打孔金属板为外立面增添了精致和细腻，使建筑对人产生的亲和力。每一块"M"都是由GRC板浇筑而成。四个"M"成一组在立面上进行重复，形成富有立体感的镂空层，使建筑内部通风透气，外部呈现出光影的变化。

室内设计为结合所在地的地域特征留出了一些空间。MAX 展示中心的第一个落地城市是青岛，因此室内展厅部分墙面采用了红砖的材质，使人联想到青岛老城中的砖房和红色屋顶。"X"边缘的曲线被延伸到其他几个空间的墙面上，强调"X"所象征的主题，重现企业LOGO的颜色，也带来视觉上的愉悦。

设计团队
狄韶华、霍俊龙、刘星、冯淑娴
合作单位
中国中建设计集团有限公司
完成时间
2015年
项目状态
已建成
规模
1,800平方米

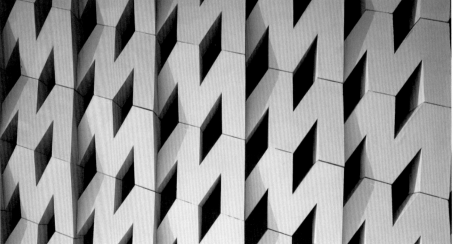

剖面图

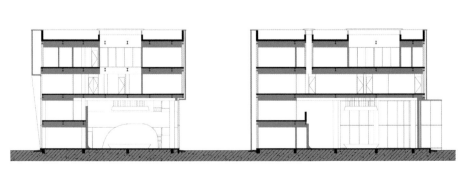

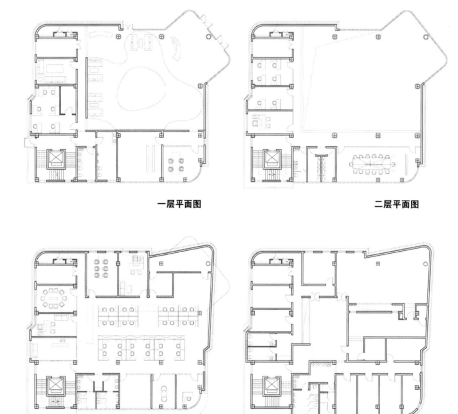

一层平面图

二层平面图

三层平面图

四层平面图

森美接待中心
Reveal Nature – Chupei Reception Center

中怡设计 / 设计　李国民 / 摄影

设计师
沈中怡

参与设计师
杨珮珩、康皓竹、江佩静

空间性质
接待中心

主要材料
涂料、水泥板、板岩、实木条

面积
3,000平方米

设计时间
2014年

森美这个建案的名称源自东京六本木的森美术馆，开发商定位此地产项目时希望是以人文气息为主要风格，又由于基地本身条件面临公园，另一个定位则是以公园为生活中心的主题，在这两个定位的前提下，我们思考如何将此接待中心与公园景观相融合并强化人文气息。

设计发想是延续所销售建案以公园为生活中心的主题，以退缩及穿透的手法，将户外与室内空间紧密结合，有别于一般设计习惯采用的大型量体，本案平面的配置上，将空间量体碎化、脱开，再以皮层围塑出整体空间领域。也因为这样的配置，发展出许多有别于以往的空间型态。错落的量体配置，自然退缩出许多绿地，并使得每个空间都有更多户外开窗的机会；再借由立面皮层的围塑，一路由户外、车道、廊道、入口、室内大厅到中庭，营造出一种层次的景深。

外墙及室内墙面皮层上的开口设计，意在创造一种框景的效果，在户外时，皮层有围墙界定空间的作用，但透过开口又可一窥内部的风景，随着阳光的转移，亦时常投射出不同的阴影表情；在室内的墙面，皮层有区分空间机能的作用，但透过开口的设计，降低了空间的封闭性，并创造了更多的框景与趣味！

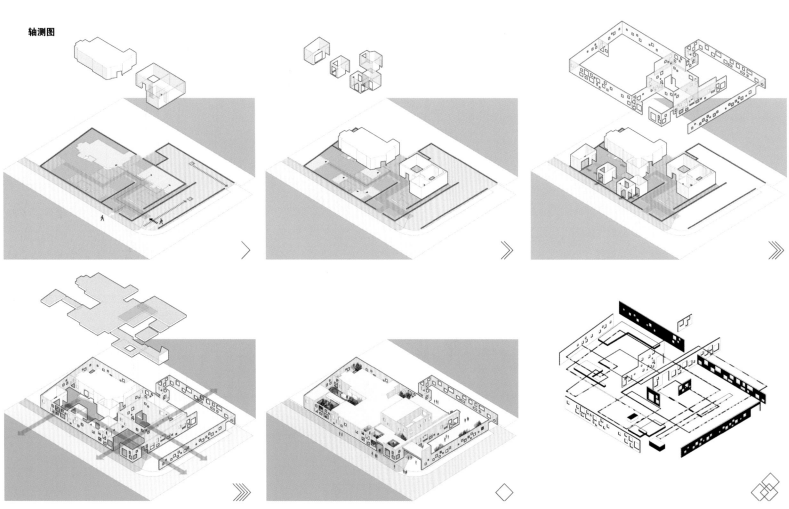

轴测图

一层平面图

1.保安室
2.停车场
3.入口
4.大厅
5.画廊
6.媒体室
7.模型室
8.样板室
9.展示空间
10.会议室
11.茶吧
12.休息室
13.设备间
14.办公室

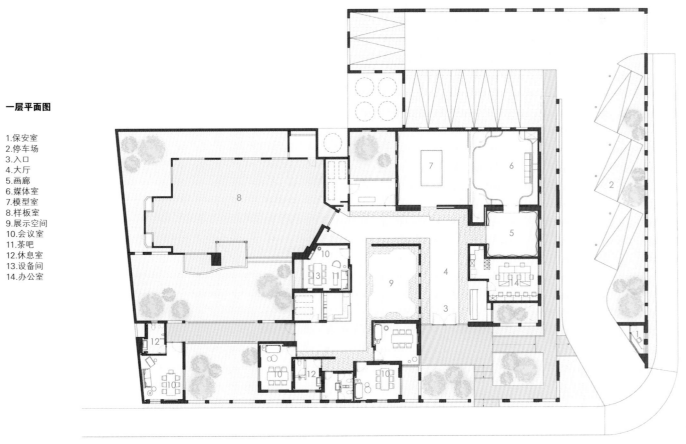

业主
纽宾凯集团
设计团队
李涛、姜鹏、胡炳盛、李龙
项目类型
商业建筑
完成时间
2015年
总建筑面积
1,500平方米
用地面积
3,200平方米

湖北，武汉

纽宾凯迷你奥莱
Newbeacon Mini Outlets

UAO瑞拓设计／设计　晓月／摄影

20天时间能干什么？也许谈一场轰轰烈烈的恋爱？也许欧洲十国走马观花的游一遍？UAO却在20天时间，通过合理的设计组织，建设完成了一个1,500平方米的迷你商业街区。

十栋一至两层的钢结构小建筑，围合成一个环状的商业小组团。中间较高的塔楼起着标志作用。其余建筑围绕它形成众星捧月的形式，形成环形的商业闭合动线。钢结构和商业建筑的特性，使得每栋建筑的颜色都可以不同，而且饱和度特别高。利用涂鸦营造的商业气氛，也是造价便宜的外墙装饰。

这个项目在设计之初，甲方给出了"限造价、限时间"的两大要求，UAO为满足这两大要求，提出用集装箱快速搭建的方案。在接下来的招商过程中，准备进入的餐饮烤肉企业对集装箱的层高提出异议：烤肉企业因为排烟的需求，要求层高不低于3.3米，但是集装箱标准箱的层高只能达到2.5米。因此，集

装箱的方案被否定。考虑到快速搭建，就采用钢结构模拟集装箱的形态。为了追求施工的快速，尽量用标准化的构件；然后基础处理要简单：在建筑主体下加厚浇筑整体水泥基础，室外地坪也是素水泥，后期再用油漆装饰室外地面，达到有指示牌作用的装饰效果。

层高控制和工厂流水线生产的750板材一致，没有使用集装箱的八字板（因需要现场冲压成型，拖慢施工进度），但外观效果很接近集装箱那种竖条感觉，而且保温层很容易安装，保温效果优于集装箱。

屋面就采用一般的彩板，用于加快施工进度。在外装阶段，油漆喷涂分栋施工。室外雨棚构件采用便宜好安装的乳白色阳光板。最后外墙请美院学生进行涂鸦装饰，只用了20天，从浇筑水泥地坪到最后交付成型的建筑体量（包括简单的同时进行的内部装修）给甲方用于商业街开业。

总结这种钢结构临时建筑的优势如下：

1.钢材价格持续走低对搭建这样的建筑的门槛会越来越低，造价低将是其最大优势。

2.因为搭建速度快，造价又低，它将被广泛使用于度假村特色度假屋、商业街区临时售楼部、乡村旅游、民宿客栈等临时建筑快速搭建、公园内各种临时服务设施，甚至都市农民返乡找地后的建筑搭建。

3.钢结构可拆卸、可移动、可回收。

4.因为轻质化，又可移动，可以按临时建筑报批，易于获得相关部门的建设许可。总结其优势为：快速搭建、成本低廉、设计感强、循环利用、适应性大。

综上所述，我们判断：

可拆除、可回收、可移动钢结构（或木结构）的临时建筑必定是下一个风口。

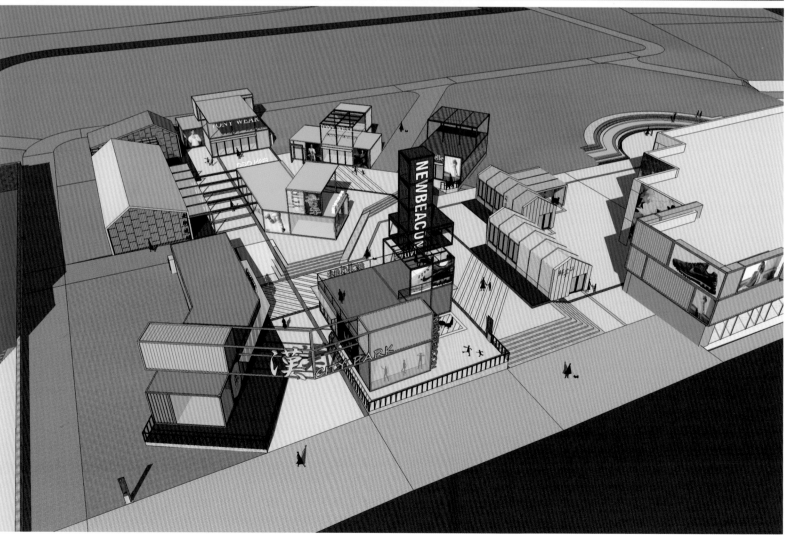

广东，佛山

佛山新城荷岳路步行桥
Foshan New City Village Walkway Bridge, China

丁劭恒 / 主持建筑师

当代中国，发展急促，城邦之间，只争朝夕，不让彼此。城市过于快速发展，公路网络不断向乡村扩张，路权更多地服务于机动车的行驶，农村生活和民风不断遭到侵蚀。本项目通过政府和建筑师的合作努力，希望打破这种中国式发展的浮躁与乏味，重新寻找旧日的村落文化与建筑痕迹，设计也力图反映当地原有自然村落的文化印记，回归朴实、简约，让简单和充满真实的本土情感成为可持续发展理念的重要组成部分。

荷岳步行桥是一个由政府推动的公共建筑项目，旨在为处于佛山新城的一群自然村落提供跨干线步行连接，兼备营造城市道路景观的意义。本项目以步行天桥设计为主体，并配合周边环境的景观、交通进行综合设计。荷岳路为佛山新城主轴南延区域一条东西走向的城市车行主干道；而本设计之步行天桥横跨其上。主体建筑连接道路两侧多个自然村落群组，为当地村民百姓提供安全便利的无障碍

出行方式。项目建筑投影占地面积约1,500平方米，最大跨度约为60米。设计结合多种无障碍设施，宽阔平缓的步级及休息平台，天然的木构与用材以当代的手法带出农村朴实、恒久的生命力。荷岳路天桥系统的建成完善了该地区的村落步行系统，是对社会责任及人文的关怀的一次颂扬，也是设计师利用建筑对风土文化与城乡融合共存的积极探索。

设计理念

在城市化的大环境下，许多原本自然生态优美、民风雅致的村庄不断被中心城市郊区化、城镇化。许多优秀的风土文化泯灭于激烈的城市化进程中，许多旧日筑迹，流年似水，一去不返。作为建筑师和城市设计工作者，对于此情此景，特别感到令人担忧。

佛山乃中国四大名镇，地处珠三角腹地，与广州地缘相连、历史相承、文化同源。佛山实属典型之岭南古镇，鱼米之乡，河网密布，虽富饶而民风

业主
佛山新城乐从国土城建水利局
设计公司
ADARC【思为建筑】
项目类型
公共建筑
完成时间
2015年
总建筑面积
1,500平方米
占地面积
1,900平方米
预算
1,500万元人民币

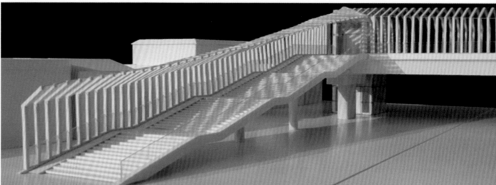
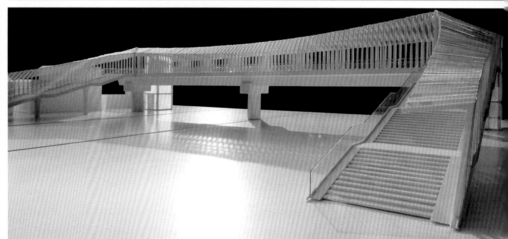

务实朴素。而本项目正处于一个新城中轴的南延区域，四周自然村落宁静优美，岭南民居、祠堂星罗棋布。流年似水，青砖灰瓦，木门木窗，一点一滴，光影之间，在墙身和屋脊线上岁月留痕。来势汹汹的都市化巨浪似乎无可避免，如何令城镇发展与本土情感共融，启发了建筑师在新旧之间捕捉灵感。

项目采用了当代的设计手法以行云流水的流畅空间，配以古旧朴素的木材构造，营造和特显场所的本土乡村特色，保留了当地百姓居民熟悉的回忆，但瞬间又能使到这旧物载体自然融入周边城市化的洪流。设计聚焦于"本土情感"，在天桥的造型上是对周边村落之岭南传统建筑群屋檐窄巷的抽象表达，提取其折线再通过参数化的设计给予理性与逻辑，让整个天桥的天际线与周边的建筑高度融合。用材和构造上是现代技术与传统文化的邂逅，利用钢结构的灵活和可塑性来实现天桥的空间和造型，并以天然的木材刻画纯朴和永恒的质感，亦做到温和地

融入在地的建筑语境，隐隐透出对自然、对本土情感怀缅之情的寄托。

整体布局

平面布局简洁紧凑的U形，其主体横跨主干道，两侧各是单边平缓宽大的梯级，以及无障碍设计的垂直电梯。对空间的剪裁，功能的排布，对材质的掌控、对桥身体量的考虑都恰如其分，最终与周边村落建筑浑然一体，达到"润物细无声"的意境。

当穿行于天桥廊道内部，可以感知其造型转折手法的运用。每一个渐变的"屋形"单元数组组合都是一种被抽象的传统民居图，并且不断地重复出现，最终形成强烈的景深和视角引导力。与此同时，看似不动的建筑空间透过光的转折照射而被感知，形成富有趣味的步行体验空间。光不受缚于空间造型，却能刻画出空间实体的形貌，让其变得更有质感。天桥比一般步行天桥更为宽阔，打破走道形式的枯燥

无趣的感觉，为使用者在天桥上的活动提供更积极的社交可能性。嬉戏玩耍、驻足远眺、偶遇闲聊。凡此种种，拉近人与人之的间关系和活动都被允许和提倡，建筑的内在价值因此而回归到风土文化内核中人与人积极交往的精神之中。

价值探索

作品在整体上努力体现"润物细无声"的东方人文价值。设计遵从一种以人、文化及特定场所出发的谦卑价值观和理念，是在上述要素错综复杂的基础之上为人、建筑、环境和谐并存而进行的不懈探索。作品力图在地方风土建筑的兴趣维度上，展现建筑的乡土之美；在探讨城市化议题的同时，也尽情表达一种乡村的本土情感和文化。建筑师希望通过这种对东方人文价值的坚持，在进行创造工作的过程中体现一份对历史、文化、环境和社会的责任和职业使命。

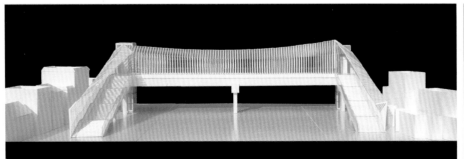

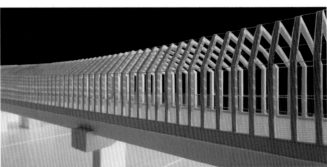

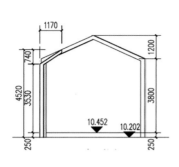

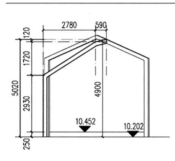

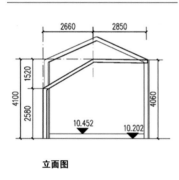

立面图

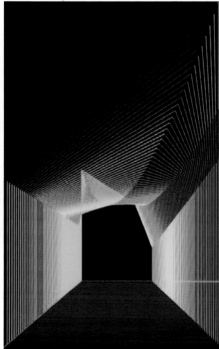

基本功能

客运、联检、办公、商业、展览

建筑设计

曾冠生、禹庆、颜子昌、徐成龙、
赵夏青、刘国麟、韦锡艳、杨映金、
王婉君、唐文熊

景观设计

曾冠生、禹庆、韦锡艳、张阳、
廖亦莹、杨倩、洪毅

室内

曾冠生、禹庆、吴龙君、王婉君、
杨映金、黄柏浩

钢结构

谭伟、王文涛、张凡

施工图设计

青岛腾远设计事务所

幕墙顾问

天元装饰

灯光顾问

金照明

建筑面积

59，920平方米

设计/建成时间

2013-2015年

山东，青岛

青岛邮轮母港客运中心
Qingdao Cruise Port Passenger Center

CCDI墨照工作室、CCDI境工作室 / 设计　张超、夏至 / 摄影

毗邻青岛老城区的老港区，在过去几十年一直是青岛最主要的物流中心。而最近几年，主要的物流功能被慢慢转移至黄岛区域，5平方千米的老港区希望通过城市更新的手段，实现功能置换和再生，成为融合居住、办公、商业、酒店和休闲娱乐等多功能的复合型区域。老港区的产业升级，也将拉动相邻老城区的经济发展，为基础设施的升级创造可能。在这样的语境和期许下，青岛邮轮母港客运中心被选址在了老港区。作为城市更新的一个触媒，这座现代交通建筑不仅仅是服务出行的单一功能建筑，也希望借助交通类建筑人流密集的特点，以及标志性的建筑语言、充足的室内外空间和植入的复合功能，使交通建筑同时成为市民日常休闲和娱乐的场所。

海·建筑·城市

青岛市民对海的眷恋是一种根深蒂固的情节，这种情节体现在这个城市无处不在的海滨公共生活中。在这座城市里，海与城市并没有被海岸线简单地一分为二，而是通过各色公共建筑和丰富的滨海场所把两者紧密联系在了一起。客运中心所处的六号码头，在一片碧海的包围之中，具有结合游艇功能开发休闲娱乐公园的先天优势。加上商业和景观配套，以及固定展区和出入境大厅增设的临时展区，客运中心的功能多样性为城市滨海生活的丰富延续创造了可能。

建筑造型的灵感，来源于帆船之都的"帆"和青岛历史建筑连绵的"坡屋顶"。建筑的外形由18组象征风帆造型的模数单元组成。单元采用三角形的基本元素，沿场地东西向长边依次排开。为了创造大跨的无柱室内空间，基本模数结构单元采用了富有工业感的门式钢架形式。钢架截面结合受力原理及建筑表达手法，采用了收分变化的异型方式，使得建筑展现出原始的结构张力美和空间动感。此外，由于南北两跨的跨度不一，南北两个主立面的三角

形单元，在角度及形状上因为力学需求存在自然差异，也在强调重复统一的模数手法中增添了变化的趣味。不仅如此，为了体现力学之美，室外立面钢结构外露，省去幕墙表皮，结构形式本身成为了最有力的立面语言；室内空间在吊顶的设计上也尽量不遮挡主结构，让人们在室内依然能够阅读结构的逻辑和感受力学之美。

室外平台与立面格栅

考虑到青岛的冬季盛行西北风向，且场地南侧港湾的景观条件更为优越，设计中在南向大跨钢结构下进行了逐层退台，形成主要的室外公共平台；北立面则在三层设计有少量的室外观海平台，并且局部实现南北室外空间的相互贯通。这些平台犹如船身的甲板，为人们提供了休憩活动的场所。甲板之上，是依附于大跨结构"实"与"空"间隔出现的半室外屋面。阳光可以通过镂空部分，在室外平台上投下充满韵律的光影，光影流动间让人感知

总平面图

北

0 25 50   100
                  m

时光的流逝。甲板的立面，格栅语言不仅保持了建筑外轮廓的完
整性，加强了"帆"的造型立意，更是建立了平台空间与地面公园
及海之间的视觉和空间联系。垂直方向上，粗细不同、排布错位
的格栅形成一种虚实变化效果；水平方向上，300多米的立面长
度带给格栅另一层变化关系。两层关系的叠加，使得人们在平台
上向外眺望时，可以达到步移景异的效果；而当人们在建筑外
透过格栅向内观望时，也会观赏到不一样的建筑表情。300米长
的平台，通过南北方向上的宽度变化，加上起伏的平台高度，被
划分成若干个不同的空间节点。每个空间节点都因不同的特色
而具有辨识度，以免单一乏味。特别是展览空间外的平台节点，
它结合了发布会和室外展览的功能，变成多元的活力空间，是这
个室外公共平台序列的最高潮。

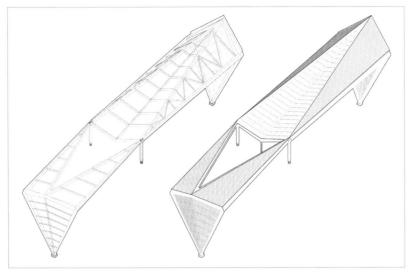

建筑单元体

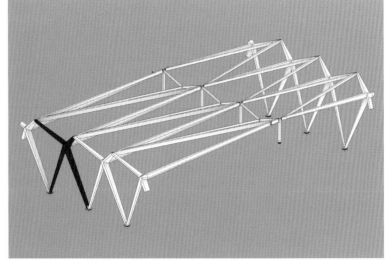

结构框架

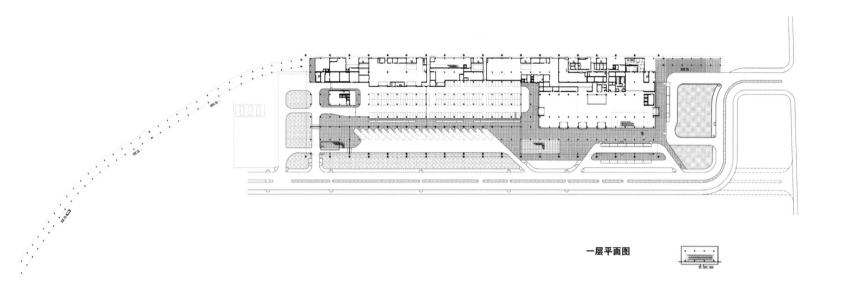

一层平面图

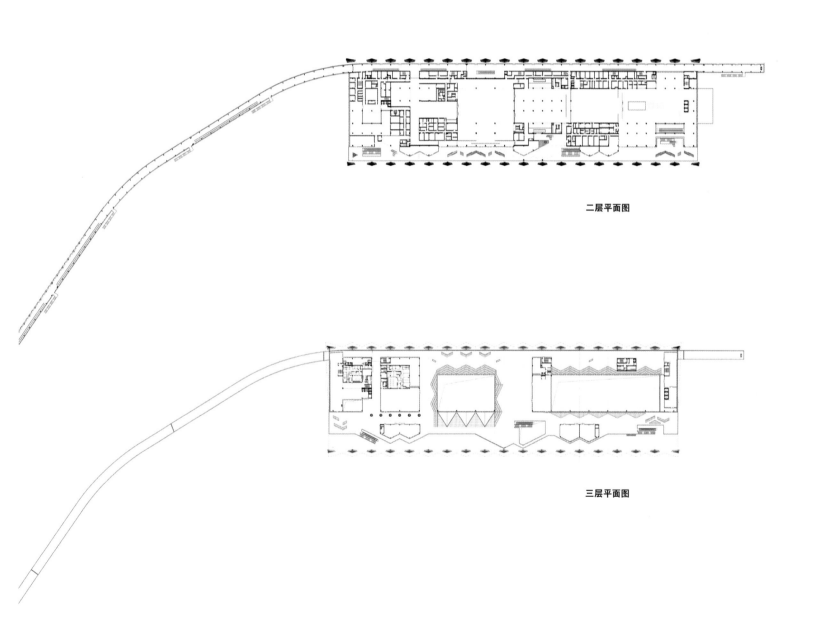

二层平面图

三层平面图

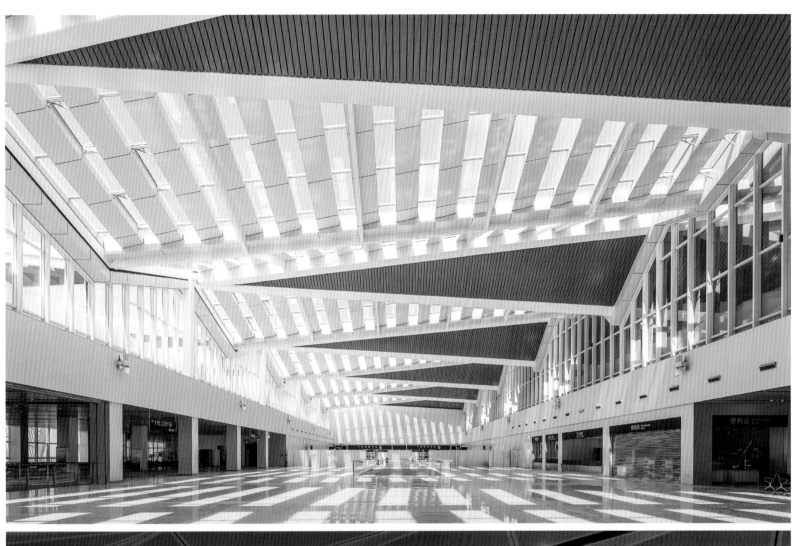

结构设计
刘涛
机电设计
颜兆军
设计/完成时间
2013/2015年
总建筑面积
3,700平方米

广西，桂林阳朔兴坪镇

云庐老宅精品酒店
Yun Lu (Yun House) Boutique Eco-resort

景会设计（Ares Partners）/设计　苏圣亮/摄影

　　位于广西与平的"云庐"是由散落在一个自然村中的几栋破落的农宅改造而成，酒店深藏于漓江好山好水间。项目是从老农宅的改造开始，逐步梳理宅与宅之间的空间，并将一栋老宅拆除扩建为餐厅和客人可聚集的场所。设计师采取一种对当地文化和周围村民的尊重和谨慎态度，对原有狭小凌乱的农宅与场地进行梳理改造。云庐酒店的几栋老建筑与环境的关系紧密，与当地村民的房屋也没有明显的隔绝，与周围环境的自然共生和与当地村民的和谐共存是我们设计的出发点。另一方面，酒店的主要服务对象大多来自现代城市，如何找到城市生活的舒适和农村生活的淳朴之间的平衡也是我们的重点考虑。

　　在不破坏原外观的前提下，老的夯土建筑被改造为符合当代生活品质的酒店客房。由刘宇扬建筑事务所设计的新建餐厅则用了一种更为低调的建筑语汇，以变截面钢结构和玻璃中轴门窗系统与毛石外墙、炭化木格栅和屋面陶土瓦形成一种材料对比，新老建筑形成的空间对话和延续感则是维系外来（酒店）与本土（农村）自然共生的基本法则。

　　在室内设计中，依然遵循了自然共生的法则。为了不影响依山傍水的好风景及与老村落的协调，低调的新建餐厅为一层楼高的坡屋顶建筑并尽可能的降低了尺度，而室内空间在满足了空调等功能需求的前提下，尽可能的提升了层高，与建筑呼应，让空间明快，简洁，流畅。原有农宅的室内虽然久经年代的风雨而显得破旧，但却不失空间上的趣味，典型的一栋青瓦黄土砖屋为三开间，中间为二层挑高的厅堂，两侧各有四间小房，二层为杂物储藏用。在改造中，保留了原建筑的木结构、黄土墙、坡屋面及顶上透光的"亮瓦"，在功能上一层的厅堂保留并设有吧台、沙发，是客人小聚的社交空间，

客厅的两侧各有一间客房，厅堂中增加了通向二层两间客房的楼梯。对于东西方向的室内墙面，只是作了必要的清洁和修缮，南北方向的墙面在土砖墙以内增加了轻钢龙骨石膏板墙，新旧墙体中间的空隙满足了所有管线、管井走向的需求。在空间改造中侧重于思考现代人的生活方式与原生态空间的对话，空间本身与光影的对话，室内与室外空间的互动。在材料运用上，室外保留了纯朴厚重并显得与当地桂林山水浑然一体的夯土外墙和青瓦屋面，原来的旧木窗换作了现代的铝合金窗框，新与旧的对比让老建筑有了几分现代感和新老建筑的对话场景。室内采用了再生老木、素面水泥、竹子、黑色钢板等材料，力求遵循朴实、自然、简单的原则。这些现代材料与原始的土坯墙形成了一种对比，但都有着一种厚重感，整体上有着相似的历史感。

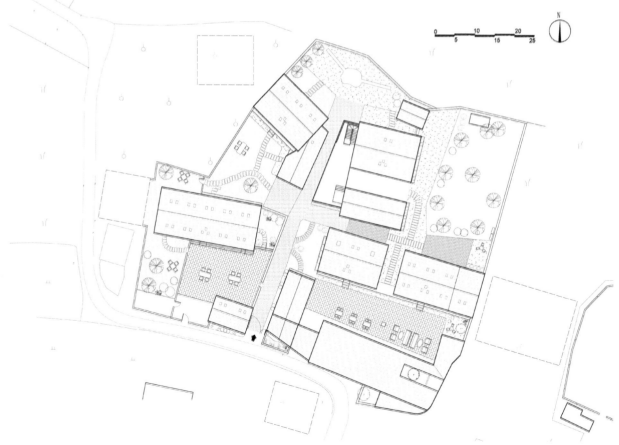

总平面图

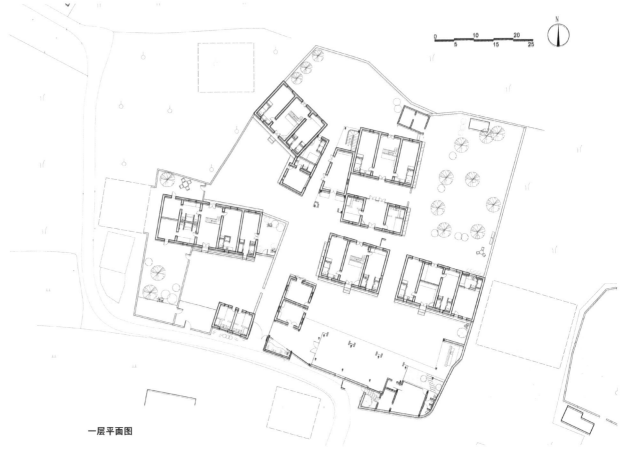

一层平面图

设计团队

徐金荣、巴勇、胡均俊、孙芳、程翔

项目规模

130,674.2平方米

总建筑面积

75,543.73平方米

开发商

景洪云旅投旅游开发有限公司

容积率

0.7

项目获奖信息

项目荣获2014年全国人居经典方案
竞赛建筑金奖

云南，西双版纳

西双版纳云投
喜来登度假酒店

Sheraton Grand Xishuangbanna Hotel

中外建工程设计与顾问有限公司深圳分公司 / 设计

开发背景

2007年，云南省政府提出打造60个旅游小镇，嘎洒镇被列为开发建设型旅游小镇，总体项目定位以热带雨林为背景，六国风情为依托，突显傣医药养生、傣民俗文化、温泉疗养特色的国际"傣"温泉养生旅游度假区，本酒店项目设置在该度假区的中心位置，用地面积约13万平方米，距离西双版纳机场仅1.5千米，基地内有嘎洒水质最优的温泉出水口，并有南凹河蜿蜒而过。政府希望通过引进国际品牌的星级酒店，作为旅游小镇的特色元素之一，并期望可以以此带动其他旅游板块的共同发展。

设计说明

酒店总平面呈现伸展的双Y字型布局，与南凹河有机地结合，营造并兼容了优美自然的滨河景观，力求使客房达到景观最大化。充分利用场地内优质的温泉，打造高端的国际温泉度假酒店。

设计旨在创造大尺度下的"新傣式"建筑。首先，利用三段式手法，对建筑体量进行横向划分，把大尺度转换为较小的尺度，以便植入傣式传统建筑的符号；其次，把建筑体量打散，营造丰富的建筑平面轮廓和立面天际线，从而使建筑有机地融入外部大环境；再次，通过研究当地传统的寺庙建筑和宫殿建筑，提炼出相对简约的建筑语言和装饰符号，从而创造出别具风情的"新傣式"建筑。

为打造出多元化的旅游体验和风情化的度假氛围，设计师广泛挖掘外部资源，精心营造内部庭院，创作出私密性与开放性共存、自然性与主题性交融的度假空间，提升酒店核心竞争力。

设计师感言

在有浓厚地域风情的嘎洒小镇，浑然天成的古老村寨和天然无雕饰的阡陌乡野，宛若一个美丽世外桃源，我们唯恐与传统星级酒店高大上的气势在这"桃源"中标新立异或者格格不入。设计中非常谨慎的对待原有的地形地貌，频繁徒步于附近村寨及周边小镇，大量研究当地的民居和寺庙建筑，深入了解傣风民俗，希望酒店可以在这片美丽的土地上自由生长。我们希望设计不仅仅是革新，也应该是顺承或者是有根的演绎，建筑也不单单是某种特定的使用空间，也应该带给人一点点向往或者一些可说的故事。

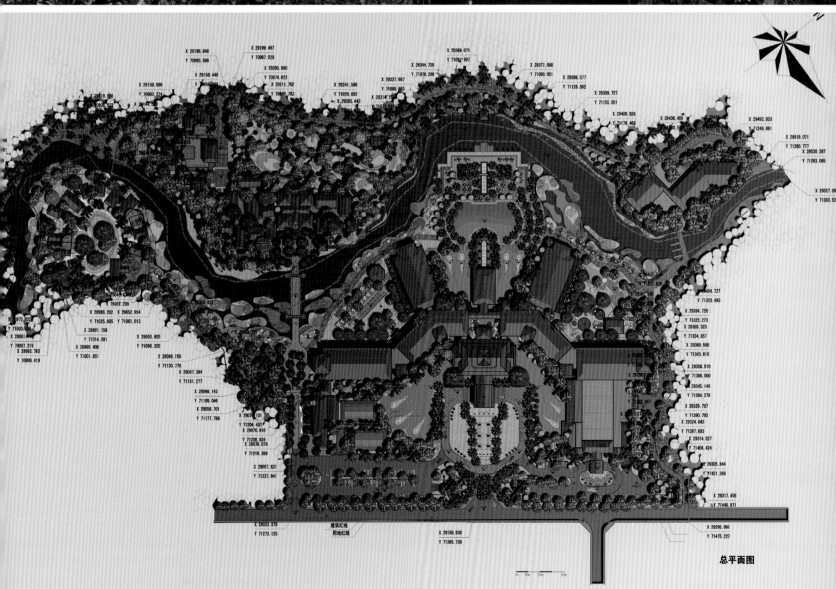

总平面图

鸟瞰图

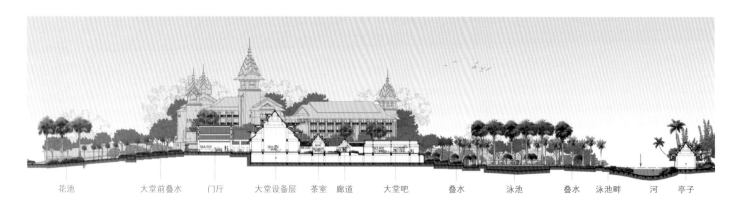

花池　　大堂前叠水　门厅　大堂设备层　茶室　廊道　　大堂吧　　叠水　　泳池　　叠水　泳池畔　河　亭子

公共区剖面图

公共区剖面图

云南，西双版纳

万达西双版纳文华酒店
Wanda Vista Xishuangbanna

OAD欧安地建筑设计事务所 / 设计   陈鹤 / 摄影

开发商

大连万达集团

设计团队

李颖悟，Helder Santos，陈江，陈英男

联合设计

万达商业规划研究院

室内设计

万达酒店设计研究院

建筑面积

46,149平方米

客房数

151

建筑时间

2015年

西双版纳，古代傣语为"勐巴拉娜西"，是"理想而神奇的乐土"之意。万达文华度假酒店就坐落于版纳山林的优美风景中，建筑融于自然，也成为了风景的一部分。建筑师充分发掘了西双版纳热带自然环境和少数民族风情文化的独特资源，融入傣族建筑的整体风格，让建筑在内外空间上的关照与交流延伸至精神的层面，呈现出了从属于自然环境的气质，提供了一个隐于自然风景、私密幽静的度假乐土。

自唐代开始，西双版纳便形成了中国南部佛教的中心之地。佛寺佛塔遍布村寨，成为傣族人民生活的中心场所，更成为了他们心目中的圣殿。万达文华度假酒店是世界上首个以南传佛教佛塔为中心的顶级度假酒店，佛塔不仅是酒店群落的中心，也是地域独特文化内涵的中心。客人被引入群山密林中的文华酒店开始，就在体验设计铺陈的情节——西双版纳傣族特色的生活方式和宗教文化氛围，塑造出尊尚而隐密的气息与场景，使参与和融入现场的客人获得前所未有的异域情境体验。依山而建的文

华酒店如同掩映在雨林绿树中的隐秘王宫，围绕佛塔次第展开，处处尊贵典雅又亲近贴合自然，在这里客人可以同时体验鲜明的异域风情生活方式和浓厚的当地宗教文化氛围，配以酒店傣族特色的设施与顶级的服务，而获得无以伦比的度假感受。孔雀、瑞象、莲花都是傣族最具代表性的图腾标志和宗教符号，也是傣族民族精神的象征，酒店建筑装饰细节及各处的景墙、铺装，充分体现出这种独特的以自然生物与文化符号形成的主题元素。

酒店建筑群体以版纳傣族传统村落为型，因地制宜，随山采形，结合当地传统文化，加以现代构成手法，体现出独具创意的、民族的、自然的、文化的建筑空间之美。酒店整个公共区建筑以傣族高耸的屋顶为基本元素，大面积的石材基座加之大堂、大堂吧及全日餐厅的单体木构，组合成宜人尺度的院落空间。室内精细多层次的木结构，与室外现代精致的景观相呼应，将风景引入室内空间，并形成极佳的景观视野。到达区半透空柱廊与无边水池无缝融合，与中心花园形成轴线景观。既有面对未

来，现代建筑形式的丰富多姿，又尊重历史，体现当地少数民族建筑的文脉相承。宴会厅建筑体量是整个酒店群中最大的部分。为使其尺度与其他建筑相近，通过改变建筑的部分高差，形成更丰富的立面层次，既增加了视觉上的良好体验，又充分符合整体建筑的节奏与韵律。二层会议室的单体木构与屋顶的民族元素变化，同公共区相呼应，再次演绎了西双版纳万达文华度假酒店的风格基调。

西双版纳万达文华度假酒店坐落于中国云南省最南端，西双版纳景洪市嘎栋区东北方向的群山密林处，2015年9月26日正式营业。整体建筑面积46,149平方米，别墅客房区域有151间豪华客房和套房，公共区另设独立会议中心、水疗中心、佛塔等。酒店力求凸显独特的地域文化特色，延续区域文脉，将当地傣族的生活方式与宗教文化元素融入设计，带给客人新奇独特的感受，结合优雅的环境与顶级的服务，营造出一个在热带雨林的生态环境中放松身心、净化心灵的场所，让客人获得无以伦比的度假体验。

总平面图

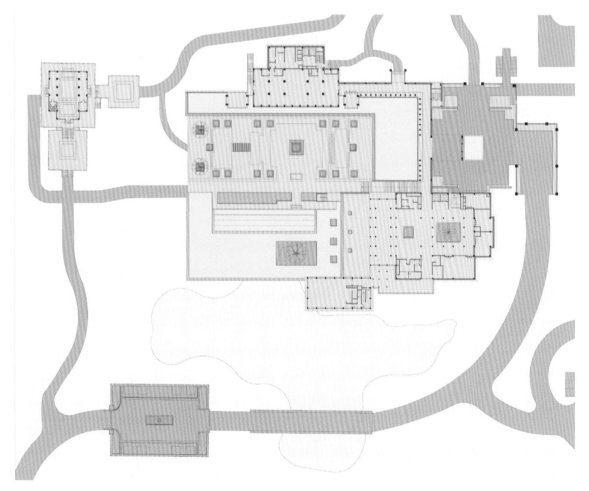

一层平面图

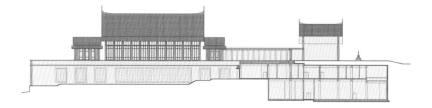

剖面图

主要设计师

徐金荣、陈帅、张振华

合作公司

深圳市易道泛亚园林设计有限公司

合作设计

深圳市易道泛亚园林设计有限公司

项目面积

用地面积：104,946.7平方米，

建筑面积：54,950.5平方米

客房数量

酒店主楼客房253间，别墅153套

设计时间

2011年-2013年

项目开发商

海南金凤凰度假酒店有限公司

项目所获奖项

2012年度全国人居经典建筑规划设计

方案竞赛建筑、环境双金奖

海南，保亭

海南七仙岭希尔顿逸林度假酒店

Doubletree Resort by Hilton Hainan-Qixianling Hot Spring

中外建工程设计与顾问有限公司深圳分公司 / 设计

项目位于海南省保亭县七仙岭国家森林公园风景旅游区内，这里是海南最大的集温泉、奇峰、热带雨林与黎苗风情于一体的温泉度假区。

基地中有两条河沟汇合流过，平时沟水清澈见底，暴雨时浊流翻滚，设计以这两条汇合的河沟作为出发点，结合项目功能布局，适度改变河沟流线，局部扩大水面与建筑、景观互动，利用场地内原石垒砌成河岸，结合水生植物形成涧流水系，打造出具有野趣的景观效果，同时兼顾了河沟防洪的功能。

建筑外立面为汉唐风格，设计提取了具有代表性的汉唐元素作为设计原型，通过屋脊装饰、窗户、柱子、端墙及灰色瓦屋面的设计，并结合项目的建筑体量及周边自然环境形成一套完整的设计语言。使建筑既具有汉唐文化韵味，又不失时尚性、现代感。

景观设计利用地形高差、温泉、河沟，采用半对称式的空间形态，以大型跌落式温泉泳池为景观核心，以七仙岭山峦、基地保留的巨树为对景，沿中轴线展开丰富的休闲、游乐空间，结合水系、墅边绿地，加以东南亚风情的构筑物和热带雨林植物，形成一曲悠扬跌宕的度假协奏曲。

鸟瞰图

剖面图

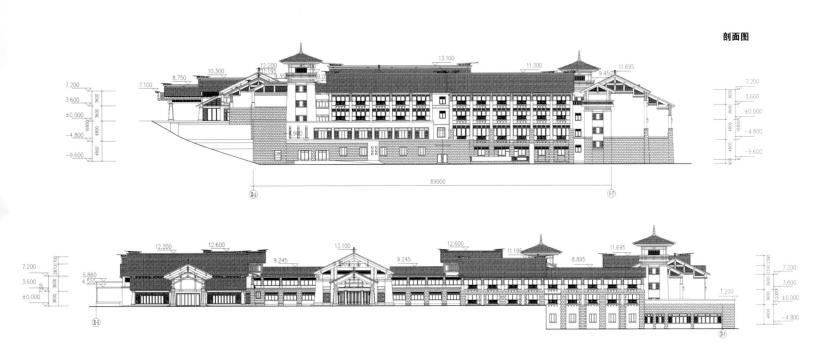

设计团队

李颖悟，Helder Santos，
陈江，陈英男

室内设计

万达酒店设计研究院

景观设计

深圳市致道景观有限公司、
万达商业规划研究院

建筑面积

45,500平方米

项目年份

2015年

云南，西双版纳

希尔顿逸林度假酒店
The Doubletree Resort by Hilton Xishuangbanna

OAD欧安地建筑设计事务所／设计　陈鹤／摄影

希尔顿逸林度假酒店地处西双版纳，云南省傣族文化的中心地带，置身于热带繁盛的群山密林之中，享有得天独厚的自然风光。度假酒店做到奢华很简单，要有魅力则不易。只有将民族文化、风土人情、建筑风格归纳融合，营造出一种逃离了日常生活的轻松氛围，外加一点写意时尚的浪漫色彩，才能给人带来完整又特别的旅行生活体验。OAD欧安地则是带着这一目标，设计了西双版纳希尔顿逸林度假酒店。

这个地处中国云南省傣族文化中心地带，置身于热带繁盛的群山密林之中，享有得天独厚的自然风光的酒店，拥有420间客房，并配套会议中心、中西餐厅、健身馆、室内泳池及露天泳池、酒廊等休闲场所。OAD欧安地深入挖掘当地地域环境的特点与民族文化特色，以"传统新体验"的设计理念，打造了一个极具吸引力和休闲体验的度假酒店，突出融合自然、时尚现代的同时，也展现了当地传统建筑独

具的古朴厚重和浪漫的民族风情。

以竹为桩，以木为墙，歇山屋顶，脊短，坡陡，间架高大，干燥凉爽，这正是傣家竹楼固有的标志性特点。OAD欧安地希望通过对地域文化与民族特色的新探索，传递出傣族村落旧有的美感，并带有设计里时间的维度。OAD欧安地将这种极具地域特色的竹楼民居形式融入酒店设计，上层设计为开敞的坡屋顶木构形式，是大堂及客人主要活动空间，底层则是稳重的毛石基座形式，为后勤附属用房等。酒店设计切合了场地西高东低的地势，并以传统的形式满足了酒店功能的需求，处处折射出傣族传统建筑美学和生活方式，带给客人别具一格的专属体验。

傣族人建寨，讲究立寨先立寨心，他们将人与自然合一的观念融入居住空间，并将其人格化，有头有脚有魂。OAD欧安地对传统的傣式村寨进行解

读，通过现代抽象的手法放大地域文化，通过创新的理念将其表现出来。开敞的大堂部分是整个酒店的主体，具有中心性和导向性。大堂位于高处，拥有极佳的景观视野，可俯瞰整个开阔的中心庭院，并延伸至远处的重重雨林绿树。

建筑形体结合功能精心设计，整体高低错落，丰富有致，打造了一个自然宜人的酒店群体。酒店结合用地采用了半围合式布局，即营造丰富的内部空间景观，又向东侧山林开放借景，实现了与外界自然环境空间的流动性。两侧的客房面向内院，分段落沿场地周边有机展开布置，保证了每间客房都能充分享有自然景观。南侧客房形体曲折变化，主体隐匿在大堂视角之外，保证了大堂的视野开阔，同时在中心庭院外又围合出一个半私密性的泳池庭院空间。整个空间布局有开有阖，建筑错落有致，自然环境与内部景观相互交融，带来丰富的空间体验与感受，释放了场地及环境的最大优势。

希尔顿逸林度假酒店整体呈现低调奢华的内敛，厚重大气的休闲感。酒店造型上采用傣族建筑尖顶翘檐的形式，形态各异的屋顶配上金黄的灯光，在夜色衬托下显得格外夺目和典雅。简洁现代的设计结合版纳传统建筑的民族形式，简约但不简单，突出整体的大气与厚重的同时，添加了精致的傣式建筑细节，形式多样又恰到好处，使人惊艳于传统傣式建筑与当代居住美学的完美融合。设计上采用了深色柚木、质感外墙与毛石墙体等大量当地材料的组合，色彩上则采用了米黄、棕褐、灰蓝色等体现平和内敛的休闲感，强调了地域文化与民族风情的氛围营造。

OAD欧安地根据酒店所处环境特点并结合当地文化特色，以"传统新体验"的设计理念，营造出了极具视觉冲击力和时尚体验的舒适度假酒店。深色原木质感，象牙色厚重墙体，充满民族特色的屋顶相互辉映，与和谐的自然环境相融合，配以幽蓝的大型花园泳池，以及情景化的浪漫热带雨林景观，打造了一个理想的度假旅游休闲胜地。

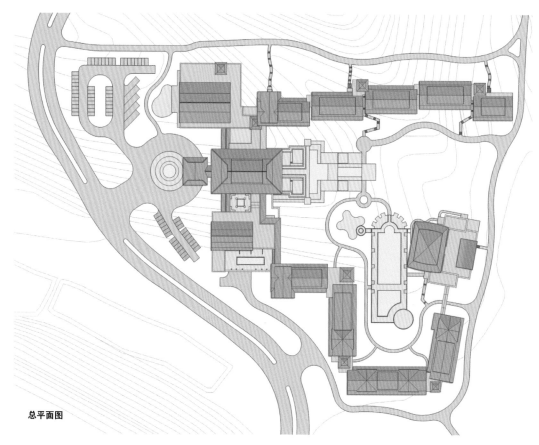

总平面图

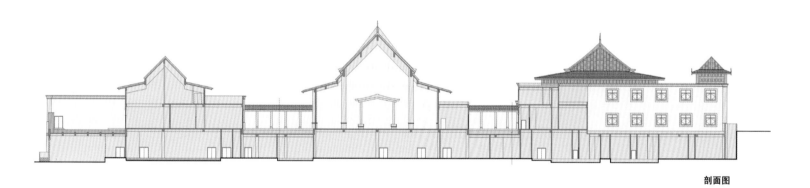

剖面图

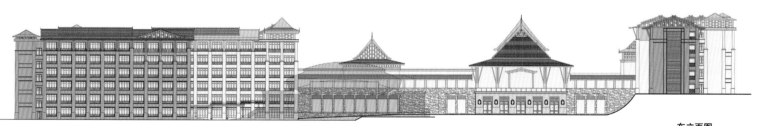

东立面图

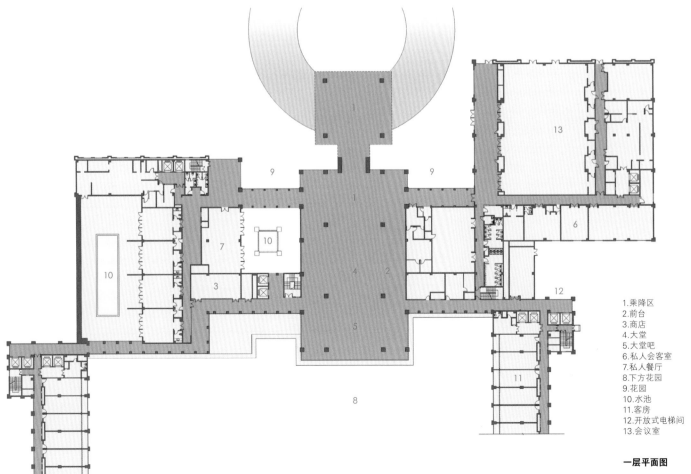

1.乘降区
2.前台
3.商店
4.大堂
5.大堂吧
6.私人会客室
7.私人餐厅
8.下方花园
9.花园
10.水池
11.客房
12.开放式电梯间
13.会议室

一层平面图

花之城豪生国际大酒店
Howard Johnson City of Flower

同济大学建筑设计研究院（集团）有限公司、云南省设计院／设计　吕恒中／摄影

2015年7月开业的昆明花之城豪生国际大酒店（以下简称花之城酒店）是国内迄今单体客房数量最多的酒店（2,268间客房），其本身具有旅游酒店个性化特质，在设计模式上也有新的探索。与常规旅游酒店有所不同，这是一座集合了酒店、植物园和商场的旅游酒店综合体。

功能主导的总体设计

酒店+植物园+商业的混合模式。酒店主楼被作为纯粹的客房。裙房除了酒店大堂及配套之外，还有一家商业精品mall。地下空间除了酒店和一家超大规模的化妆品体验旗舰店，其余部分为一座能够停泊旅游巴士的地下车库，最重要的是在中心区域设置了一个超过5,000平方米的地下植物园（花卉植物资源圃），这也是整个酒店配套核心。

周边式布局和连续起伏的天际线。受制于基地面积条件的限制，建筑采取集中式居中布局，两

栋分别展开超过200米长的板式主楼沿周边设置，既兼顾了酒店视野朝向，也使得放置于中间部位的游览、商业、餐饮的一体式混合体验成为可能。连续起伏回旋的天际线设计来源于花朵绽放的形态构想，通过高度变化产生的不同客房量密度分布也分别对应视野景观的优劣差异。

集约化功能和分体系酒店客房。酒店的东、西两栋主楼最终被分为四个子酒店，每个子酒店拥有独立的大堂和服务系统，同一主楼的两个子酒店大堂可以互通并共用后勤，形成一个大堂组合。如此将每个子酒店客房规模控制在500间左右，所有酒店的员工后勤在地下室是作为一个整体进行设计，通过精心布局的流线和平面，将后勤服务面积降至最低。

体验模式下的酒店内部设计

以体验为核心的设计主导模式。地下植物园（花

业主

昆明怡美天香置业有限公司

项目负责人

任力之

建筑设计

朱政涛、魏丹、那晓萌、宋鑫、
冯岱宗、章蓉妍、卢嘉伟、
潘凌飞、卞萧

建筑结构

框架剪力墙、钢结构（植物园）

建成时间

2015年

用地面积

59,472平方米

建筑面积

250,664平方米

（地上部分178,416平方米）

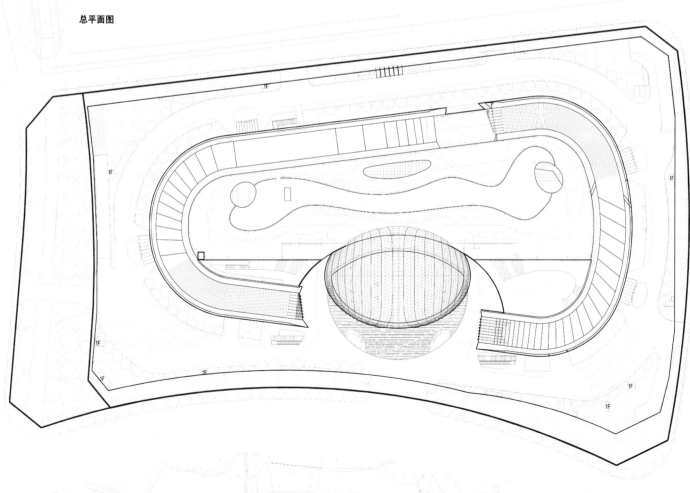

总平面图

卉植物资源圃）作为参观体验主体，成为酒店住客和游客体验中最特殊的部分，植物园设置在地下一层，占地约5,000平方米，是亚洲最大下沉花园，上部开敞洞口约占一半，由钢结构玻璃顶覆盖。植物园的主体是花卉，在核心区塑造了一个五彩孔雀的造型作为整个植物园的主题和视觉焦点。外来游客也可以直接到达地下一层，通过一个天幕电影观赏区再进入植物园。

商业文化因子的导入。一个香料博物馆作为植物园参观的延续和补充，也是与地下化妆品旗舰店的衔接，展现了商业文化的概念，也进一步完善了游客体验，从而创造了植物园—博物馆—配套商业—酒店相伴相生的新型业态模式。

真实环境和人工造景相结合的居住体验。花之城酒店的景观体验是通过自然之景和人造之景的融合并陈来实现的。基地北部是连绵翠绿的山峦，南侧是波光荡漾的水库，游客在这里能感受到真实、自然的昆明风景。整个裙房屋顶设计为一个花园，还配合增加了一家花店提供鲜花服务。另外，酒店客房的内部装饰也以不同花卉作为主题。

酒店主题性的建筑表达

绽放的花朵造型。整个建筑主体形态宛如蓬勃向上的花朵，花瓣绽放，充满生命力，又如一双张开的双手，捧着形如晶莹露珠的植物园。建筑端部层层跌落形如山脉，和周围地势浑然一体，每层退台都是客房层的绝佳观景平台。

绵延的花瓣立面。建筑主楼立面上水平延续的构件犹如花瓣，通过正弦曲线控制的三维扭转自然形成富于变化的立面肌理和微妙的光感效果。超长尺度的三维扭转水平构件的设计和施工采用几种铝板组件来拟合，在昆明高原的日照下，产生微妙的光影变化，形成充满生命感的韵律节奏。

发散的叶脉肌理。植物园钢结构主体受力构件的形式源于叶脉的原理，钢结构模拟生物自然态，体现自然生命之力形成合理受力模式。在叶脉状的结构体系下，植物园的通风窗、遮阳帘都被巧妙地结合进来。有了这个开敞式的地下植物园，建筑从地下到地面再到裙房、塔楼形成了真正的立体绿化，创造了充满自然植物的体验。

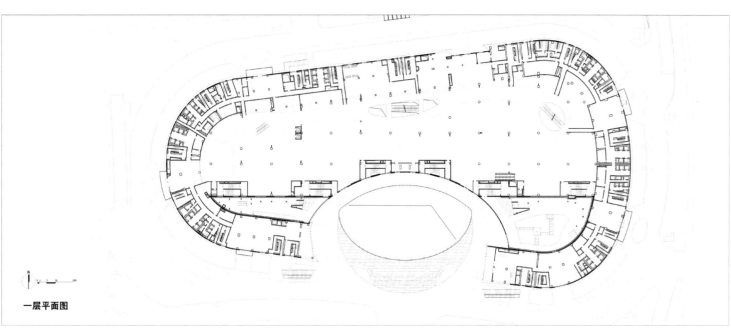

一层平面图

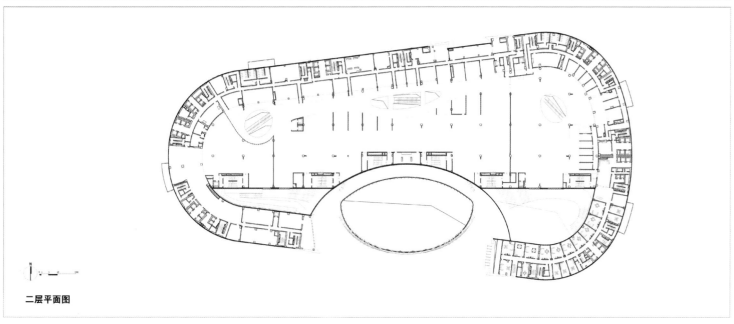

二层平面图

设计团队
张雷、刘玮、马海依、方运平、陈隽隽、
吴冠中、何盛、刘莹、邵璇
设计合作
南京大学建筑规划设计研究院有限公司
完工时间
2015年10月
建筑面积
1,000平方米

浙江，桐庐

云夕戴家山乡土艺术酒店
Yunxi Daijiashan Local Artistic Hotel

张雷联合建筑事务所 / 设计　姚力 / 摄影

桐庐云夕戴家山乡土艺术酒店位于浙江桐庐县莪山乡戴家山村，是由一栋普通畲族土屋改造的"民宿"，同时也是具有现代化酒店设施和服务的"乡土艺术"精品酒店。改造设计最大限度地保留且加强了原有房屋的结构实体部分，巧妙地利用传统"畲族土屋"的地域性特色，并进行紧凑而适度的加建，从而植入精品酒店的功能，以满足现代消费人群的休闲度假需求。

酒店建筑的主体原本是一个游离于村庄之外的闲置农舍，由一栋北靠缓坡、南面山谷的黄泥土坯房屋和一个突出于坡地平台的石砌平顶小屋组成。对农舍的改造工程于2014年8月正式启动，经过两个多月的改造设计，2014年10月开始正式施工，于2015年10月竣工。建成的云夕戴家山乡土艺术酒店总建筑面积约1,000平方米，共17间客房。

改造工程的一个难题就是进行结构强化。因功能的需要设计师清除了土屋内部的两道夯土隔墙，并将屋顶抬高一层，使得内部空间重新划分，但这样的设计在很大程度上会减弱结构的整体性。

针对这一问题，最终的解决方案就是在夯土和木框架之间，通过加建的砖混结构墙体、楼板，形成3层相互协作的连续结构，并且对抬高的屋顶和加建的砖混结构进行保温防潮处理，同时解决屋顶保温隔热和室内隔绝潮气的难题。原有夯土、木框架和新建砖混墙体、楼板构成的"三重结构"体系以及抬升后的屋顶不仅为房屋提供了可靠性和舒适性，而且保留了原有木楼板、木框架和夯土墙空间美学、效果和历史文化价值，延续了传统地域建筑的内在特征。

有机组织的楼梯井、局部平台空间和透空书架隔断的空间划分，而经过翻修的屋顶木结构借助灯光的强化处理，增强了空间活力，形成明亮而有力

的空间氛围。所有内部新加的部分都遵循弱化形式几何秩序，而色彩以黑白为主，既提供了精品酒店的当代功能，又形成老房子和老物品透明的前景或消隐的背景。

酒店的设计并没有采用过多的现代装饰元素，更多的是向历史、向乡村及民俗文化的借鉴与致敬。老屋内原有的风车、桌椅、坛罐和竹织物在改造前就被有意识的收集起来，在改造后又以软装或装置的方式呈现；客房床头的红布彩带、卫生间内的马赛克和入户隔断的图案也都取材于畲族文化的符号纹样。这些元素共同营造出一种"熟悉的陌生感"，激发游客的好奇心和村民的自豪感。

新建餐厅"柴房"的立面被称为柴火墙，由柴火杆组成，是酒店壁炉取暖的燃料储备，而屋顶的围栏则由300多把扫帚组成，使用的材料全部来自于当地，需要不断补充或不定期更换，类似的物质

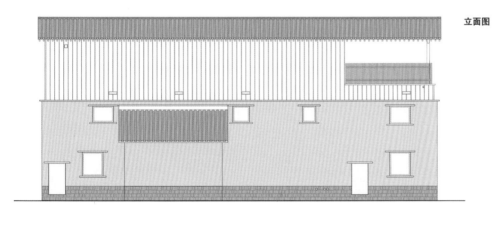

立面图

循环将不断地激活建筑和原住村民生活的关联性而融入乡土文脉。

设计师秉持着可持续的乡土建筑设计理念，通过使用当地廉价的材料（柴火、扫把、竹条、碎石）并进行尊重而不打扰原建筑的设计，在戴家山"激活"了以酒店为载体的乡土生活场所，使之成为异乡游客和当地村民分享畲乡山村生活的平台，也是地方旅游文化产业的一个聚焦点。

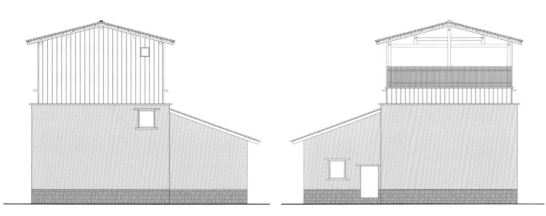

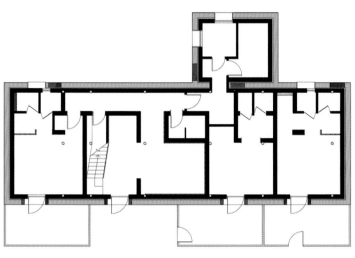

一层平面图

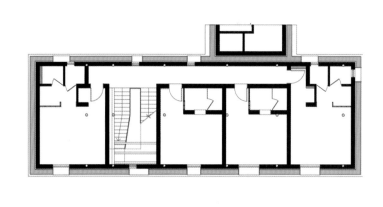

二层平面图

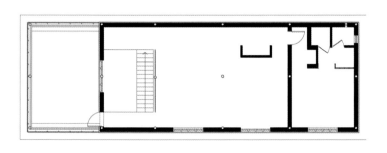

三层平面图

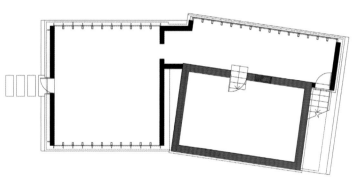

户型图

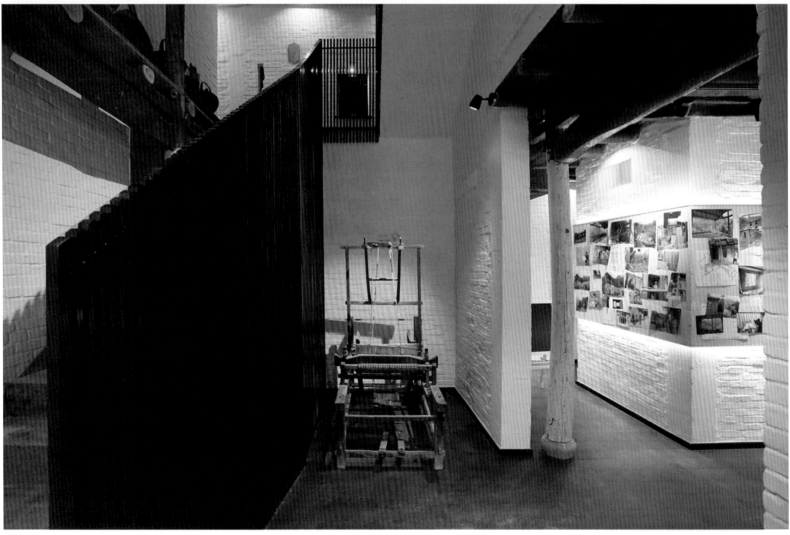

设计团队
苏云锋、陈俊、宗德新、李舸、邓陈、
李超、李元初、陈功
合作单位
重庆合信建筑设计院有限公司
建筑面积
改造前300平方米，改造后1,000平方米
建造时间
2013.8-2015.6
竣工时间
2015.7

云南，大理

大理慢屋·揽清度假酒店
Munwood Lakeside

IDO元象建筑／设计　存在建筑／摄影

"慢屋·揽清"（MUNWOOD LAKESIDE）项目是IDO元象建筑(Init Design Office)近两年在云南大理设计的两个设计型酒店之一，场地位于葭蓬村洱海畔，葭蓬村是环洱海最小的自然村，村庄周围环绕着独有的自然景观——海西湿地：杨柳垂荫，芦苇飞絮，水鸟游弋，天蓝海清。整个村庄宁静秀美，五六间小客栈沿湿地岸线散布，慢屋就在其中之一。

朴素的设计出发点

元象建筑一贯的设计原则——拒绝时髦、流行的设计手法及套路，力求在创作中提出直接而质朴的解决方案，做恰当的建筑。作为一次"当代乡土"的尝试，我们更应该让建筑真正的属于这个场地。

属于场地的建筑

布局：控制尺度，将建筑体量化整为零，加建部分形成多个坡屋顶与周围农宅尺度相呼应。

边界：当地石头所砌筑的围墙作为边界存在，让客栈与周围邻居之关系既有所区别，又有所联系。

半下沉的公共空间的介入。这个设计最难的是要跨过面前的马路欣赏前面的洱海水景。建筑与马路之间的关系很难处理。我们采用了一个半下沉的公共空间以塑造一个双重的联系。空间下面通过石头围墙低下来的地方，可以建立与水景的心理联系，空间上面新塑造了一个平台，建立起与洱海水景更为直接的关系。这个平台用了与建筑主体不同的结构方式（钢结构），其标高也有所降低，同一楼地面建立起更亲近的关系。这个平台右边所接的建筑是开敞的，这个动作，一来，让底下上来的流线始终处在宽大的室外感之中，让二楼更有一种地景感而不是建筑感，二来，从马路上看，建筑也显得更加空灵、轻巧，不像周边房子那样很实。

客房设计多样性。一共13间客房，每间客房都拥有独特的景观，与场地发生直接的联系。我们做了10个不同的房型，创造多样性的体验。

新建建筑与老房子之间的关系。新老房子之间的交接设计得比较自然，在结构处理和空间功能处理上都很直接，在形态上也有延续。

关注现代建造与传统之关系

低技作为策略。在造价及当地施工条件限制下，选择了相对常规化的结构和营造体系，在新一轮的乡建大潮中具有一定的普适性。

传统材料的当代表达。关注现代建造与传统之关系，在框架系统下用石头墙砌筑界面，石砌墙面是当地工匠的一种较为成熟做法，希望用质朴材料营造客房空间之独特体验。

旧物再利用。家具陈设使用当地拆除的老木房梁改制，体现了时间的痕迹与一种在地状态。

植物与生活。水院院心种植着百年的古茶树，摘下来的叶就可以在火塘烤制。院子里的石榴、梅子、李子树的果实都会泡制成酒，那应该是到达时的欢迎饮料。后院有一块菜地，摘下来的叶就可以端上早餐餐桌。设计师意图向使用者传递简单、质朴的生活理念。

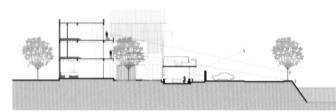

下沉书屋剖面图

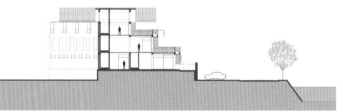

退台客房剖面图

轴测示意图

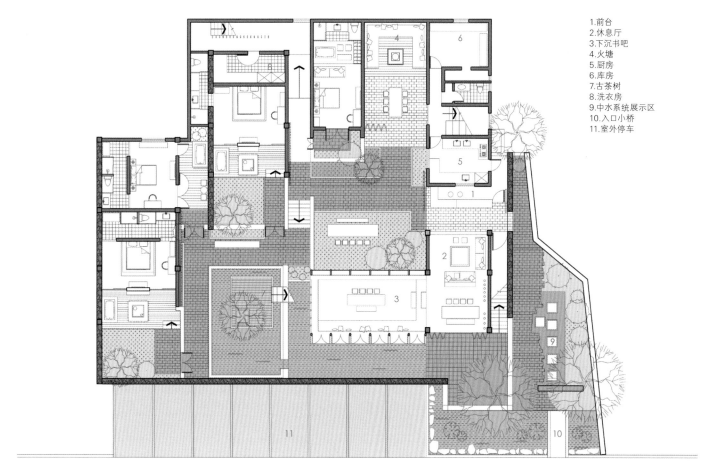

1.前台
2.休息厅
3.下沉书吧
4.火塘
5.厨房
6.库房
7.古茶树
8.洗衣房
9.中水系统展示区
10.入口小桥
11.室外停车

一层平面图

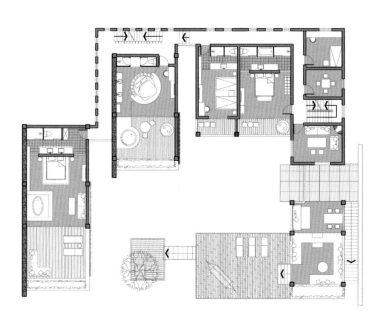

二层平面图

三层平面图

日清的设计历来尊重各地的传统文化，如何让建筑融于本地一直都是我们所追求思考的。但尊重并不意味着复制。于是，在这样一个特殊的地方，一个特殊的时间里，创造一个场所，让它在融于此地，接纳和传承的同时，也期望它代表了一个方向一种可能，与这时空产生一场对话。

一种文化，一个事物的进步必然不是闭门造车的结果，需要对新事物、新理念的吸收和接纳。

于是，在整体风格上，我们尝试采用两组并置等大的体块相互交叠错落，以简练有序的线条和力量，与柔和的江南水乡产生一种对比的存在感。并且两个功能体块各自采用了不同的设计语言和材料语言进行对比。这样的一种简洁明了的现代主义在钟林毓秀的苏州似乎略显突兀，但我们也正是期望这份别致的大气和沉稳，给这片土地带来一丝别样的现代美感。

中国的传统文化历来讲究中庸和平衡。如何进退得当，需思考。人如是，建筑亦如是。在考虑到单纯的两组体块在采用了金属及石材两种颇具"分量"的材料后可能产生的对抗、矛盾和冲突，我们尝试引入第三组玻璃体块，以弱化可能带来的消极感受。而白色玻璃本身的特质又提升了整个建筑的轻灵和飘逸。三足是为鼎，最后建筑整体以达到一种恰如其分的平衡感。

仁恒棠悦湾社区中心位于中国苏州狮山路。设计基于业主对于项目的美好愿景和功能需求，我们试图打造一个周边社区的中心地标和展示核心，前期被用于展示项目的整体规划和设计，后期作为集办公、集会、健身等于一体的综合性会所。

根据业主提出的功能需求和场地条件，我们推导出两个并置等大的盒子的体量关系。但是并没有采用类似于苹果门店那种将纯粹的单体置于平整的

广场之上常规的展示中心设计思路，而是从城市道路不同视角产生的视觉交集来确定景观设计的起伏变化和移步易景。继而将这种起伏演变成一种类似于"折纸"的手法，包裹了主体的一个盒子并将院墙、雨棚、楼梯、坡道等结合于一体，营造了围合的庭院空间来过渡城市空间与建筑空间，塑造了起伏的交通空间，联系入口空间与露台空间。最终将建筑锚固在城市大背景下的基地环境中。

两个功能体块分别采用了不同的设计语言和材料语言进行对偶的设计。底层高透玻璃幕墙的运用形成视觉上的架空层强调了轻与重的对比。金属的横向分缝和石材的竖向分缝产生了肌理的反差。主体上巨大的玻璃幕墙如同一个面对城市展示的窗口，在不同的光环境下反射城市的场景，透射内部的活动，交相呼应，对话共生。

江苏，苏州，狮山路

仁恒棠悦湾社区中心
Yanlord Land Tangyuewan Community Center

上海日清建筑设计有限公司 / 设计　张虞希 / 摄影

设计团队
宋照青、郭丹、李圣
建设单位
仁恒置地（苏州）有限公司
建筑面积
2,330平方米

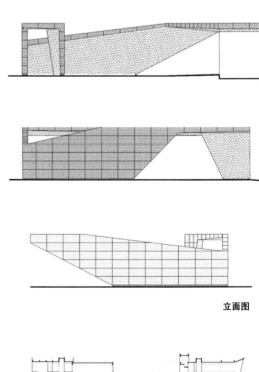

立面图

剖面图

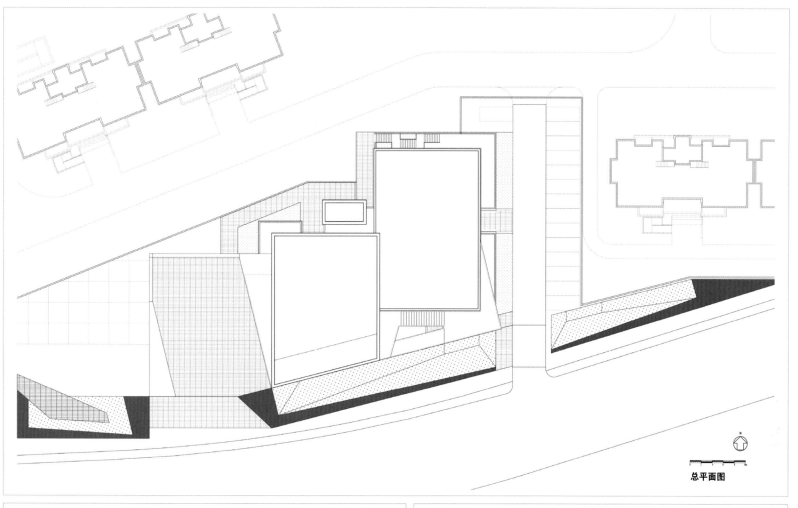

总平面图

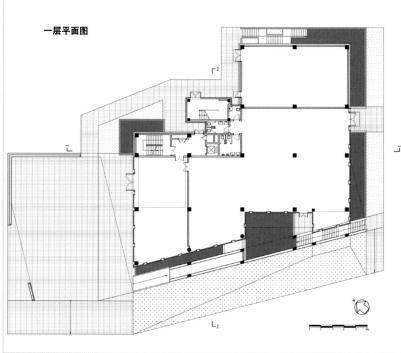

一层平面图

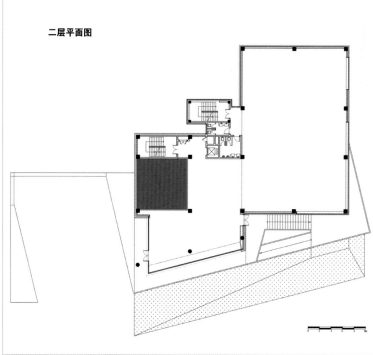

二层平面图

北京，1号地北京国际艺术园区

北京丽都花园罗兰湖会所
Blue Lake House

风合睦晨空间设计／设计　孙翔宇／摄影

当你真正平静下你浮躁的心灵时，自然界里灵性的声音才会重新回到你仔细倾听的耳畔。在继罗兰湖餐厅建筑的顺利推出以及成功运营的一年半之后，另一处紧邻该餐厅的罗兰湖会所 BLUE LAKE HOUSE 此时也完美的呈现在人们的视野里了。此建筑仍是由设计师陈贻和张睦晨执笔设计完成，他们把自然系的建筑设计理念铺陈延伸至该建筑的内部、外观以及周边景观的每一处细节里。

整个建筑体依然延续最初设计师对罗兰湖餐厅的总体设计理念定位，让建筑隐匿并在自然环境之中生长。旧有的建筑完全被拆除，在原有的建筑范围之内被要求重新置入一个更大的空间感受，以便空间适用于更私密、更私人化的用餐、聚会以及小型的商业性活动。鉴于此种多功能的要求，设计师把主空间内部高度调控在5.8米的尺度，并从周边的自然环境中攫取灵感，在高挑的主空间中置入类似树杈形状的金属构架，既起到支撑屋顶及建筑主体

结构的作用，同时也使整个屋顶飘离四周的结构墙体，这样的设计手法使得太阳光线可以从四周自由的、毫无阻拦的投射到整个内部空间里来。日出有时，日落有时，从清晨至日暮，阳光带着灵性环绕着整个建筑，光线运行并穿过建筑外围包裹着的林木枝叶，再加上风的作用，使得光线就像是精灵一样在建筑体内外及建筑周边不停地跳舞，随时改变着它的形状和明暗关系，形成一个随时可以感受到光线变化和四季变迁的灵性空间，为整个建筑内外带来无尽的愉悦情绪。

为体现完全的自然气息，建筑的外部至内部均选用来自自然的实木材料，再加上皮质的家具以及各样经过历史淘洗过的艺术品和饰物摆设，使得空间体验者能够尽情的感受到来自空间、来自环境以及来自自然所产生的亲切感和归宿感。在这个既安静又兼具文化底蕴的氛围里，使人们的精神体验得到最大限度的满足、慰藉和释放。

设计团队
陈贻、张睦晨
建筑面积
300平方米
建成时间
2015年

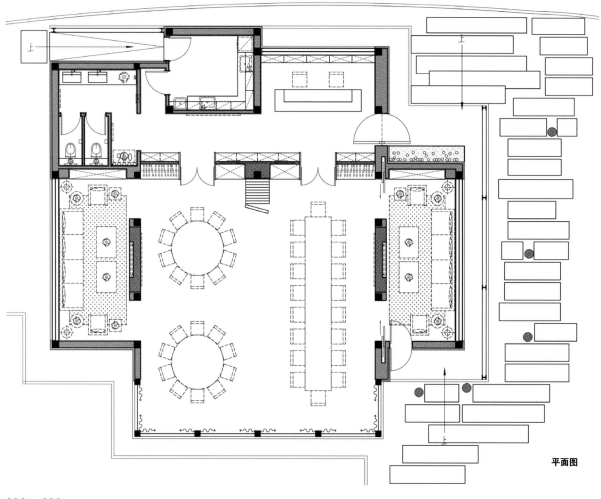

平面图

设计团队

ACT团队

建设单位

正荣苏南（苏州）置业发展有限公司

建筑面积

2,400平方米

江苏，苏州

正荣国领社区中心
Zhenro Royal Kingdom Community Center

上海日清建筑设计有限公司 / 设计

苏州悠久的历史，从吴越开始，无数的文人骚客，给姑苏文化增添了丰富的色彩。而苏州的美，在河，在湖，那弯弯绕绕的曲线如丝带将整个城市缠绕，而我们的项目就位于工业园区的独墅湖畔。设计始于业主对自然的美好向往和舒适功能的需求，我们试图打造一个周边社区的中心地标和展示核心，一个极致的现代主义建筑，前期被用于展示项目的整体规划和设计，体现社区的活力和动感，后期作为集办公、集会、健身等于一体的综合性会所。

基于苏州深沉的文化底蕴，我们采用拓扑的手法，从中国传统的花鸟绘画中，找寻振翅高飞的白鹤，双翅自由延展成的优美弧度，带着力量与速度，更展现了一种积极的态度。因此，这种充满柔美而包含力量的自由曲面，成为了我们的主要设计语言。加之现代化的材料，最终创造出一种自由光洁充满活力，同时具有自然结构之美的曲面建筑形式，积极的与人、自然、城市进行互动与对话。整体的造型呈现出倾斜之势，打破传统的直角坐标系，使建筑形体呈现出蓄势待发之势，增加了空间的运动感，直观的给人一种欣欣向荣的活力和动感。

主体的线性曲面形成了立面上的节奏与韵律的变化，在不同的方位上呈现出不同的姿态。这种看似随机的变化，却是建筑自主对周边环境的回应，顺应河流的走势亦或是对周边建筑的一种对立。而位于入口处所增加的直纹曲面提供一种指向与限定，顺势延展开的巨大挑檐成为了城市空间与建筑空间的过渡。二层的露台则为人、建筑与城市之间的相互感知提供了平台。内侧的疏散楼梯，与建筑略微脱开，踏面与踢面均采用通透的金属格栅，使楼梯看上去更加轻盈，精巧。它与建筑创建一种相互依托，却又相互独立的状态。就如建筑与环境看似相互独立，却又相辅相成，相依相生。

每个项目的进展妥协是必然存在的，尤其是面对材料这种与造价息息相关的部分，妥协看似避无可避，但这并不意味着放弃最初的设计原理与原则，放弃对美的追求。局部板材需采用双曲面加工工艺，而铝板的加工难度大、费用高，因此在建筑底层采用了不锈钢板、二、三层采用了仿不锈钢拉丝铝板。材料自身所具有细腻、光洁的质感不仅增加了建筑的张力，更与建筑形式紧密结合。

在幕墙工艺上，开缝做法增加了建筑的细节表达，使建筑显得更加立体；两道幕墙防水体系保证了建筑使用的耐久性，材料之间顺应走势的拼接与扭转也使得建筑更显稳固。高透玻璃的使用削弱了室内外的空间的界限，使室内外景致相互渗透、融入。玻璃分割改变了传统的直线划分，采用顺应建筑走势的斜线划分，使建筑更具有动感。玻璃与金属材料之间的交织组合，则更加凸显了建筑整体的明与暗，虚与实，轻与重，反射与透射等一系列的对比与共存，对城市场景的不同反映，更折射出现实与超现实之间的丰富性与戏剧性，以从容、优雅的方式解决发展中现代化与园林化之间的复杂与矛盾。

如果说白天的建筑犹如雕塑般，是相对沉稳，宏伟的；那夜晚灯带对建筑的勾勒，却使建筑更加的轻盈，也更加律动。整个三层在灯光的衬托下摆脱重力般的悬浮在空中，如云，如雾，与天地融为一体。从白天到夜晚，随着不断变化的距离和视角，建筑成为城市中一处别致的景致，为周边带来新生机与活力，成为不可或缺的一部分。

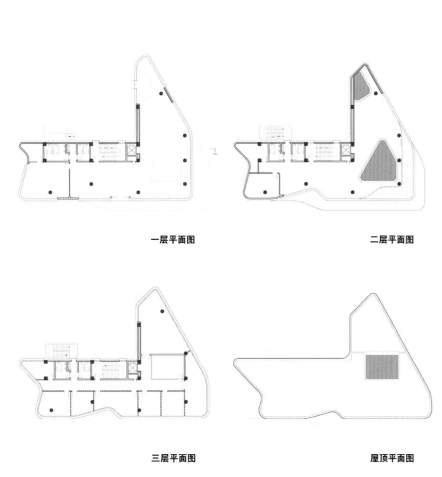

一层平面图   二层平面图

三层平面图   屋顶平面图

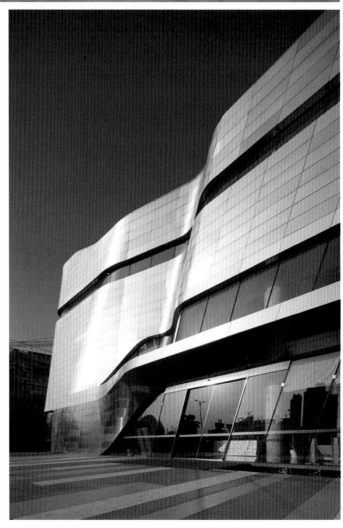

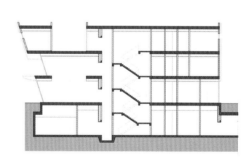

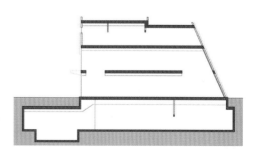

剖面图

业主
松阳县旅游发展有限公司
设计单位
北京DnA_ Design and Architecture
建筑事务所
设计团队
徐甜甜、张龙潇、周洋
室内设计
北京DnA_ Design and Architecture
建筑事务所
照明设计
清华大学建筑学院张昕工作室
（张昕、韩晓伟、周轩宇）
结构体系
剪力墙结构
项目功能
茶室/茶艺培训
建筑面积
477.75平方米
占地面积
372.83平方米
竣工时间
2015.8

浙江，丽水

松阳大木山茶室
Songyang Damushan Tea House

徐甜甜 / 主持建筑师　王子凌、陈灏、周洋 / 摄影

场地

茶室位于浙江省松阳县大木山茶园景区，面向西侧的水库，现状是一个较为狭长的线性场地，场地内保留了原有的五棵梧桐树，南侧建有一座线性的休憩长廊，为传统的坡顶形制。树影、阳光、波光、茶田，周围环境里的自然元素，都成为茶室构建起来的场地条件。

建筑

茶室建筑分为北侧的公共区块，提供喝茶简餐以及定期茶艺培训空间，和南侧的两个庭院茶室。建筑延续场地现有的休憩长廊的线性坡顶形态，也是对当地建筑语言的一种回应。北侧体块退让到五棵梧桐树之后留出树下的公共活动区域，南侧则出挑水面。一个开放的公共走道穿越地块，和建筑构成了循环的"8"字形回路，以"回廊"概念应对现状的"长廊"。屋顶切出线性天窗，将光线引入室内。建筑空间的背景是深色的清水混凝土，作为结构和材料的统一表达。

空间 光线 风景

功能空间的组织和过渡的张弛收放，通过不同方向上的空间尺度、光线的照入形式和亮暗来强调。北侧公共茶室兼具公共茶饮和培训功能，和室外的五棵梧桐树等自然元素一起围合出一个挑高空间：下午的阳光会把斑驳的树影投射在深色的墙面和地面，给静态的建筑空间带来随风晃动的光影。公共空间和二楼的私密小茶室之间，由闭合的楼梯间和水平走廊转换空间属性。二楼三间小茶室可以席地而坐，透过建筑的玻璃幕墙远望水面波光。南侧两个临水庭院茶室，通过一条刻意压暗的走廊来铺垫引导。庭院茶室东西两侧的玻璃门，都是可以完全打开的，西侧面向外面的自然景观，如同框景。东侧是一个抽象的庭院，和一棵孤立的树。

南端尽头的冥想空间面向西侧湖面，既可以作为庭院茶室的延伸也可相对独立，圆形开口是向外观景的景窗，更是一个借入自然的转换器：下午，太阳及其在水里的反射，通过圆洞会形成两个投影光圈，随夕阳西下而慢慢交汇。

茶室的存在，不是为了表现自我，而是当人进入这个建筑后，品茶观景，可以对外面的山水景观有更多的理解。

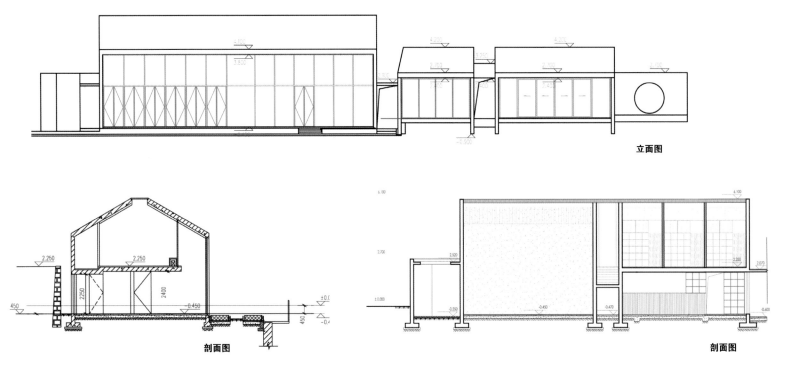

立面图

剖面图

剖面图

1.门厅
2.茶室
3.浅水池
4.冥想空间
5.庭院
6.走廊
7.备餐间
8.卫生间
9.室外平台

一层平面图

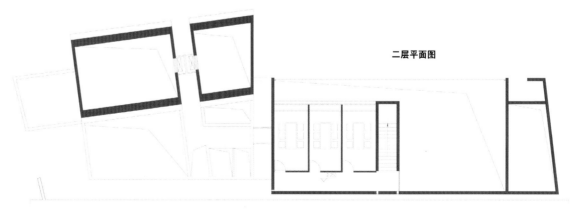

二层平面图

主创设计

李涛

建筑设计

陆洲、胡炳盛

结构设计

李文婉

植物设计

虞娟娟

总建筑面积

416平方米

建成时间

2016年2月

湖北，武汉

杉林木屋
Fir Chalet

UAO瑞拓设计 / 设计　夏至 / 摄影

　　本项目是位于武汉青山江滩滨水公园的一组小木屋。这个7千米长的城市滨水景观项目，UAO主要负责其中的景观和建筑设计部分；取名为杉林木屋是因为这组小木屋与保留的水杉林形成了良好的共生关系。

　　青山江滩的堤防改造秉承"城、滩、江三位一体"的原则，UAO首创性地通过把原有堤防土堤两侧1:3的工程式边坡改造成1:6~1:15的微地形起伏的自然缓坡堤防，将城市与水岸空间进行了生态缝补。堤顶蜿蜒形成4米宽的自行车绿道，并通过各种措施将堤防原有的水杉防浪林得到了最大限度的保留。因为有不阻碍长江汛期洪水的要求，小木屋建筑的平台标高比自然滩地抬高了1.5~3米。

　　木屋之间连接有栈桥式的空中平台，在这个栈桥平台上貌似随意的布置了七七八八的单元式小木屋盒子——这源于项目最开始，UAO设计总监李涛随手丢的一把小立方体盒子，形成了一个随机的排列方式——称之为"可控的随机"。为什么叫可控？是因为要保留场地中近100棵原生水杉防浪林，小木屋只能穿插在林中，那么随机丢弃的盒子，只是在构图中表现的十分随机而已。

　　这成就了项目最大的一个亮点：笔直的水杉林与小木屋建筑的和谐共生——水杉的种植方式是规整的（防浪林的布置），小木屋的聚落关系和架空栈桥可以在构图和竖向上打破这一规整，它们形成有序与无序的对比，而不是音符与噪声的合成，这响应了李涛一直的追求，将建筑和景观之间和谐共生，而且在植物的生长过程中，植物有时间的流动感，建筑会随着植物的变化发生变化，李涛为这个概念造了一个新词：植物建筑学。

　　水杉防浪林每排间距为6米，为不砍树，将小木屋的单体尺寸设计为4米×4米的标准单元，屋面设计为单一的折线坡屋顶；再通过2倍、3倍、4倍组合形成不同大小的体量。简单的木盒子，被组合成了丰富多元又暗含规律的形体。木盒子群落最后被水平栈桥和竖向树木融合交织为有机的整体。

　　小木屋的下部支撑为钢筋混凝土结构，每个4米×4米的单元平台下，原设计为4根柱子，反而与水杉密密麻麻的树干混淆为一体；设计师随后将之减少为一个独立柱子，因为受力的原因，最后展示出来的形态为伞状结构，素混凝土表面不做任何涂装，从而体现出了粗犷的结构张力。平台采用木铺装，栈桥地面则采用亚光不锈钢网格，雨水会自然地落到地表上去。UAO发挥自己的景观设计特长，在架空平台和栈桥下方的景观设计充分考虑了水杉的生长习性，结合下洼式绿地形成了一个自然水系，贯穿于整个场地。

　　水系边种植以挺水花境植物，弥补了水杉这种过于单调的竖向感觉，将视线从高尺度拉近到宜人的水边尺度。每个小木屋都处于不同的标高平台，也处于不同的前后关系，这种关系带来了丰富的视线对视和观景体验。而刻意突出于整体组群外的观景平台，发挥了近在咫尺的长江最大景观优势。水系和草地是一个层次，杉林是一个层次，栈桥平台是一个层次，小木屋是一个层次，依次叠加，形成了丰富的类似于古典园林的游廊路线。最后，小木屋并不像刚植入进去的外来物；杉林和小木屋之间，像是存在很久的共生物，分别在冬季和夏季拍摄的两张照片，很好地诠释了这种共生关系，植物建筑学的目的也许就达到了。

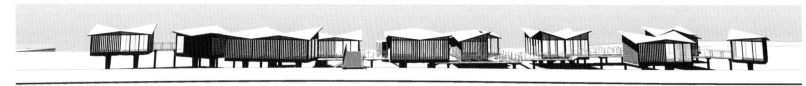

立面图

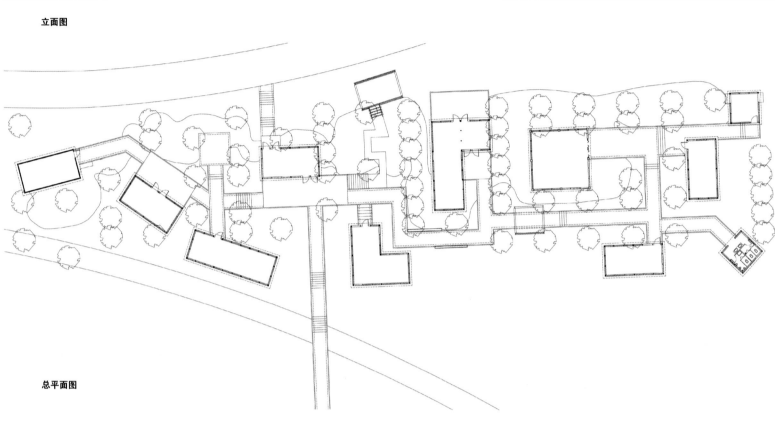

总平面图

模型图

花海山房
Bricks House

UAO瑞拓设计 / 设计　夏至 / 摄影

　　UAO设计的花海山房，使用当地产的红砖和毛石，营造出温暖的质感和空间。

　　项目处于武汉近郊黄陂的一个小山村里。要到达基地，需要穿过一个小村子，逼仄的村路仅仅容一辆小车通过；七弯八绕之后出村，绕过一个满是松树的小山，视线穿过松林，一洼水塘对岸，远远就是红砖房的所在。

　　整个建筑坐落在北高南低的小山坡的平台之上，背后也是茂密的松林；南向看水，东向主山一侧伸出，形成环抱；西边远处是又一个村落和大片的红叶林。建筑所在的院落里，有四五棵场地里保留下来的香樟和桂花树，设计之初，为了保留场地的历史，把建筑后退了几米；基地原址上还有一栋已经倒塌的公社老瓦房，全部是毛石砌筑，也是黄陂本地民房自然本色；拆下来的毛石，被设计在主楼的三面山墙和挡土墙上了。

　　建筑分为三大部分，一个一层的坡屋顶下主要是公共的大厅、走廊和厨房、食堂空间；第二部分是四面坡的大餐厅包房；第三部分是两层楼的办公和休息区。第一部分是个一字型的体量，将场地分成南北两个外向型院落；第二部分独立的四方体量，四面玻璃通透，目的是占领最好的景观视野；第三部分则是一个L形体量，又独自围合出东侧一个与山坡交融的半外向院落。办公区域在北侧，休息区域在南侧。

　　UAO设计一个东西向暗含的视线通廊，来穿起三部分的乡野美景。这个视线通廊将茶室、大厅、连廊、南北院落、休息区中厅串联起来，形成不同的空间感受。而且，串起了三片毛石砌筑的山墙，形成与红砖外墙的质感对比。

　　一层建筑的南北外廊，用不规则布置的清水花格子墙外围护；阳光透过清水砖花格子墙照射在墙

设计团队
李涛、李龙、胡炳盛
完成时间
2015年12月
总建筑面积
1,390平方米

剖面图

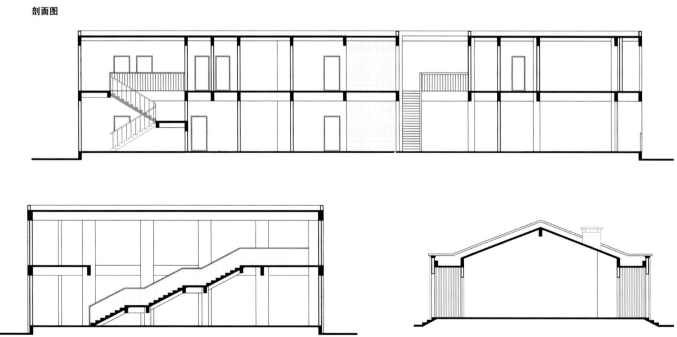

面和地上，形成了变化的光影感觉。西山墙内侧的大飘窗，可以看夕阳西下，处陋室，品香茗，有禅意的味道。而从西侧看西立面，毛石墙厚重感上突然伸出玻璃质感的飘窗，飘窗的檐口并没有刷白处理，只是保留了比较粗糙的质感。

从大厅沿着中轴线走廊，往休息区走去时会有一个仪式感和质感的变化。人们会看到玻璃走廊外有两个毛石墙面围合而成并且种植着丛竹的小院落。光线会投射到斑驳的毛石墙面上，带来质感与光影的交融。穿越走廊的两重毛石墙面，再穿越富有光影变化的两层高的红砖花格子墙，到达休息区中庭。休息区两层高中庭顶部，是一个玻璃斜屋面天窗，坡度很陡，光线倾泻下来，有教堂般的向上观感，将玻璃顶后静谧如海的蓝天承托的更加高远。花格子墙被设计在外廊和内院的一切需要透气的表皮上，其中有一面花格子墙在连接着第一部分和第三部分的连廊上，它在一层的外墙的密度较密；在二层的密度变疏。总体的材质处理，除了红砖和毛石，天花板保持了脱模后的混凝土本色，外墙面只在梁线的位置刷白处理。

UAO通过这个项目发掘红砖的材料记忆，不只是一个外表皮或者构造的表达，希望能营造出在地感，将一个现代功能的建筑融合在乡土环境之中。

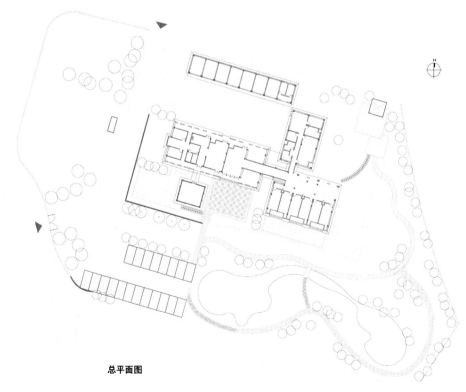

总平面图

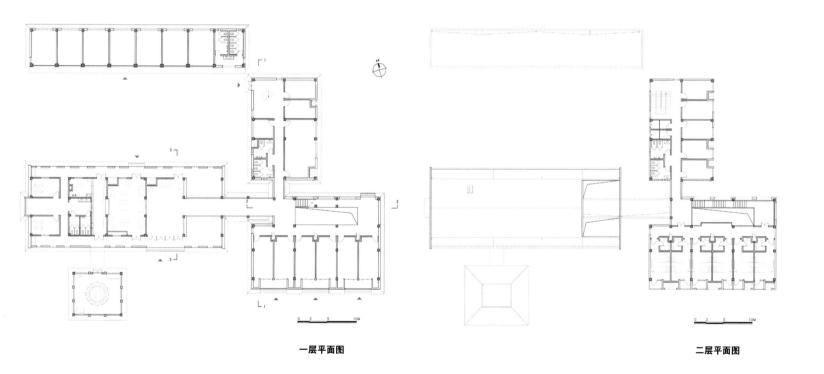

一层平面图 二层平面图

设计单位
STUDIO QI
参与设计
黄明健、严宏飞
面积
1,100平方米
设计时间
2013.9
竣工时间
2016.1

浙江，西塘

饮居·九舍
The Nine House

戚山山 / 主持建筑师　申强 / 摄影

"饮居·九舍"不是一栋建筑，而是一个关于城市设计的"建筑群"

九舍是STUDIO QI创造ART-STAY理念在中国的第一个实践项目，位于西塘古镇。ART-STAY指在一定空间中挖掘和植入新锐艺术现象，为当下社会艺术运动和关注者搭建交流、驻场及传播平台，同时能提供符合旅宿关怀和交流生活美学的开放式场所。

聚落、街区、角落

和传统分离式的旅宿空间不同，九舍被植入了"群居生活"的概念，并重新思考延续"移动空间布局"这一古典庭院的典型特征，引入西塘原有建筑群处理正负空间、构造立体空间体验的手法——建筑布局的促动，空间极度压缩后又突然释放。使得使用者在其间不仅拥有街巷邻里间的空间状态，也可以共享由空间语言营造的社会性。

看不到古镇的影子，但全然是古镇的记忆和体验

基地实际面积仅有500平方米，通过减法将空间分割成数个散落的庭院（负空间）以及建筑体块（正空间），沿着基地边界摆放，使这个不大的基地变得生动万象，犹如玲珑古镇的惟妙惟肖。建筑恰好形成九个房间——三个公共空间（茶室、餐厅、棋牌室）和六个私密空间（用作客房）。此外建筑间以上下、左右错动的方式来表现空间节奏感，同时形成荫处、阳台，以及巷和廊；庭院串联起建筑，与一层休、居区结合紧密，使住客在早晚使用频繁期都能充分亲近自然；而在日间使用较频繁的品、饮区，庭院和自家的瓦檐则成了登高望景的对象；另外，在夜间易被大家所遗忘的独立空间地下酒窖层面增加多项功能，品酒，轰趴，私密性的加强与上层建筑形成鲜明对比。

参透性和透明性

设计植入了多重渗透的空间动态关联，创造了和柯林·罗的《透明性》(Colin Rowe's Transparency)一书中空间现象、事件、视觉、行为层面的共鸣，以及对于建筑的穿透力的思考。

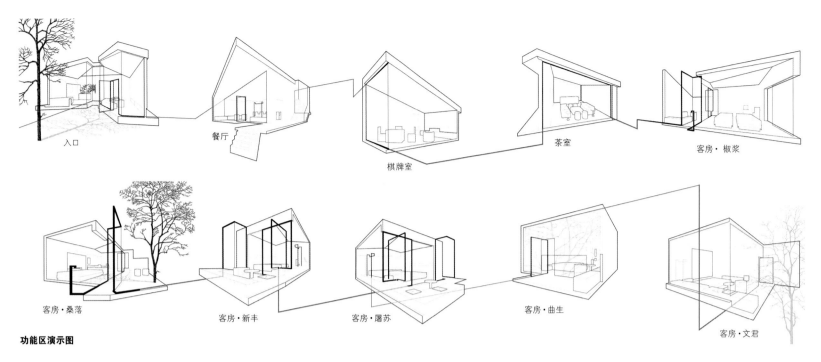

入口　　　餐厅　　　棋牌室　　　茶室　　　客房·椒浆

客房·桑落　　　客房·新丰　　　客房·屠苏　　　客房·曲生　　　客房·文君

功能区演示图

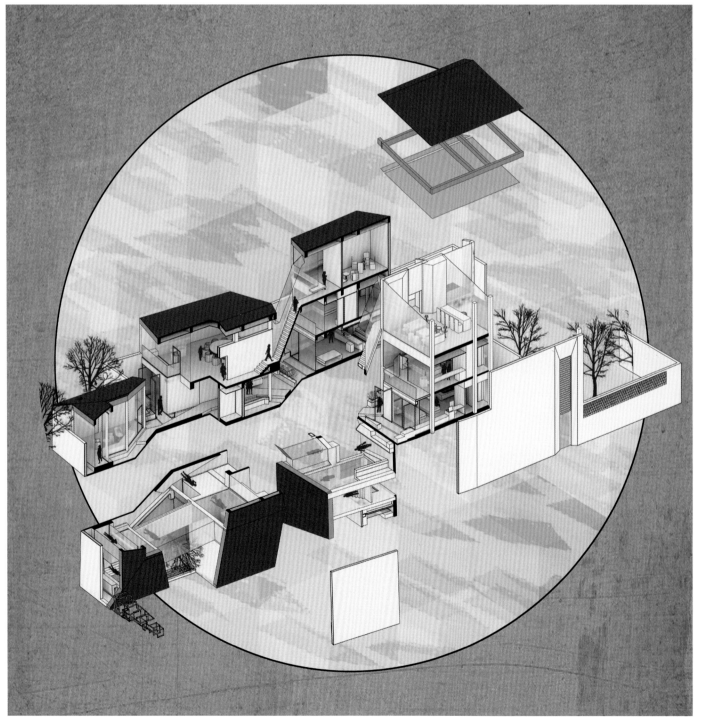

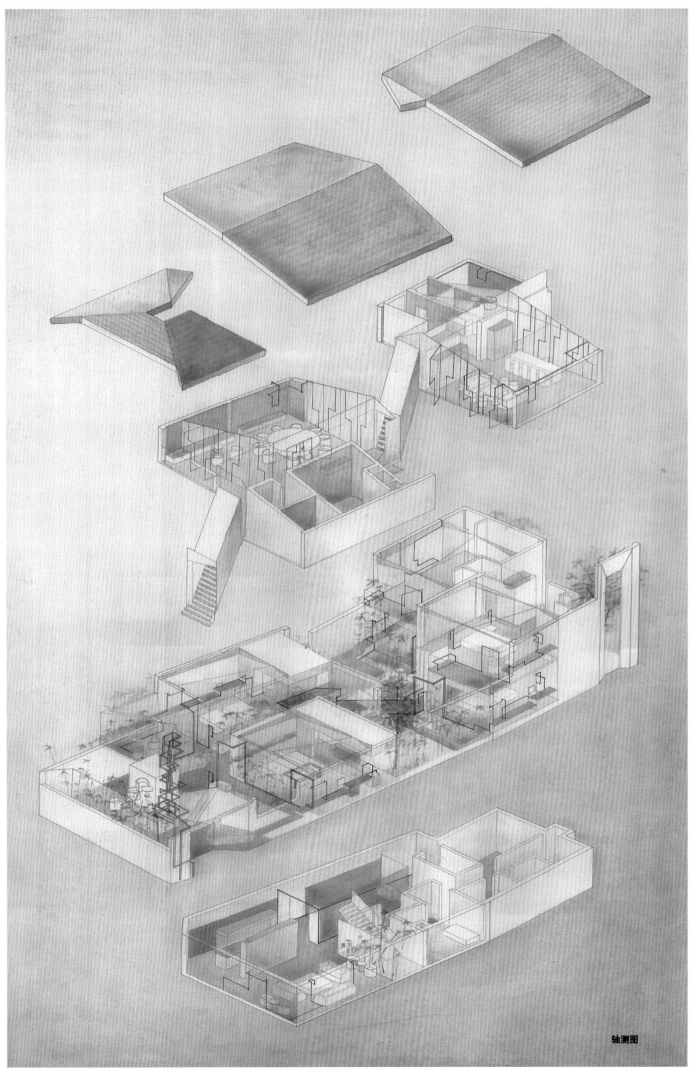

轴测图

一层平面图

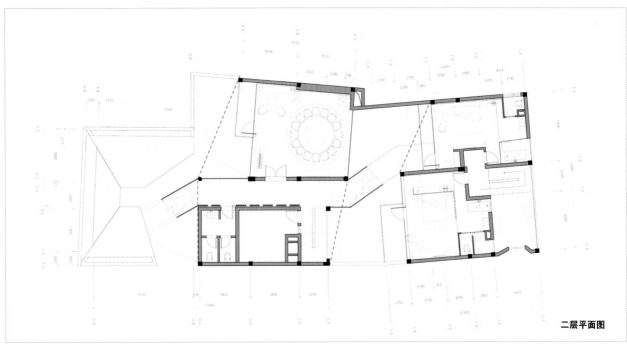

二层平面图

三层平面图

江苏，苏州

苏州阳山敬老院
Suzhou Yangshan Nursing Home

九城都市建筑设计有限公司 / 设计　姚力 / 摄影

　　阳山敬老院位于苏州高新区大阳山国家森林公园阳山东麓、山神弯路西侧，北侧原有的阳山护理院与晚晴山庄也是养老类建筑，新建的阳山敬老院与北侧建筑之间有一条上山的小路相隔，在功能类型上实际上是北侧原有建筑的进一步扩展与补充。

　　基地南、北、西侧都有非常好的森林植被，东侧紧临山神弯路，地形特点西高东低，平均高差约8米左右。建筑设计顺应地形，三组院落垂直于高差方向作退台布置，建筑层高为3.9米，二次退台后正好能保证楼层间高度上的平接。总建筑面积地上为2.65万平方米，共三种居住类型，38平方米的基本间63间，47平方米的小套间99间，78平方米的家庭套间54户，共计216个居住单元。

　　三组院落通过加宽的走道和放大的交通节点连成有机的整体，内置了6条东西、南北不同方向的"街""巷"空间，以满足并强化老人们的公共活动和彼此交流。位于中间的东西向公共空间在尺度与形式上都着墨较重，是6条"街""巷"中的"主街"，所有公共性功能，如：门厅、邮局、银行、超市、棋牌、健身、展览、培训、餐厅等都沿着"主街"布置，以空间引导活动，以活动丰富空间。

　　由于像苏州这样的江南地区，目前还是习惯于主要卧室朝南，设计通过在部分一层的功能房间上开设屋面天窗，中间通高空间顶部特别高起，向南开设顶部天窗，将阳光引入到北向的公共空间之中，同时，在二楼的楼板上开有多处洞口，这样顶部的阳光穿过三层与二层间后，可进一步洒向一层的公共通道。建筑有二个主入口，一个位于主"街道"的东侧，直接面向山神弯路；一个位于主"街道"的西侧，面向北侧开口，和北侧原有建筑的入口相对应。

　　建筑高度三层，掩映在绿树丛中，空间尺度亲切宜人，建筑的基本风格是以黑瓦白墙为主，呈现

业主
江苏省苏州浒墅关经济开发区
管理委员会
设计团队
张应鹏、黄志强、沈春华、王永杰、
陈云高、张琦、刘岗霞
完工时间
2015年
基地面积
2.4公顷
建筑面积
地上2.65万平方米；地下0.3万平方米
结构形式
框架结构

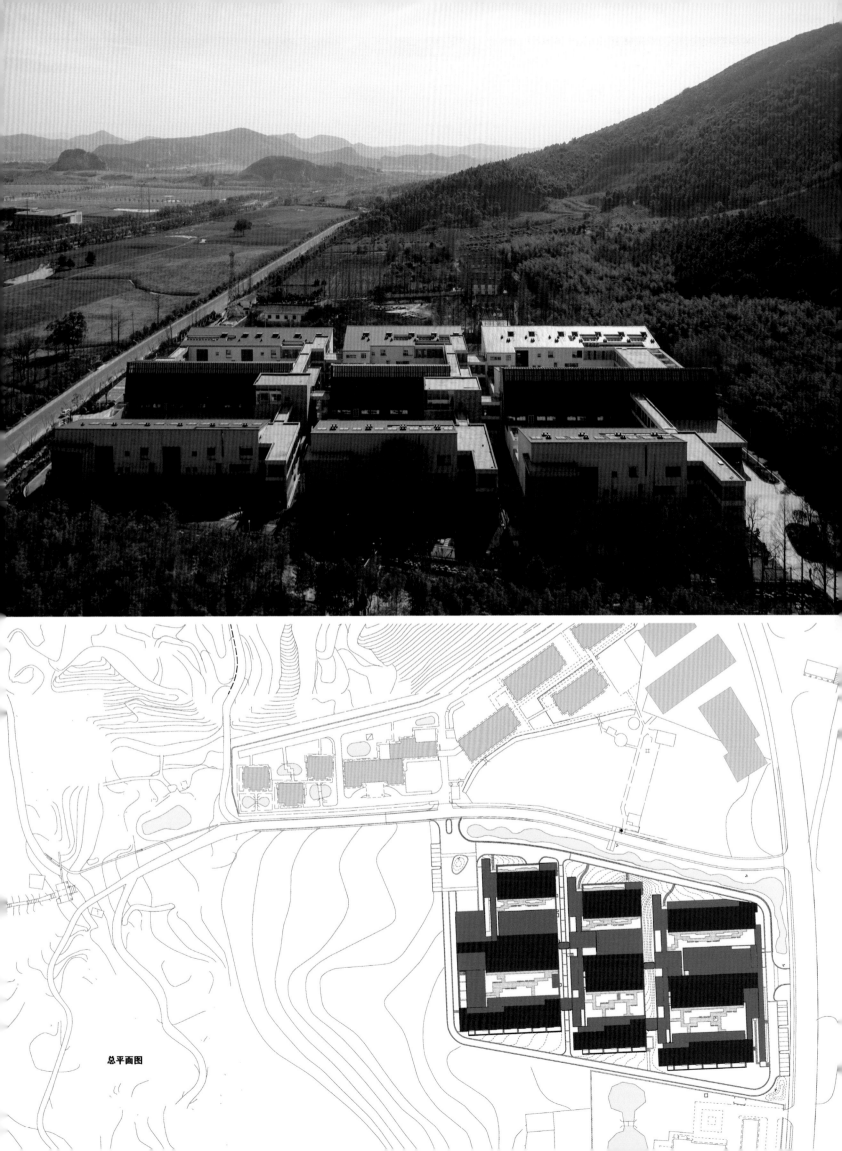

总平面图

着江南建筑特有的传统气质，但在局部的细节与构件上进行色彩的跳跃与点缀，沉稳中有活泼，暮年时还俏皮，洋溢着一种晚年时的"青春"色彩；除了色彩上尝试之外，建筑外墙也一改江南建筑原有素雅单纯的白色基调，加进了毛石、U玻、杉木等多种材质，亲切、丰富的建筑表情，传递出建筑的温暖情怀。

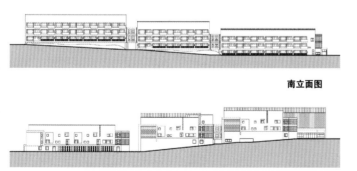

南立面图

北立面图

剖面图

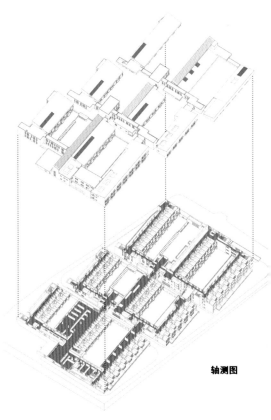

轴测图

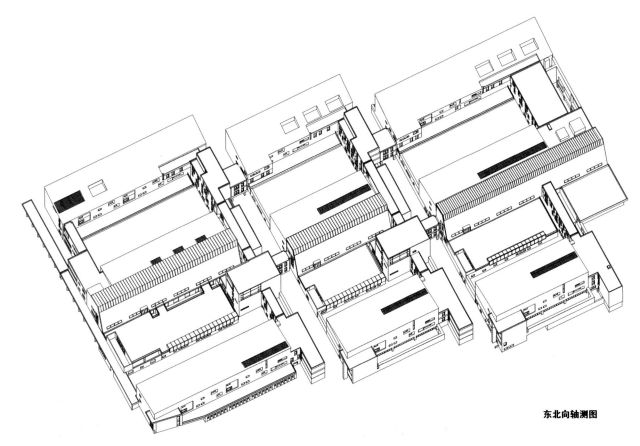

东北向轴测图

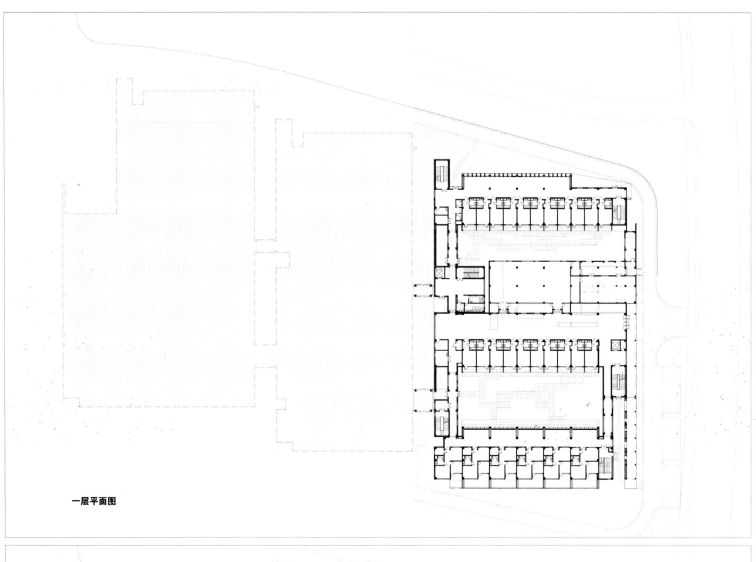

一层平面图

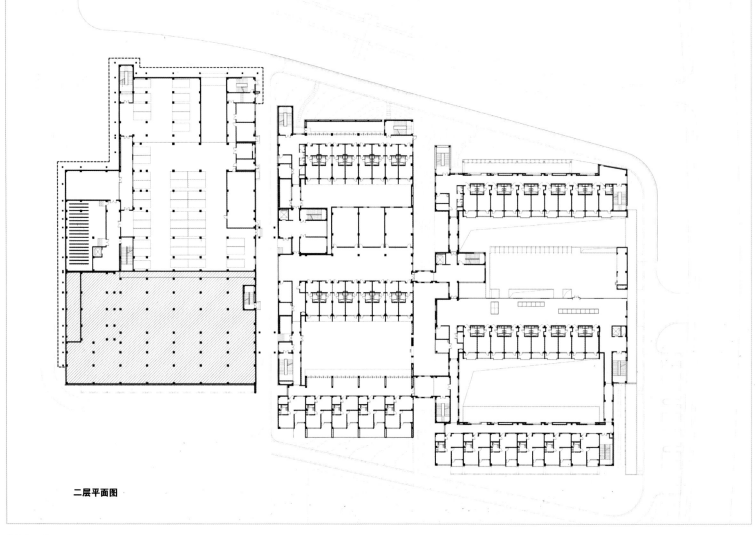

二层平面图

业主
浙江雅达国际康复医院
设计
曼哈德·冯·格康和斯特凡·胥茨
设计竞赛项目负责人
约翰·冯·曼斯贝格
竞赛设计人员
Philipp Buschmeyer、
Christian Machnacki、
Fernando Nassare
实施阶段项目负责人
Niklas Veelken、陈悦、
Kristin Schoyerer
实施阶段设计人员
Jan Deml、Yana Espanner、
Maarten Harms、Bjoern Homann、
Anna Jordan、刘杨姣、王珏、吴镝、
薛璟、Thilo Zehme、周斌
建筑面积
75,830平方米

浙江，乌镇

乌镇康复医院
Wuzhen Medical Park

gmp·建筑师事务所·冯·格康，玛格及合伙人／设计　Christian Gahl／摄影

乌镇位于上海西南100千米处，是著名的江南古镇，由gmp·冯·格康，玛格及合伙人建筑师事务所设计的一座达到酒店标准的康复医院将坐落于此。项目由中方与德国医疗机构合作经营，一流的建筑设计与最高标准的专业服务令其成为中国医疗健康领域中的领导品牌。

乌镇水系纵横，交织密布，是近年国内受游客钟爱的旅游景点，康复医院距乌镇中心风景区仅3千米，优势科室为神经外科和矫形外科。江南水乡的主题在园区设计中也得以体现，建筑综合体由两到三层高度不等院落单位组成，围绕一座湖景公园错落布局。

康复医院通过位于基地西南侧气派的接待大楼连接。与建筑高度相当的柱廊，大尺度的箱式吊顶以及大面积通高玻璃幕墙，刻画了前厅入口的形象。其上层医院管理层办公室近旁设一座餐厅，在餐厅的室外平台上可以将园区景观尽收眼底。一层高的建筑连接侧翼东部设有神经外科科室，矫形外科则设于北侧与入口大厅相连建筑内部。诊疗空间、大型康复运动浴池以及体操训练大厅分别位于综合体首层，病房则位于其上的二层空间。北侧建有两栋医护人员住宅，东侧为一座设有食堂的管理大楼，其对综合体实现功能上的补充，同时引导园林景观沿河道走向纵深拓展。

建筑的鲜明风格通过材质、灯光和颜色的强烈对比得以确立。体现在深色的幕墙边框和水平方向陶瓦构件之间的对比，大幅度退进的幕墙在不同光照条件下呈现出光影对比，此外水平百叶作为天然的遮阳构件为在炎热夏日调节冷却室内温度起到了显著的效果。建筑内部仍然延续了色彩对比的设计主题，色彩强烈的专业科室与公共空间内的原木色调形成强烈视觉差异。

医院外部空间自然灵动，生机勃发，林荫大道沿着绿化的河堤伸展，小桥流水，曲径蜿蜒，令患者产生运动的愿望，欣然徜徉其中。水系循环以及其天然的过滤作用起到了保护风景区水源的作用。

景观空间与错落有序的建筑体块之间的交互影响点明了设计方案的核心理念：多样化的空间塑造、高品质的园林景观以及尺度宜人的楼宇，构成氛围独特的建筑整体，极为有利于入院患者的休养与康复。

剖立面图

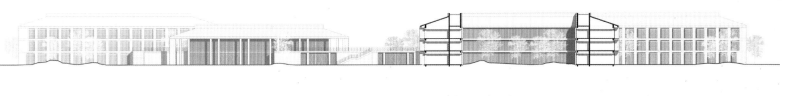

南立面图

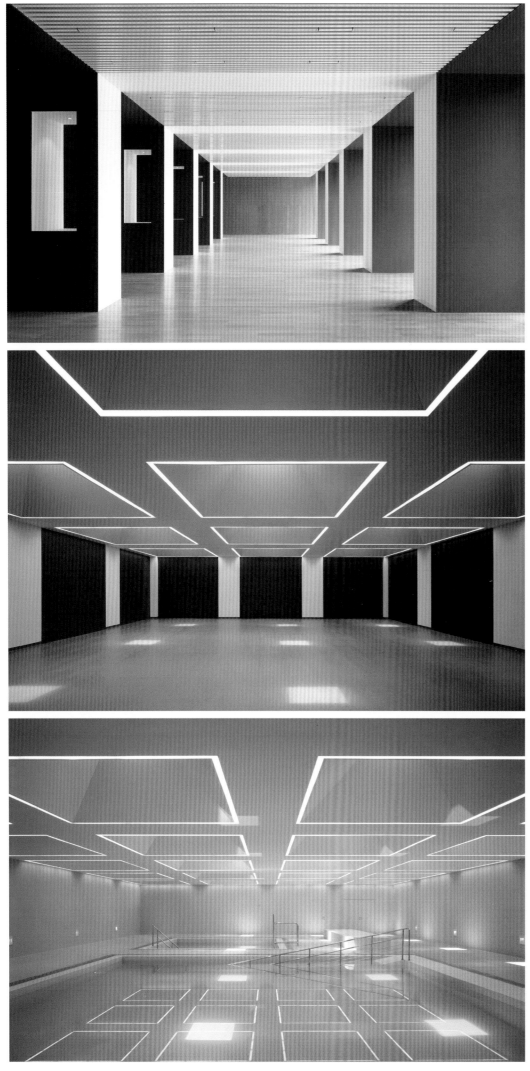

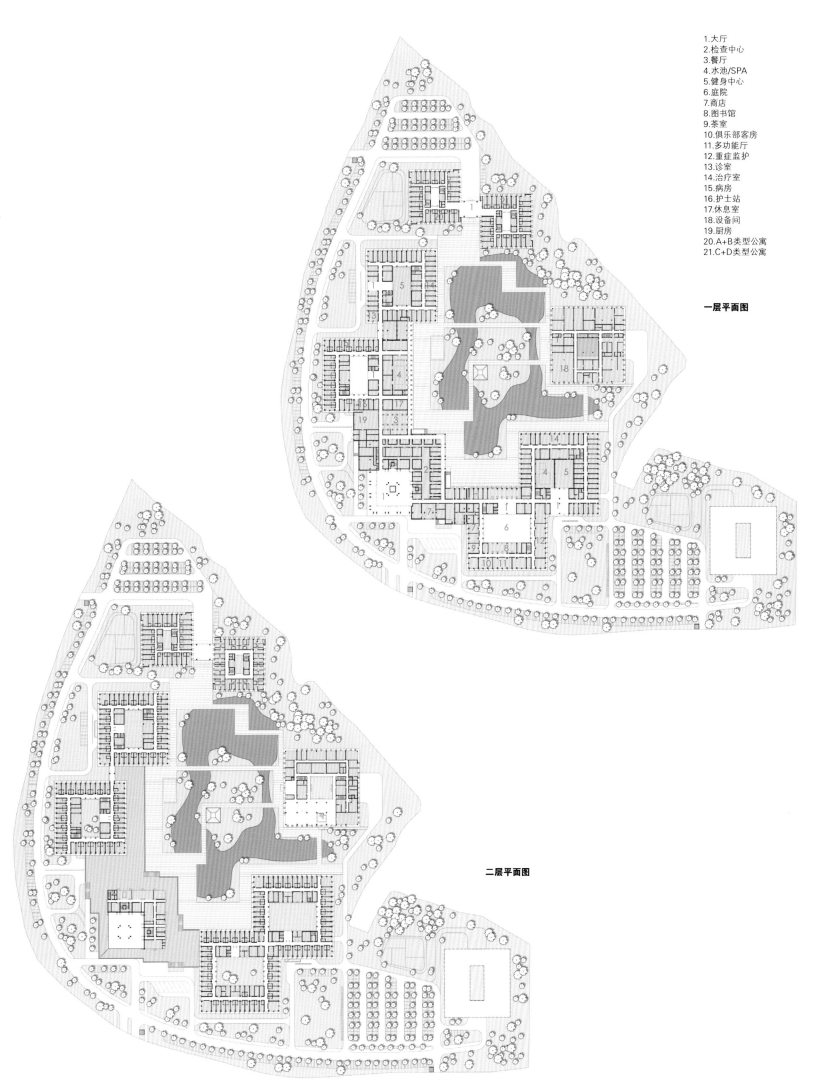

1.大厅
2.检查中心
3.餐厅
4.水池/SPA
5.健身中心
6.庭院
7.商店
8.图书馆
9.茶室
10.俱乐部客房
11.多功能厅
12.重症监护
13.诊室
14.治疗室
15.病房
16.护士站
17.休息室
18.设备间
19.厨房
20.A+B类型公寓
21.C+D类型公寓

一层平面图

二层平面图

业主
舟山普陀区政府
项目设计总监
John Curran
项目建筑师
Calvin Lim
建筑师
朱丹
合作建筑师
Adelina Popescu
室内设计师
Simone Casati
结构&设备顾问
宝钢集团

浙江，舟山

舟山体育馆改造
Zhoushan Stadium Transformed For National League Games

John Curran Architects／设计　俞劲松／摄影

自从2010年完成了"夜排档"项目——一个由70多家海鲜餐厅沿舟山南海岸排布形成的滨水休闲步道，每年吸引超过200万游客光顾，John Curran不断的和舟山政府合作，横跨群岛，完成了一系列关键性的改造项目。John 之前的角色是SPARK的合伙人之一，现在他是John Curran建筑设计事务所的设计主持人。

2015年初标志着新的开始——可容纳6,000人（10,000平方米）的体育馆在改造后重新开放。改造后的舟山体育馆成为了一级场馆，从此可以承办国家级的体育赛事。舟山岛位于浙江省，上海以南200千米，是舟山群岛的中心。

除了内部的翻新之外，还增加了一个"灯笼状"的表皮所包裹新的夹层，沿着体育馆的外围设置，通过与室外的景观平台相连，第一次形成了一个可以俯瞰绿色公园的开放空间。John Curran Architects推动社区重建的愿景。舟山市居住人口达100万，是一个充满活力，具有前瞻性的新型城市。由舟山普陀区政府、设计师得以紧密的合作，为舟山交付充满独特趣味的项目。这些项目现如今成为快速变化和动荡的社会的胶黏剂，应对着来自大陆的需求和机遇挑战。

流动造型的灯笼状表皮，象征着被群岛的风所掀起的重重波浪，这是从舟山群岛丰富的海洋遗产中得到灵感。柔软而自由的灯笼造型飘浮于坚硬的屋顶造型下方。屋顶的造型由一直被当地居民认为有悖风水的刀刃造型塑造成了一个引人注目的条码外观。

疯狂的城市建设正在席卷中国，无论是迁重建还是在郊区大面积的扩张都速度惊人，在快速的城镇化进程中，中国每天都有约3万人从乡村进入城市。在舟山体育馆这个项目中，通过选择回收利用和升级现存的废旧结构，展示了一个经过重新考虑、令人耳目一新并且绿色环保的做法来减少整个开发过程中的能源浪费。

John 评价说："曾经一度看起来昏暗封闭的体育馆，如今被改造成了公园里闪耀的灯塔，可以清楚从接连舟山群岛的高架上看到。这个入口处的地标展示着拥有丰富海洋宝藏的人们重拾的信心，正在展望未来。这是一处通过体育运动这一媒介吸引着、融入着，并激发着舟山年轻一代的活力的场所。"

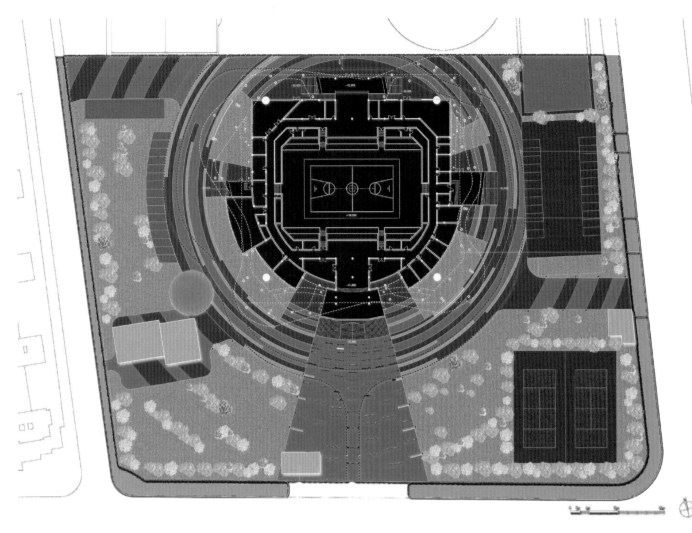

总平面图

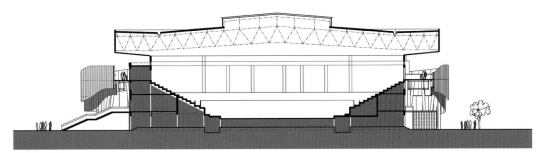

剖面图

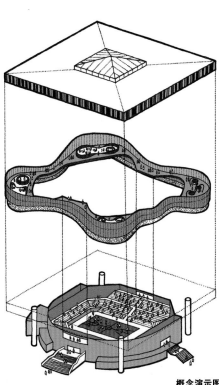

概念演示图

INDEX

设计者（公司）索引

J

津岛设计事务所

江阴市建筑设计研究院有限公司

景会设计

九城都市建筑设计有限公司

局内设计

L

辽宁省建筑设计研究院

临界工作室

M

马达思班张健蘅工作室

N

纽约 OLI 事务所

R

日本 Intedesign Associates 株式会社

S

上海创盟国际建筑设计有限公司

上海日清建筑设计有限公司

T

同济大学建筑设计研究院（集团）有限公司

W

隈研吾都市设计事务所

X

许李严建筑师事务有限公司

Y

英国扎哈·哈迪德建筑事务所

云南省设计院

Z

在场建筑

张雷联合建筑事务所

张玛龙 + 陈玉霖建筑师事务所

赵扬建筑工作室

致正建筑工作室

中国中元国际工程公司

中联筑境建筑设计有限公司

中外建工程设计与顾问有限公司深圳分公司

中怡设计事业有限公司

朱锫建筑设计事务所

主　　编：程泰宁

执行主编：王大鹏

编委（以姓氏笔画排序）：

丁劭恒　卜骁骏　马清运　王　戈　王　灏　石　华　任力之　刘宏伟　朱　锫

张之杨　沈中怡　苏云锋　李　阳　杜地阳（法）　张玛龙　张应鹏　张　耕

杨　晔　李　涛　张继元　张晓东　张健蘅　张　斌　张　雷　李颖悟　张睦晨

狄韶华　陈玉霖　陈　俊　陈　贻　陆　洲　陈　强　周　蔚　赵　扬　南　旭

俞　挺　祝晓峰　荣朝晖　徐千禾　凌　建　徐金荣　袁　烽　徐甜甜　戚山山

黄　河　曹　辉　黄新玉　彭　征　曾冠生　程艳春　霍俊龙　魏宏杨

图书在版编目（CIP）数据

中国建筑设计年鉴 . 2016：全 2 册 / 程泰宁主编；潘月明，张晨译 . —沈阳
：辽宁科学技术出版社，2017.1
　　ISBN 978-7-5381-9982-6

　　Ⅰ . ①中… Ⅱ . ①程… ②潘… ③张… Ⅲ . ①建筑设计—中国— 2016 —年
鉴 Ⅳ . ① TU206-54

中国版本图书馆 CIP 数据核字 (2016) 第 251772 号

出版发行：辽宁科学技术出版社
　　　　　（地址：沈阳市和平区十一纬路 25 号 邮编：110003 ）
印 刷 者：恒美印务（广州）有限公司
经 销 者：各地新华书店
幅面尺寸：240mm×305mm
印　　张：72
插　　页：8
字　　数：450 千字
出版时间：2017 年 1 月第 1 版
印刷时间：2017 年 1 月第 1 版
责任编辑：杜丙旭　刘翰林
封面设计：周　洁
版式设计：周　洁
责任校对：周　文

书　　号：ISBN 978-7-5381-9982-6
定　　价：618.00 元（全 2 册）

联系电话：024-23280070
邮购热线：024-23284502
http://www.lnkj.com.cn

中国建筑设计年鉴

2016

（上册）

CHINESE ARCHITECTURE
YEARBOOK 2016

程泰宁 / 主编　潘月明　张晨 / 译

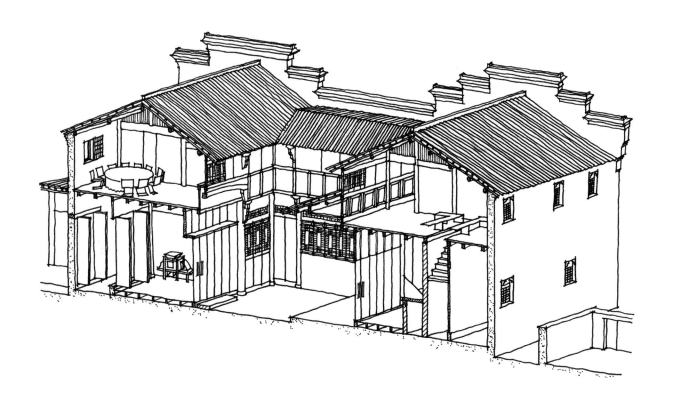

辽宁科学技术出版社
·沈阳·

PREFACE

文化自觉引领建筑创新(代序)

一、价值判断与评价标准的同质化、西方化是建筑创新的思想障碍

1. 改革开放30年来,我国城市面貌发生了巨大变化,在一座座城市拔地而起的同时,如何延续并创新中国文化特色的问题,已日益凸显出来。一个众所周知的情况是:30年来,西方建筑师"占领"中国高端设计市场已成为一道世界罕见的奇特风景,他们的作品,以及大量跟风而上的仿制品充斥大江南北。"千城一面"与中国特色的缺失已引起国内外舆论愈来愈多的关注和诟病。

一位国外同行最近说,"中国的城市建筑毫无自身特点","中国建筑设计亟需考虑环境,否则就是毫无意义的复制品,甚至是垃圾"。其实不仅在建筑界,而且在国内外多个媒体上经常可以看到此类议论,只不过没有这样尖刻、直白罢了。"千城一面"和文化特色的缺失,反映了当前建筑设计领域中的诸多问题,但我更愿意把它看作是一种社会文化现象。而价值取向和评价标准的同质化、西方化,则是产生这种现象的根本原因。

2. 建筑创作方面,多年来西方流行的风格,一直受到我们的追捧。"现代""后现代"都曾经风行中国。当下,以"消费文化"作为载体的西方后工业社会文明的价值观也已经影响我们。景观空间、图像化建筑,吸引了不少人的眼球,"非线性""超三维"又成为一种时髦。在建筑创作中唯西方马首是瞻,以他人之新为新已成为我们的惯性思维。价值取向同质化、西方化在中国已蔓延成为一种集体无意识现象,令人感叹,使人无奈。

3. 与此相对应的,是对中国文化缺乏自觉、自信。尽管近年来随着中国的经济崛起,在文化界包括建筑界谈论"中国特色"的人多起来了,但事实是,赶时髦者多,认真思考者少。什么是"中国特色",在很多人心里仍然是一个疑问。建筑界以至文化、科技界,至今仍然有人认为中国文化是科学艺术创新的障碍。"中国文化=传统文化=封闭保守"的认识,经常在不自觉中表现出来。中国经济崛起不等于文化崛起,"路在何方"?对于很多人、也包括一部分建筑师来说,仍然是一个无法回避的问题。

4. 价值取向同质化,再加以体制上的诸多原因,使得不少建筑师一直在看领导和开发商的脸色做设计。丹纳在他那本著名的《艺术哲学》中说过,"群众的思想和社会风气的压力给艺术家定下了一条发展的路,不是压制艺术家,就是逼他改弦易辙"。同质化的文化导向和低俗的审美趣味也使得一些有思想的中国建筑师在创作中步履艰难,他们的"中国探索"很难得到社会的充分认同(尽管我所接触的一些西方建筑师对此倒有不错的评价)。应该说,当前的创作环境十分不利于建筑创新。因此,我认为,改变价值取向同质化所带来的"千城一面"和文化特色缺失的现状,一方面需要中国建筑师的自觉、自强,另一方面也需要引起全社会,特别是各级领导以及媒体的关注和反思。

二、文化的自觉、自信,是建筑创新的前提

1. 价值判断同质化、西方化与对中国文化缺乏自觉、自信是一个钱币的两个面。它反映了我们对中西文化缺乏真正的了解,也反映了我们对世界文化的走向缺乏清醒的判断,因此,对中西文化的历史、现在和未来发展有一个基本的思考和把握,并在此基础上建构自己的历史——文化观,对于建筑创作十分重要。

2. 需要动态地、全面地理解中西文化的发展历程。从中国历史上看,"天不变道亦不变"的思想表现了传统文化封闭保守的一面,以至严重阻滞了宋元直至近代的社会发展。但也应该看到,梁启超所说的"孔北老南,对垒互峙,九流十家,继轨并作"这种多元开放的格局,也一直支撑着中国传统文化的前行。事实上中国传统文化是一个多元走向、动态发展的复杂系统,在悠长的中国文化发展过程中,产生过极为丰富、极具活力的哲学思想,至今仍闪现它智慧的火花,给全世界的科技文艺创新以重要启迪。日本第一位诺贝尔物理奖得主汤川秀树先生曾在《创造力与直觉》一书中专门论述了东方思维——直觉对科技创新的特殊作用,并以很大篇幅阐述庄子的思想对他的研究所产生的重大影响。我也常说:现在很多人欣赏西方建筑师的创造能力,其实这种创造力也并非西方人所独有,两千多年前庄子的《逍遥游》所表现出来的天马行空般的创造性思维不仅使中国人,也使现代西方人惊叹不止。当达·芬奇还在研究透视、伦勃朗还在为光影效果苦苦探索的时候,青藤、八大已经超越时空,把人们引入了无限广阔的心灵世界。实践证明:只要我们调整心态,在现代语境下对中国传统文化进行认真的深度发掘,我们就会找到过去从未发现的思想闪光点,为我们构建新的中国建筑文化提供有力的支撑。只看到中国传统文化消极的一面、低估以至否定其文化价值是片面的,也是不明智的。

反观西方,"以分析为基础,以人为中心"的西方现代文化推动了西方社会的快速发展,也极大地影响了世界文化的走向。但,历史上没有一种文化能永远对社会发展起到促进作用。"以分析为基础",是否更应该强调综合;"以人为中心",走过了头,是否会造成人与自然的对立,影响可持续发展,造成人对物质的无止境追求,带来越来越突出的社会矛盾?经历了两百年的发展,这些问题已经凸显出来。对这些问题,以及对世界文化的未来走向,中西学者都在思考,不仅中国不少学者对未来中国文化的发展十分清晰地分析评述,一些西方学者,在摆脱了"西方中心论"的影响后,观点也有所变化;弗里德曼说:"世界是平的",但他同时也说:"在趋平的世界平台上虽然有将多元文化同质化的潜能,但它有更大潜能促发文化的差异性和多元性",亨廷顿更加明确地承认："没有普世文化…… 世界正面临非西方文化的复兴。"可见，从根本上说，世界文化的多元化，是日益进步的人类的共同要求，也是文化发展的客观规律。

3. 应该看到，东西方文化正在重构，我们只有在这样一个文化大背景下思考中国现代建筑的现状和未来发展，才有可能走出价值取向同质化、西方化的怪圈，使我们有一个更为开阔的视野，从而建立对自己文化的自觉和自信，这是中国现代建筑创新的思想基础。

三、立足自己，在跨文化对话的基础上实现中国现代建筑的创新

中国当代建筑的创新的基本点是"立足自己"。但是，"立足自己"不是自我封闭。相反，在全球化语境下，我们需要对中西文化进行全面深入比较和思考，互补共生、相反相成，立足自己、转换提升。从而实现我们的理论创新和实践创新。也即是说，"各美其美""美人之美"——跨文化发展，这是一条向现代建筑发展创新的必由之路。

当前，重点需要关注以下三个问题：

1. 从建筑本体出发解读西方现代建筑。

观点一：西方现代建筑是一个相互矛盾的多元综合体，有益的经验和思想常常包含在观念似乎完全相反的流派之中。因此，把一个时期、一个流派看成是西方建筑全部，既不符合事实，也对创作有害。

观点二：要向西方多元化的建筑流派学习，学习他们在形式上的创新精神，但更需要学习西方现代建筑重视理性分析的传统，这是一个具有普世价值的传统，这对于我们建构有中国特色的建筑理论体系，对于我们的建筑创作至关重要。实际上对西方现代建筑的发展也至关重要。

观点三：前面已经提到，近几十年来，西方由工业社会进入以"消费文化"为表现形式的后工业社会，西方文化出现了一种从追求本原逐步转而追求"图像化"的倾向。有法国学者认为，西方开始进入一个"奇观的社会"；一个"外观"优于"存在"，"看起来"优于"是什么"的社会。在这种社会背景下，艺术中的反理性思潮盛行，有些艺术家就认为"形式就是一切"，"只有作品的形式能引起人们的惊奇，艺术才有生命力"。他们甚至认为"破坏性即创造性、现代性"。对于此类哲学和美学观点对当今西方建筑、中国建筑所产生的影响，特别是对整个现代中国文化发展产生的影响，我们要有清醒的了解和认识。也许，和世界一样，建筑是矛盾的、复杂的、混沌而又不确定的，但如何来应对这种现象呢？建筑不是纯艺术，更不是一种"被消费""被娱乐"的目的物，建筑创作只有从建筑的本体出发，从一种社会责任出发，才不致失去它创作的魅力和价值。

2. 在现代化、全球化语境下解读传统

观点一：对于中国建筑师来说，传统与现代，似乎是一对难解的结。从根本上说，现代与传统是两个完全不同的时空概念和文化概念，传统将随着社会的发展而延续，但当它与现代社会发展相契合时，传统文化已升华为一种新的文化。现代中国文化源自传统，又完全不同于传统。以建筑论，脱离了现代的生活方式、生产方式，特别是现代人的文化理想和审美取向，笼统地讲传统，是没有任何意义的。不了解这一点我们就走不出"传统"的困扰。

观点二：那么，如何借鉴、吸收传统呢？我认为：中国传统建筑作为一种文化形态，应作多层次的、由表及里的理解。即形、意、理。

形：形式语言。形式语言的表达应该是多样的，并在不断变化。"言以表意""形以寄理"，也说清了"形"与"意""理"之间的关系。

意：意境、心象。一种东方的创新性思维和审美理想。

理：哲理与文化精神，建筑创作之"道"——境界。

在创作中，不囿于形式，不拘泥于一家一派，从中国的实际出发，在现代语境下，以"抽象继承"（冯友兰语）的认知模式来吸收和借鉴传统，可能会有更广阔的空间。建筑创作如此，其实，科学文艺亦如此。

观点三：因此，我不太欣赏"中国元素""民族特色"这类提法，我所说的"道"——现代中国文化精神应该是一种既有独特性，又有普世性的价值体系。只有承载着这样价值体系的中国建筑文化，才能为世界所理解、所尊重、所共享；也才能真正与世界接轨，并且在跨文化对话中取得话语权。

3. 传统≠中国，现代≠西方。我们的目标是在跨文化对话的基础上，探索"现代"和"中国"的契合，寻找中国文化精神，力求在创作中有所突破和创新。这是一个很有挑战性的过程，我国有不少建筑师已经从不同方向做出了自己的探索，值得关注。

中国工程院院士 程泰宁

2016年9月

CONTENT
目录

CULTURE 文化

湖南，湘潭

湘潭市规划展示馆及博物馆
Xiangtan Planning Exhibition Hall and Museum

程泰宁 / 主持建筑师　陈畅 / 摄影

湘潭市规划展示馆、湘潭市博物馆、湘潭党史馆，合建的模式开创了国内展馆建设的先河。方案由中国工程院院士、建筑设计大师程泰宁院士主持设计，设计立足于湘潭的地理环境和人文历史，以"山连大岳"为主题，寓意湘潭"格物致知""经天纬地"的厚重文化和特色，红色的基座寓意红色的文化底蕴，白色的主体寓意厚重的湘潭文化内涵，外露的架构寓意湘潭人民敢于担当的精神，整体造型恰似一艘启航的航船。

项目总建筑面积38946平方米，其中地下4804平方米，地上建筑面积34142平方米。建筑物位于城市新区核心地带，紧临行政中心和新区梦泽湖景观，交通便捷，环境优美。主要由博物馆、规划展示馆、党史馆及规划局办公楼四部分组成。设计创意立足于地理环境与人文历史，"韶山红"的基座、灰白色的墙面，特别是黑色的构架通廊分隔，同时又使三幢建筑连串整体，也形成了与环境相结合的公共空间设计通过对空间品质的塑造和细节的雕琢，力图营造一个展品与环境、人与环境、人与展品以及人与人之间的互动交流的和谐场所。

在白石老人的故乡湘潭齐白石纪念馆内，我们看到了一代宗师的巨幅篆刻。震撼之余，它也成为建筑中的一个构成元素，强化了墙面上的光影变化。构架在墙面上形成光影，建筑显得灵动而富于变化。

设计公司

中联筑境建筑设计有限公司

设计团队

王大鹏、柴敬、王禾苗、杨思思、胡晓明、叶俊

合作单位

湘潭市建筑设计院

完成时间

2015年

建筑面积

38,946平方米

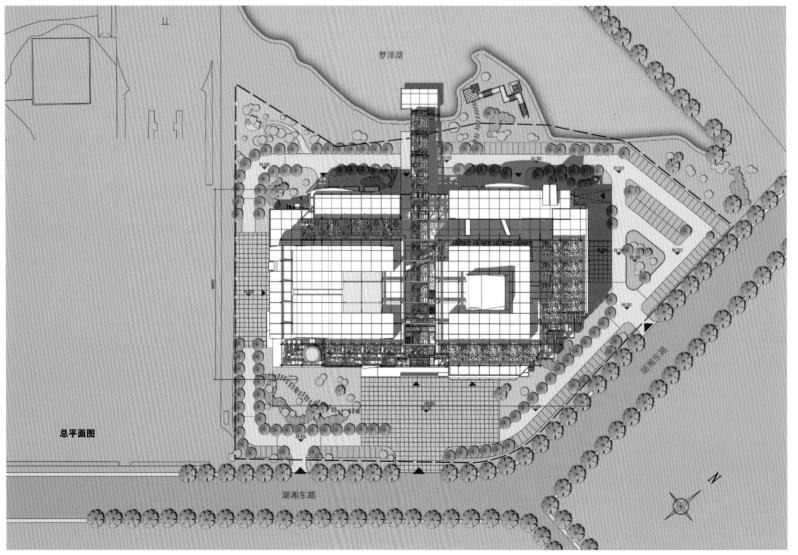

总平面图

梦泽湖

湖湘东路

湖湘东路

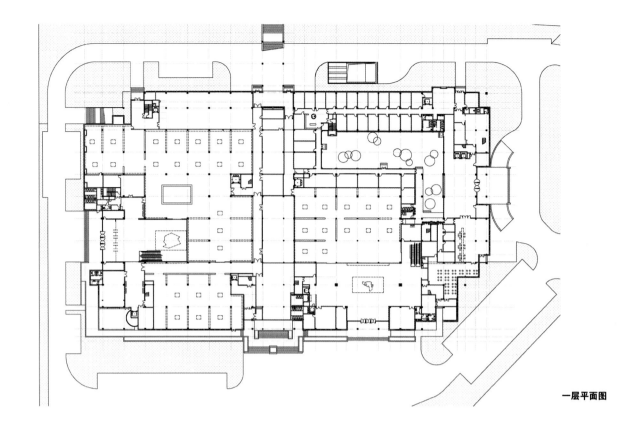

一层平面图

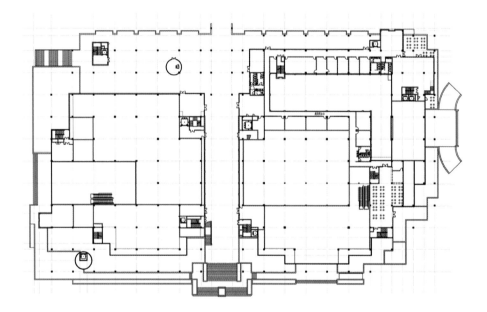

二层平面图

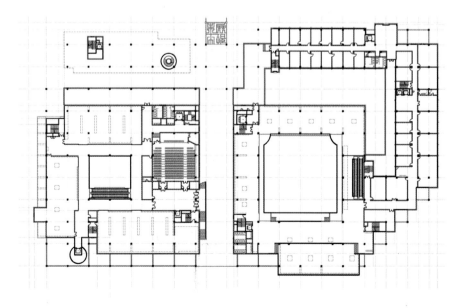

三层平面图

中国美术学院
民俗艺术博物馆
China Academy of Arts' Folk Art Museum

隈研吾都市设计事务所 / 设计

中国美术学院民俗艺术博物馆坐落在杭州的校园之中。北京的中央美术学院和杭州的中国美术学院是中国的艺术教育领域的领军力量。计划建造在杭州郊区的中国美术学院民俗艺术博物馆，以打造"与环境和谐的建筑，探寻人与艺术的全新关系"为宗旨，呈现和谐统一而又高低错落的展示空间。

项目所在的场地原本是一座山坡上的茶园。博物馆的设计形式呈现出一个个错落的展馆。展馆之间由木质和石质坡道相连，另配有网状栏杆。设计师的意图是打造一个从低处可以感知得到的博物馆，各个楼层沿着山势起伏形成连续的空间，高度不超过两层。楼体结构的截面设计与山坡相融，而并非采用逐级设计。游客在博物馆中穿行，相应的展示空间会逐渐出现在眼前。

项目规划以平行四边形为基本单元，通过几何手法应对错综复杂的地形。每个单元都有独立的屋顶，唤起人们对当地传统村落青瓦屋顶连绵不绝的记忆。

建筑外墙由不锈钢索悬吊的瓦片覆盖，调节室内光线强度，也打造出明暗富于变化的外墙效果。在这样的理念支持下，设计师没有选择让花园与建筑形成反差，而是将茶园中的土壤逐渐改造成人造的建筑作品。

墙面和屋顶的旧瓷片都来自当地建筑。瓷片尺寸各异，使得博物馆与环境气质自然融合。

业主
中国美术学院
结构设计
小西泰孝建筑构造设计
设施设计
森村设计公司
基地面积
11,279平方米
建筑面积
4,970平方米
楼层
主体1层，部分2层
建造时间
2013年1月–2015年9月
结构
钢筋混凝土

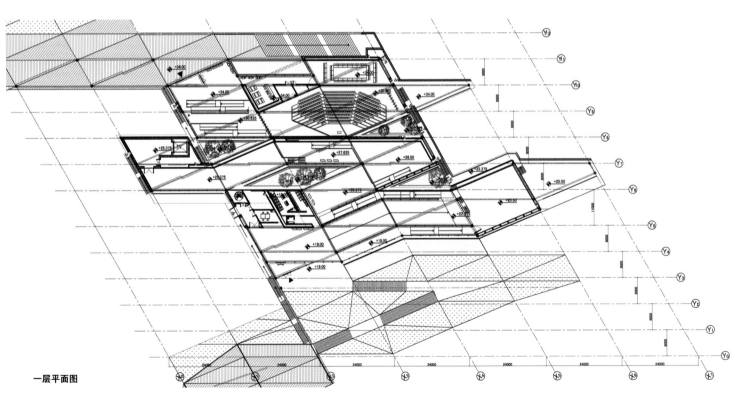

一层平面图

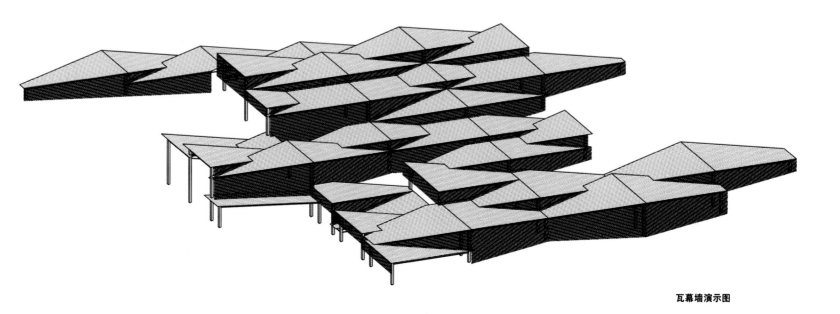

瓦幕墙演示图

A3:1/30

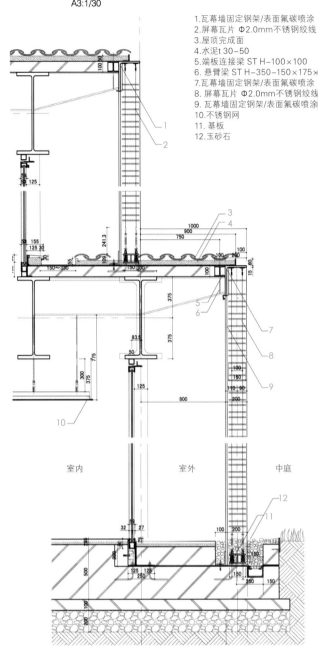

1.瓦幕墙固定钢架/表面氟碳喷涂
2.屏幕瓦片 Φ2.0mm不锈钢绞线
3.屋顶完成面
4.水泥t 30-50
5.端板连接梁 ST H-100×100
6.悬臂梁 ST H-350-150×175×
7.瓦幕墙固定钢架/表面氟碳喷涂
8.屏幕瓦片 Φ2.0mm不锈钢绞线
9.瓦幕墙固定钢架/表面氟碳喷涂
10.不锈钢网
11.基板
12.玉砂石

室内　　　室外　　　中庭

外墙节点

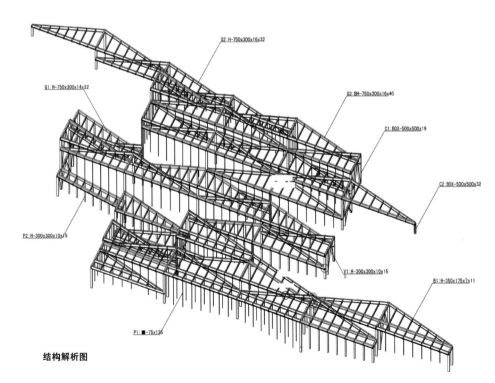

结构解析图

G2:H-750x300x16x32
G1:H-750x300x14x22
G3:BH-750x300x16x40
C1:BOX-500x500x19
C2:BOX-500x500x32
P2:H-300x300x10x15
V1:H-300x300x10x15
B1:H-350x175x7x11
P1:■-75x175

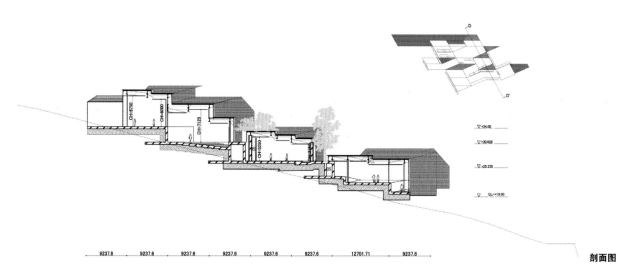

剖面图

剖面图

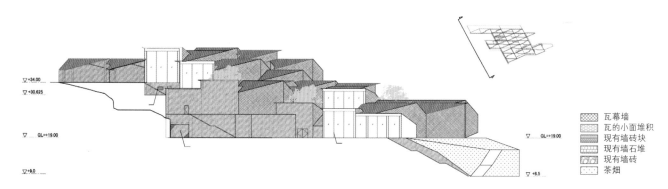

瓦幕墙
瓦的小面堆积
现有墙砖块
现有墙石堆
现有墙砖
茶畑

地形及材料演示图

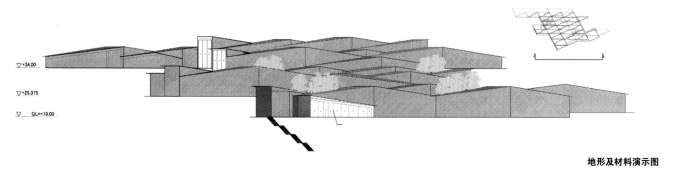

地形及材料演示图

哈尔滨大剧院规划用地1.8平方公里，总建筑面积7.9万平方米，由包含1600座的大剧场及400座的小剧场组成，是一座出落于北国自然风貌的公共文化建筑。哈尔滨大剧院坐落在松花江北岸江畔，以环绕周围的湿地自然风光与北国冰封的特征为设计灵感，从湿地中破冰而出，建筑宛如飘动的绸带，从自然中生长而立，成为北国延绵的白色地平线的一部分。对比松花江江南的城市天际线，自然之美与独特存在于此，使哈尔滨大剧院在具备功能性的同时成为一处人文、艺术、自然相互融合的大地景观。

建筑的白色表皮仿佛是会呼吸的细胞，在北国阳光的照耀下发生"光合作用"。大剧院顶部的玻璃天窗最大限度地将室外的自然光纳入室内。自然光洒落在剧场中庭的水曲柳墙面上，凸显了墙体结合当地材料纯手工打造的匠心独运，也使人们无论走到哪里，都能感受到日光倾泻的通透与空灵。小剧场的后台也设计为透明的隔音玻璃，使得室外的自然环境成为了舞台的延伸和背景，为小剧场的舞台创作提供了新的可能性。大剧场的室内主要以当地常见木材水曲柳手工打造，柔和温暖的氛围，自然的纹理，和多变的有机形态让人感受到空间的生命感。建筑空间好似一个放大的乐器内部，置身其中，仿佛可以看到声音在空间中的流动。简单纯粹的材料和多变的空间组合为最佳的声学效果提供了条件。逆光中的尘埃仿佛也在提醒这里是一个超敏感的空间，置身其中观众也成为了被观察者与表演者，在剧目上演之前，人们的意识已开始进入了某种抽象的、剥离现实的空间。

与一般地标性建筑孤立地伫立在城市中不同，哈尔滨大剧院是一座从四面八方都可以进入的"亲切"建筑。哈尔滨大剧院的设计强调市民的互动与参与。建筑顶部的露天剧场和观景平台向市民开放，成为公园的垂直延伸，可以看到松花江江南、江北的城市天际线以及周边自然景观。即使不进剧场观看演出，市民也可以通过建筑外部环绕的坡道从周围的公园和广场一直走到屋顶，用身体近距离接触建筑的戏剧化的体验和意境。

音乐家孔巴略曾说："音乐是思维着的声音。"哈尔滨大剧院为产生这样的声音提供合适的氛围场所，并成为了一座从物理上到精神上与人和自然互动的建筑，让我们重新思考人与自然的关系。

黑龙江，哈尔滨

哈尔滨大剧院
Harbin Opera House

MAD建筑事务所 / 设计　亚当·莫克、Hufton+Crow摄影工作室 / 摄影

业主
哈尔滨松北投资发展集团有限公司
合作建筑师
北京市建筑设计研究院——第三建筑设计院
幕墙顾问
英海特幕墙顾问公司，中国京冶工程技术有限公司
BIM
铿利科技有限公司
景观设计
北京土人景观与规划设计研究院
室内设计
MAD建筑事务所，深圳市科源建设集团有限公司
室内装饰顾问
哈尔滨唯美源装饰设计有限公司
建筑声学顾问
华东建筑设计研究院有限公司声学及剧院专项设计研究所
建筑照明设计
中外建工程设计与顾问有限公司
标识设计
深圳市自由美标识有限公司
建筑面积
77,000 平方米

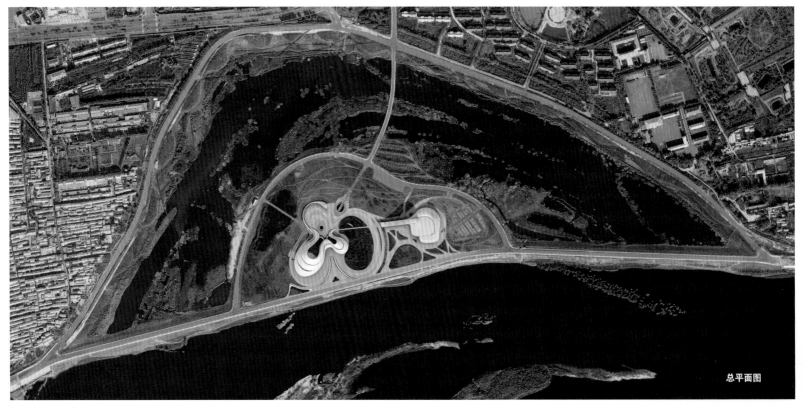

总平面图

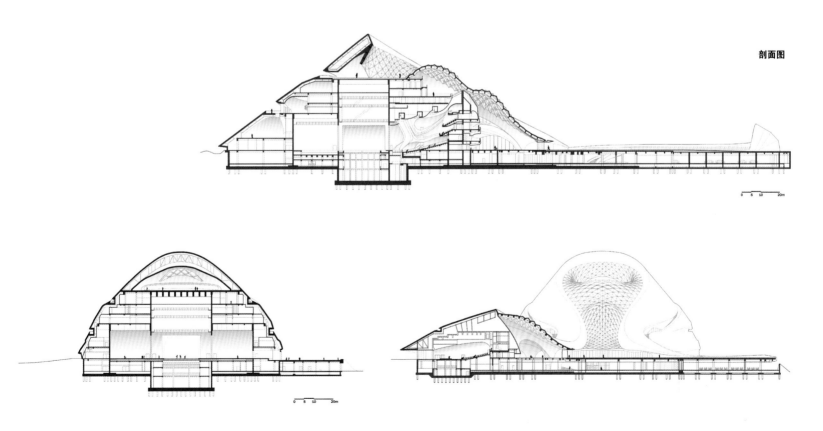

剖面图

0 5 10   20m

0 5 10   20m

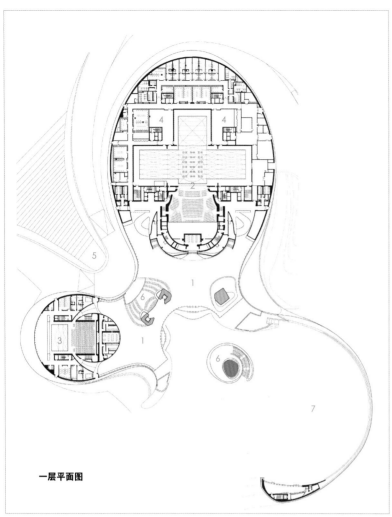

一层平面图

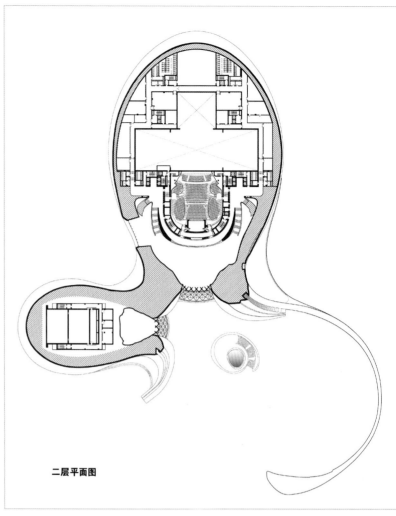

二层平面图

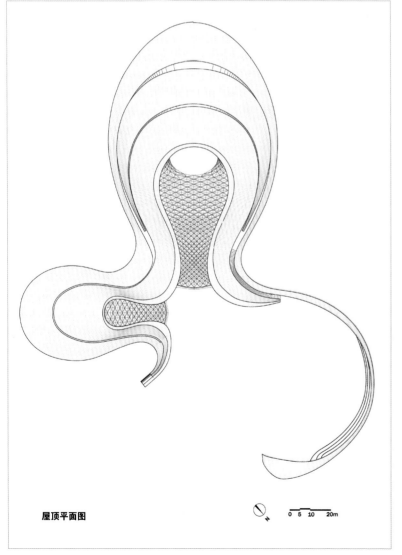

屋顶平面图

1. 大厅
2. 大剧场
3. 小剧场
4. 排练室
5. 停车场入口
6. 停车场楼梯
7. 广场

0 5 10 20m

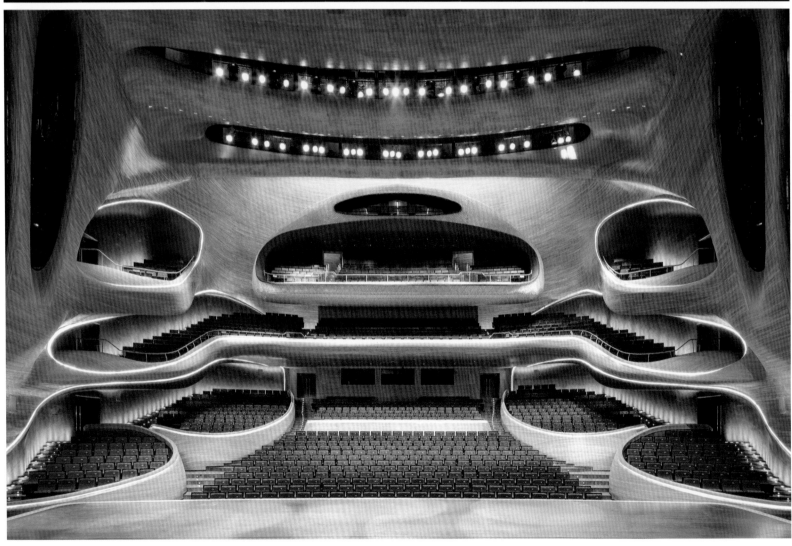

木心美术馆
Muxin Art Museum

美国OLI建筑设计事务所、苏州华造建筑设计有限公司 / 设计
陈丹青 / 馆长　沈忠海 / 摄影

木心美术馆致力于纪念艺术家、诗人和文学家木心先生（1927-2011）的毕生心血和美学遗产。木心美术馆位于浙江北部风景优美的历史古城乌镇，建筑面积6,700平方米，由美国OLI建筑设计事务所设计。美术馆设计体现了木心先生本人简洁的审美品位。坐北朝南的木纹清水混凝土结构呈现现代风格，横跨元宝湖，在湖水中映出倒影。细长精致的造型使其成为乌镇西栅别致而宁静的角落里一道不可错过风景。美术馆共容纳八个配备了先进艺术照明和展览设施的画廊，进行永久和临时性质的展览。

木心先生一生经历复杂，又格外具有启发性。他是抽象景观和绘画领域声望极高的艺术家，同时也是诗人和作家。美术馆的设计灵感就来自木心先生在祖国和其他国家的多种文化中生活的经历塑造的绘画和文学作品。木心经历了个人和外界的动荡，"文革"期间遭受囚禁以及后来在西方的自我放逐的经历都对他产生了深远的影响。这些个人经历

以及木心先生接受的古典教育，使得他的抽象景观作品和文学作品都具有让人引起共鸣的层次感。通过这些作品，展示出物质约束下心灵那不受束缚的存在。美术馆的整体设计反映了木心先生的作品精神，相互连通的漂浮空间和混凝土外墙让人联想起柔和的水彩笔触。项目启动之初，针对美术馆的位置和选址进行了认真的思考，并对木心先生家乡乌镇的历史保护做了充分的考量。人们在乌镇可以看到有几百年历史的古老运河、街道、市集、庭院、桥梁和阳台等丰富的景观元素。美术馆占据这座千年水城的城市一隅，它本身就是一处交互性质的景观。现场浇筑的彩色混凝土结构与运河和"街道"构成了变化的空间关系，形成展馆和各种项目元素，吸引游客在这些"景观"中徜徉。相连的建筑结构，"街道"的界限与河水的边缘所呈现出的空间质感不断变化，参观者会经历物理意义上的空间扩张，同时跨入木心先生复杂的内心世界。

开馆时间
2015年11月15日
主要材料
现浇木纹清水混凝土、蒙古黑花岗岩、胡桃木
总建筑面积
6,700平方米
展厅总面积
1300平方米
图书馆面积
100平方米

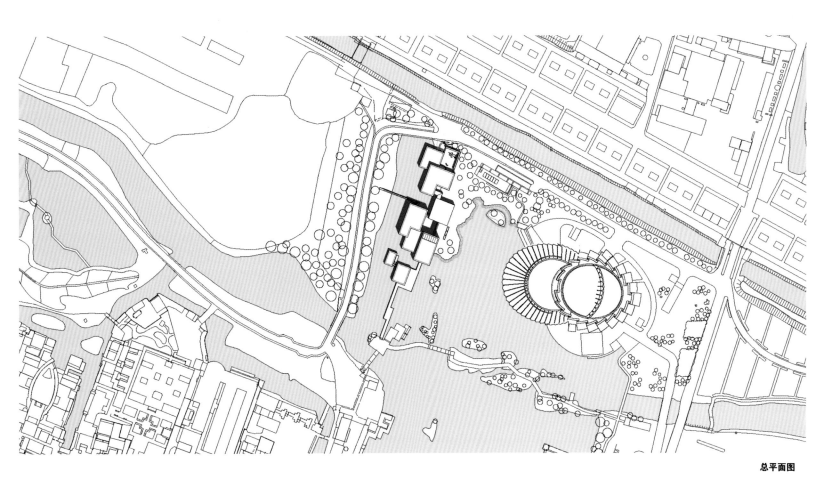

总平面图

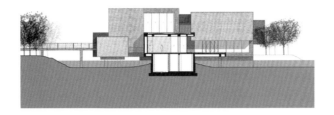

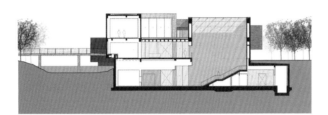

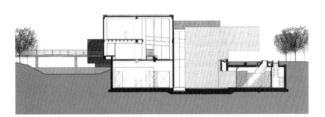

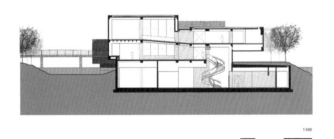

1:500

0　5　15　25

剖面图

东立面图

西立面图

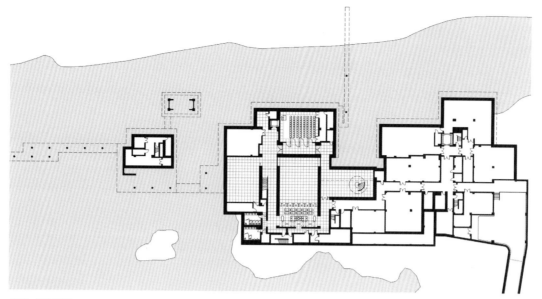

地下一层平面图

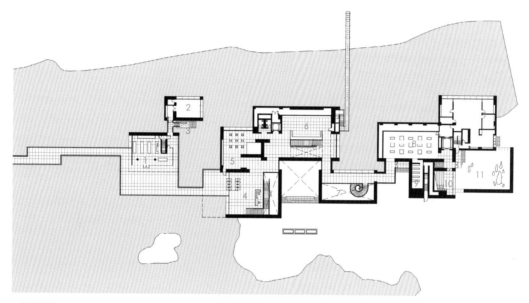

一层平面图

1. 售票处
2. VIP接待室
3. VIP通道
4. 入口大厅
5. 展馆介绍
6. 木心展区1
7. 临时性展区3
8. 木心展区5
9. 视听室
10. 休息区
11. 岩石花园

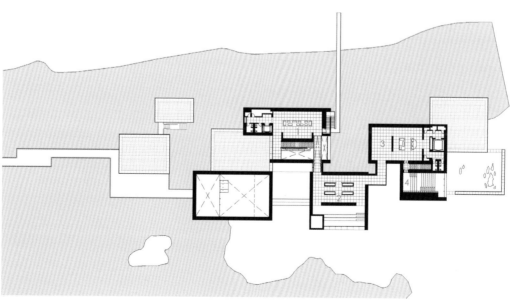

二层平面图

1. 木心展馆2
2. 木心展馆3
3. 木心展馆4
4. 休息区

1:500

0 5   15   25

民生现代美术馆
Minsheng Art Museum

朱锫 / 主持建筑师　Studio Pei-Zhu、方振宁、朱青生 / 摄影

民生现代美术馆是基于一个20世纪80年代的工业建筑改造而成。它以开放性、多元性、灵活性，对今天美术馆的封闭性、单一性及固定性提出了挑战，将会成为中国当代艺术的最大的公共平台。

快速的城市化，不仅为我们创造了物质文明的遗产，也为我们身后制造了大量的废弃物。我们喜新厌旧的心理，让众多老建筑遭到遗弃。798地区的松下显像管厂已不再有过去近30年的辉煌，遍体鳞伤，满目疮痍，虽然破旧，不美，但却透出工业建筑的粗犷、质朴与真实。这些特征恰和当代艺术的态度不谋而合。民生现代美术馆的想法正是在这种基础上诞生，它尊重工业建筑朴素、真实的特质，顺势而为，无用之用，直指当代艺术空间的未来，挑战传统美术馆的冠冕堂皇。

1. 空间多元，替代"白立方"单一空间模式

与传统艺术相比，当代艺术的一个显著特征是其表现形式的多元，为了成就这种特征，民生现代

美术馆不仅塑造了传统美术馆中5米净高的经典空间，更有大小不一，尺寸各异，层高显著不同的空间：大盒子，中盒子，小盒子，经典空间，院落展览空间，黑盒子（多功能表演、会议、展览空间）去应对不同艺术形式的需求。它们有机地组织在一个充满张力的中心空间周围，结合美术馆前装置公园，屋顶展览平台，中心院落等开放式展览空间，构成一组尺度不同，形态各异的空间组群。

2. 公共性、灵活性，替代封闭性与固态静止的传统美术馆模式

未来美术馆不再是成功艺术家呈现辉煌的圣殿，而是激发公众和艺术作品及艺术家互动、交流的艺术场所。空间不再是为呈现作品而作，更是为艺术创作而生。艺术作品最有意义的瞬间，不是作品完成之时，而是公众参与与其互动的时刻。一些灵活可变，功能不明，有用无用的空间，却可激发艺术家和公众创作激情，为特定环境和场地而创作，让艺术品、公众和美术馆融为一体。

建筑设计
朱锫建筑设计事务所
设计团队
Edwin Lam、何帆、Damboianu Albert
Alexandru、Virginia Melnyk、郭楠、
柯军、王鹏、李高、王筝
美术馆设计顾问
Thomas Krens/GCAM
结构和机电顾问
Arup
结构设计
上海市建工设计研究院有限公司
机电设计
北京建院约翰马丁国际建筑设计有限
公司
建造时间
2014 – 2015

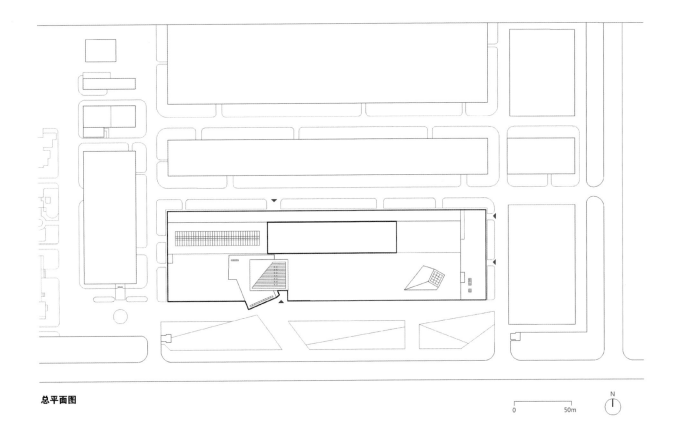

总平面图

0   50m

N

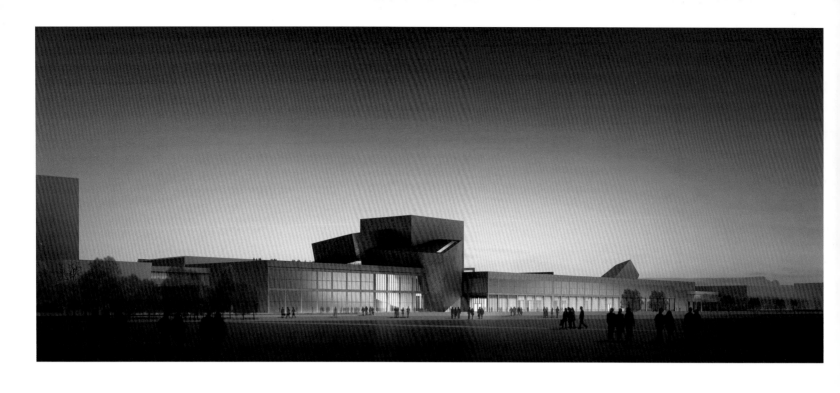

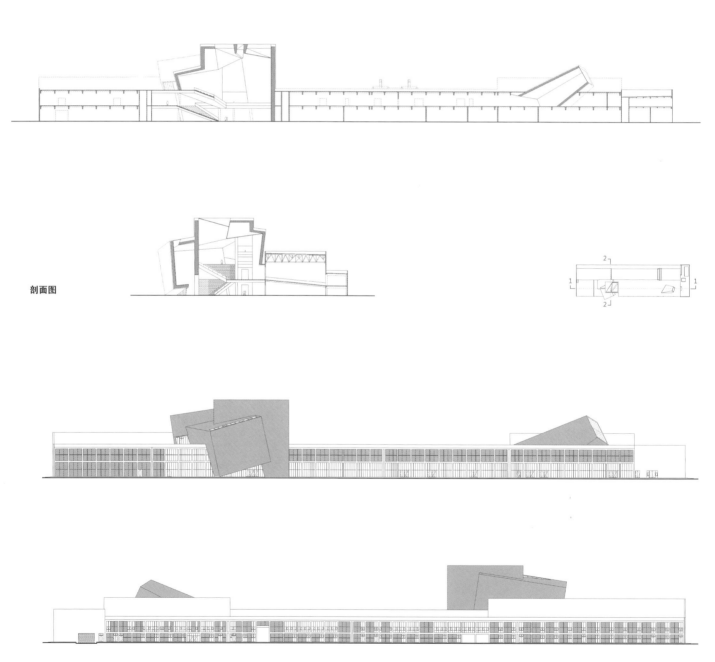

剖面图

立面图

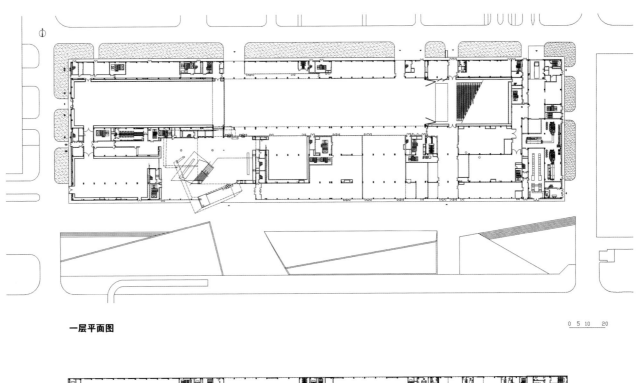

一层平面图

0 5 10 20

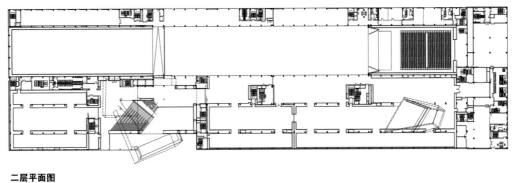

二层平面图

泉美术馆
Spring Art Museum

第一实践建筑设计 / 设计　夏至、金锋哲、周若谷 / 摄影

项目建筑师

狄韶华

设计团队

张晓东、刘星、狄翔杰、冯建成、

冯淑娴、何峰、王博瑜

建筑面积

4700 平方米

项目建成年份

2015年10月

这一项目的业主是几位喜爱当代艺术的本地人，希望让这座美术馆成为推进年轻艺术家的平台。美术馆主要的两个功能是艺术展示和艺术家居所。我们的设计寻求一个开放、根植于本地文化，并且具有精神性的建筑。在这个项目中，建筑与艺术的媒介不同，却试图与展示其中的艺术达到同样目的——人在其中，憬然有悟。

建筑位于一个湖泊旁，在一片艺术展厅和工作室聚落的东侧。湖泊位于建筑北侧，而南侧与宋庄美术馆相邻。该场地低于南面和东面的道路，被最高处2米的挡土墙围绕。

建筑体量呈U形，让人联想到当地人熟悉的三合院。U形体量环抱出一个朝东外向型的庭院，欢迎公众、吸纳外面的活动。一条没有阻隔的公共路线——从道路到庭院，再到错落的屋顶的最高处——使屋顶和立面的界限变得模糊，成为街道的延续，提供充足的室外活动和展示的场地。

庭院被抬升至道路上方1.6米，是半地下层的屋顶。两个下沉花园为半地下层带来自然光线和通风，为种植树提供土壤。半地下层到了北侧和西侧与室外地面相平，可以直接进出，里面容纳了南部的暗空间，两个庭院之间的休息区，以及西侧的几个居住艺术家工作室。

屋顶有一系列阶梯式的露台，其间的高差可以让天光进入主要展览空间。室内天花的形式与屋顶呼应，高度和比例不同的空间给展示绘画、雕塑和装置带来灵活多样的可能性。铝格栅吊顶将机电设备和管线、自然光和人工照明整合在其中或挡在其后，给空间带来简洁一致的中性氛围，给艺术展品创造最佳的背景。

设计的愿望之一是将室外视野引入到室内。这些视野通过主要展览空间内几个精心布置的凸窗获得。凸窗给艺术的观者腾出一块个人的空间，使其驻足凝视窗外片刻，再回到艺术中来。

建筑外墙采用当地市场常见而经济的一种墙砖，通过独特的排砖方式，进一步强调建筑空间中体现出的流动性。这样的材质感也为建筑增添了精致和细腻，呈现出特有的肌理，与周边的环境形成对比。

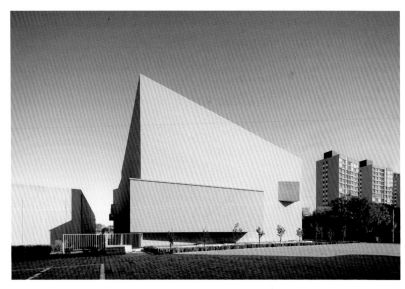 

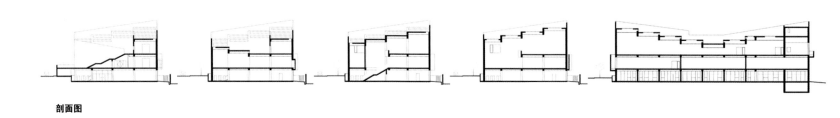

剖面图

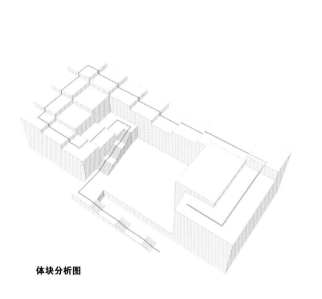

体块分析图

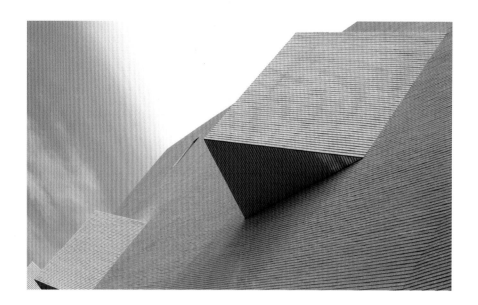

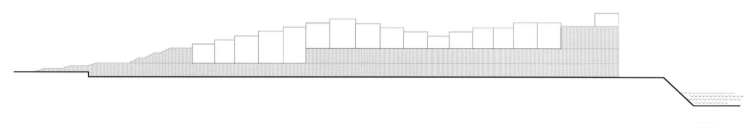

分析图

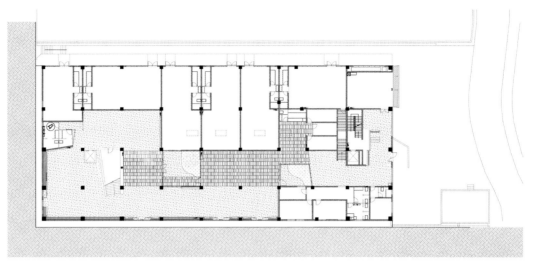

一层平面图

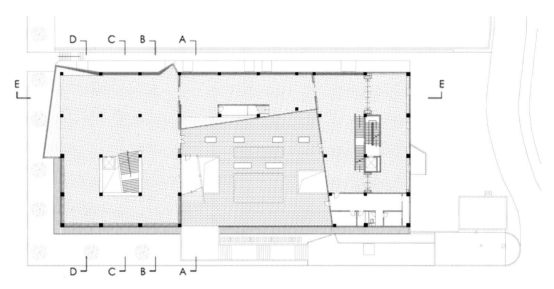

二层平面图

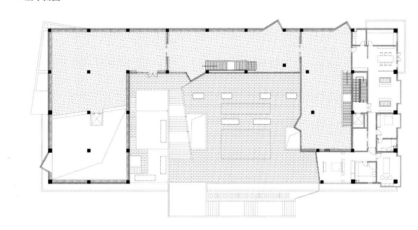

三层平面图

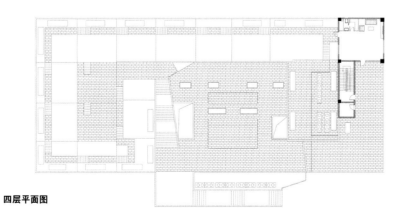

四层平面图

0   10   20m

业主
云南省博物馆新馆工程建设指挥部
奖项
2015 第八届国际设计年度大奖
– 卓越奖
2014 香港建筑师学会全年
境外建筑大奖
2008 国际邀请竞赛首名
– 实施方案
完成日期
2015年
用地面积
91,000 平方米
建筑面积
60,000 平方米

云南，昆明

云南省博物馆新馆
Yunnan Provincial Museum

许李严建筑师事务有限公司 / 设计

云南省有多姿多采的自然风貌，又是少数民族聚居之处，不同的民族，不同的色彩，不同的文化，汇集而成中华民族。作为云南省的重要公共建筑，它的公共性、代表性和标识性，均反映其气候、人文和自然景观的独特之处。博物馆的设计概念亦源起于此。

1. 博物馆作为各民族不同文物的容器，像积木般拼凑成立方体，汇合而成一个文物的载体。

2. 昆明石林为建筑意象，石林形态独特，经历风雕雨刻而成自然奇观。博物馆外墙的形态与细部以此为基础，结合云南土壤的独特色彩，以朱红的铝板，打孔曲折而成外墙，于不同的阳光下，折射出不同的光暗颜色，由金黄而至灰铜色，光影流转，别具一格。

3. 昆明气候宜人，一年四季如春，正是此一优越的气象，使博物馆可以成为一个环保低碳的建筑物。馆内以天井庭院引入自然光和自然通风，使公共区域冬暖夏凉，无需空调，节省能耗；展厅内则恒温恒湿，保护文物的安全性，整个设计如一幢会呼吸的容器。

博物馆位于河边，前方是河滨人行道与雕刻园林，四角各有一个下陷的方形，令博物馆的角度仿如停在半空。园林斜坡缓缓倾斜，如同博物馆的基座。游人进入充满历史文化气质的博物馆，就像跨过一道防护的峭壁，寻回失落了的桃花源，置身于另一个时间，感受另一种氛围。

博物馆总面积达6万平方米，围绕一个宏伟的中庭大堂而建，让展品循序环绕中庭展出，其中央处可举行大型展览或临时表演节目，也是理想的公众聚会场地。回廊把访客引到各展室。展室有一组不规则的洞墙，穿过外墙的立面，引入自然光，既可让访客休憩片刻，欣赏馆外美景，也可用以突出沿墙展出的馆藏。

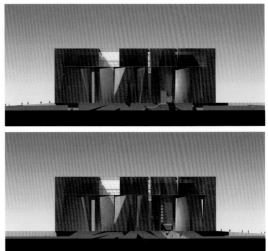

立面图

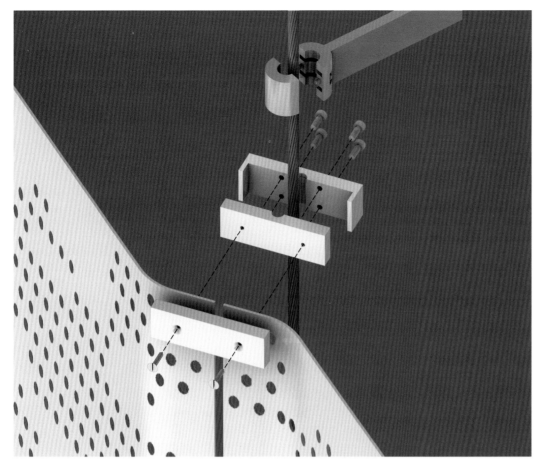

外立面安装轴测图

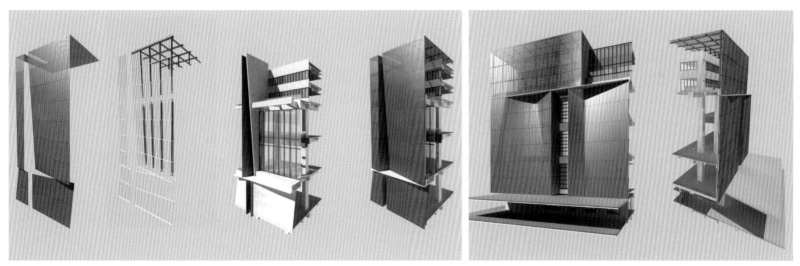

外立面结构分析图

概念演示图

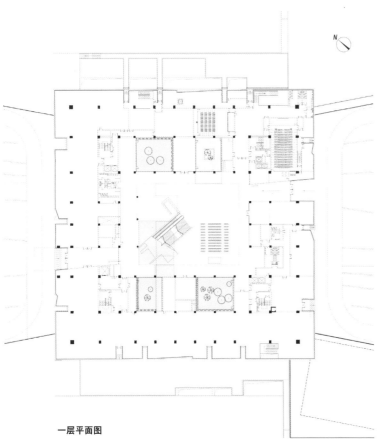

一层平面图

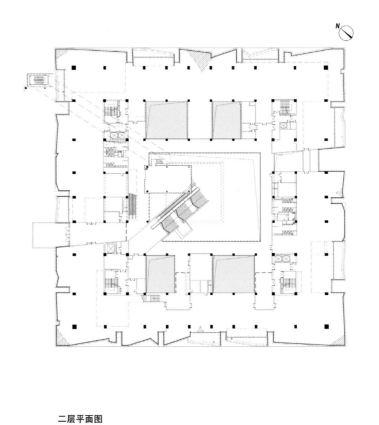

二层平面图

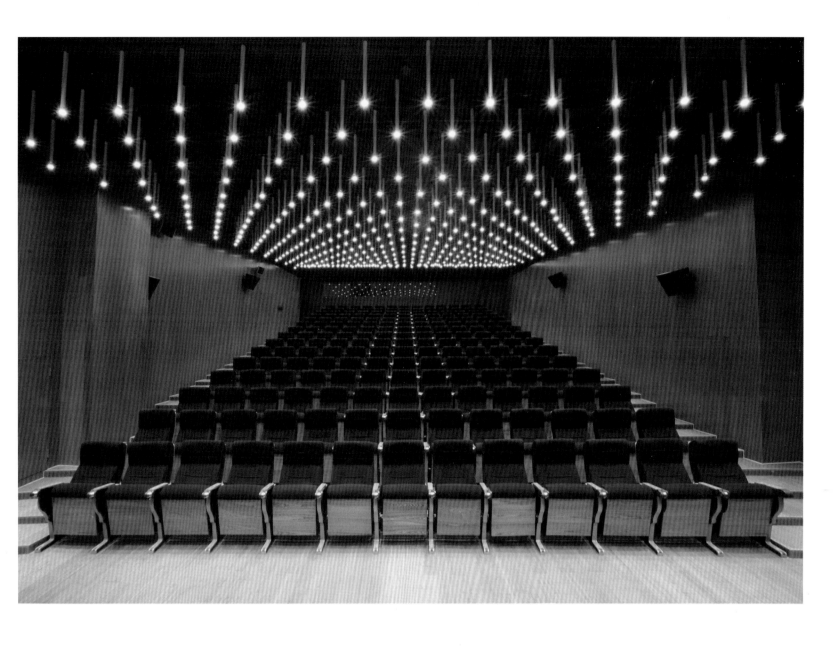

沂蒙革命纪念馆
Yimeng Revolutionary History Museum

程泰宁／主持建筑师

沂蒙革命纪念馆位于临沂市银雀山路与沂州路交会处东南角，北至银雀山路、西至沂州路、南至陵园前街、东邻华东革命烈士陵园，规划设计为地下二层，地上三层，总建筑面积43,019平方米，其中地下22,382平方米，地上建筑面积20,637平方米。

在总体设计上，纪念馆采用开放式格局，营造出通透流畅、宏伟壮丽的展览氛围，形成疏密有致、富有韵律的展示空间。其中二层和三层的两个展览的主展线设计各具特色，又浑然统一。二层临沂革命史展览风格更具有临沂地域特色，三层党的群众路线展览强调历史性、传统与现代的结合。

建筑布局与烈士陵园多根轴线以及城市道路发生关系，成为城市与陵园之间的过渡，并结合南侧沂州林荫广场的改造形成一条贯穿纪念馆的南北主轴线，主轴线南北均留出较大广场，南侧广场与陵园西门衔接，陵园前街正对纪念碑，形成对景。方案平面采用外方内圆的布置形式，建筑形式简洁朴实，创造出强而有力的形式感。暗红色的基座稳扎大地，暗示沂蒙精神的源远流长；两个较小支座体量以力拨千钧之势拖起厚重的主要体量，形成强烈的对比感；中间贯穿上下的红色筒体，具有一种向上的冲击感，寓意着沂蒙精神中流砥柱的强大作用，也是沂蒙精神集中的体现。

设计公司
中联筑境建筑设计有限公司
设计团队
王大鹏、沈一凡、柴敬
总建筑面积
43,019平方米
设计时间
2011年
竣工时间
2015年

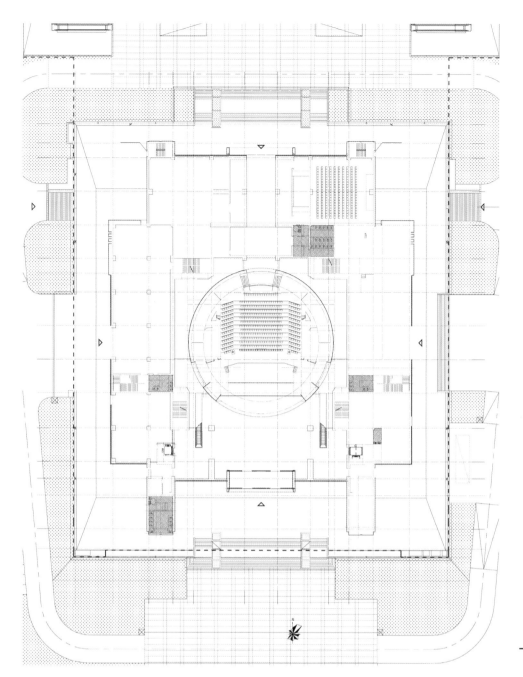

一层平面图

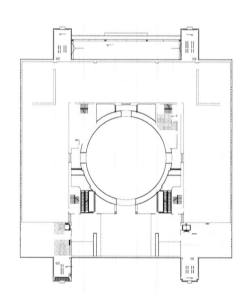

二层平面图

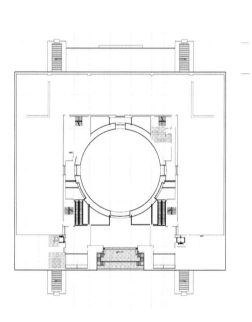

三层平面图

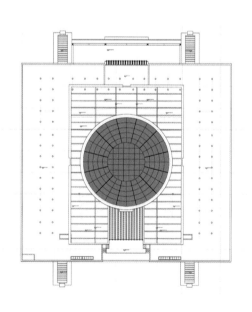

屋顶平面图

建筑师

张应鹏、王凡、钱弘毅、肖蓉婷

设计团队

李红星、龚明华、张琦、
陈云高、刘岗霞

业主

浙江省湖州市林业局

设计时间

2011年

竣工时间

2015年

建筑面积

3900平方米

结构形式

钢筋混凝土框架构体

浙江，湖州，梁希国家森林公园

梁希纪念馆
Liangxi Memorial Hall

九城都市建筑设计有限公司／设计　姚力／摄影

该建筑通过一系列反常规的设计突破了以业主为中心、以宣谕和教育为目的的纪念馆，确立了以参观者为中心、多义混杂、自由自主的纪念馆。整个纪念馆建筑不事张扬，依山而建，几乎隐没于山形。纪念馆前一池碧水，在晴好的天气里，天光云影与白色的山鹿雕塑及其倒影一起，营造出一种宁静、虚空的意境。设计师这种低调而反常规制作的纪念馆建筑，很好地贴合着它所纪念的人物梁希，创造了一种平等的、可以亲近的纪念空间。

建筑采取了类似于贝聿铭对苏州博物馆新馆层高的设计，将建筑向地下延伸一层，地面仅有两层。所不同的是，苏州博物馆的层高受限于周边古建的环境，而梁希纪念馆的层高则是对山体的顺应，显示出面对自然的谦卑与敬重。低调不仅体现于建筑的体量，也体现于建筑材料。整个屋顶和大部分外立面是由灰黑色的杂木板覆盖，墙基和墙体用青灰色的毛石砌成，整个看起来不仅非常朴素、结实，而且有经历了时间冲刷后的沧桑之感。

纪念馆的正门没有通常那种宽敞高大的门面，也并不面向开阔空旷的广场，甚至都不是在整个建筑体的中轴线上，而是开在建筑左侧与上升的坡道

成夹角之势的墙体上。这又一次降低了纪念建筑的权威性。当参观者进入正门和大厅过道里的时候，会发现，没有指示牌，没有规定的参观线路，他们可以自主地穿行于展厅，流连于展品；或者小憩于榻榻米般的木质飘窗，看看窗外的景致；或者走出纪念馆，走到纪念馆外的山路上……设计师没有按照通常固定参观体验的方式设计行走的路径，而是以随机的流线设计了参观者行走的路径。于是，纪念馆对参观者身体行动的限制性降到了最低，或者说，将参观者自我选择的权利扩张到极限。

因为路线的流线不仅随机，而且质地和类型不一，连接着不同的空间，梁希纪念馆则在很大程度上通过这样的设计处理了建筑空间内外的关系。通常博物馆和纪念馆这类公共建筑的空间都是封闭的，但是梁希纪念馆在很多时候打通了内外的界限，将近三分之一的空间没有围合，如此自然地将纪念馆融入梁希森林公园里。首先，户外的自然光尽可能地引入，或者通过屋顶和墙体上的玻璃采光，或者通过没有围合的空间让天光自然地泻入，天气晴好的时候，即便不需要照明灯，观众也能够自如地行走和观看展板和橱窗里的展品。其次是那些引入自然光线的玻璃门窗或者通透的空间，

大小不一，透过它们，可以看到户外的不同景致，产生移步换景的效果。

除了线路设计和空间通透，梁希纪念馆也留下足够疏阔的非功能空间。如前所述的没有围合的通道、平台等空间，一楼大厅里还散落着大大小小的白色的圆形坐具（没有通常的椅子、板凳），参观者可以在这里休息，二楼展厅边有着开阔的通道，即便是飘窗的尺寸也超乎寻常大小。

所有这些无不体现出以参观者为主导的设计思路而赋予参观者更多的自由。这在根本上颠覆的是纪念馆这类公共建筑背后的权力、建筑和展陈设计的权威对人的行为的规划与控制，进而对人的思想观念的规训和塑造。换句话说，在设计师这里，纪念馆建筑放弃了高高在上的训谕者和教育者的角色。当然，其间展陈的系统和完整依然不可或缺，但它们不再是正襟危坐地灌输给参观者，而是在参观者自由的穿行中，作用于参观者。它们与建筑物一起，构成具有亲和力的符号系统的一部分，悄然作用于参观者的意识，哪怕是一枚纽扣，也在参观者通过自己的行走而形成的空间印象中获得存在。

总平面图

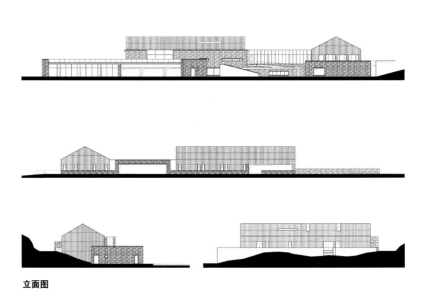

立面图

剖面图

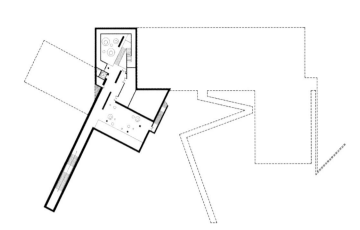

地下一层平面图

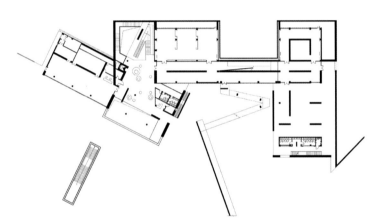

一层平面图

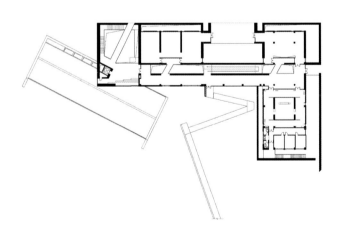

二层平面图

业主
宜昌市规划局
项目经理
郑兵
景观设计
上海现代建筑装饰环境设计研究院
方案设计
孙晓恒、夏慕蓉、林晨、李志林
结构专业
陈思力
施工单位
中建三局
完成时间
2016年3月
总建筑面积
20,960.2平方米

江西，宜昌

宜昌规划展览馆
Yichang Planning and Exhibition Hall

华建集团华东都市建筑设计研究总院／设计　胡义杰／摄影

宜昌规划展览馆位于宜昌新区核心区，用地面积约3万平方米，地上建筑面积约1.5万平方米，建筑主体高度23.6米。建筑主体地上2层，局部3层，地下局部1层。规划馆作为宜昌新区的重要标志物之一，其位于新区的核心位置，待周边规划求索广场和柏临河湿地公园建成后，南可观水，西可观景，东、北可观山。

宜昌规划展览馆作为湖北省2014年高星级绿色建筑示范项目，也是全省地级市首个获得三星级绿色建筑设计标识的建筑，建筑设计实施方案于2013年从国际方案征集中脱颖而出，2014年开始施工，2015年底落成，目前部分展馆已经开始试运行。

建筑形态与周边地貌相呼应，仿佛层峦叠嶂的山体。景观设计延续山体形象这一母题，用大面积斜面草坡与建筑呼应。游人行走于建筑内外，犹如爬山观景，别有一番趣味，由此形成人与建筑、建筑与环境的对话。建筑主体呈现出银白色光泽，俯瞰时宛若墨绿色山地之中烘托的玉石。通过这一建筑造型设计，体现出"行走宜昌，夷陵拾玉"的设计主题。

建筑形象从远景、中景、近景三个角度展示。

远景：依山就势，起伏的形状同延绵的山体相互呼应，又是中国传统元素坡屋顶的新的解读。

中景：层次分明，外立面楔形形体和玻璃盒子及竖向百叶形成的形体形成虚实对比，内庭院和屋顶花园的设计又丰富了建筑的空间内涵和景观层次。

近景：采用双层金属铝板，内层金色，外层渐变穿孔铝板，层次分明又体现出颇具现代感的机械美学，细部精致，转角面的划分统一交圈。

同时本项目作为宜昌新区重要的标志性文化建筑，其外立面采用双层金属铝板，其中外层为银色穿孔铝板。由于双层铝板表皮直接关系到项目主体形象的设计效果，而且外表面顶点为多个三角形折面交汇，形体关系较为复杂，因此专门借助参数化建模进行了深化设计。鉴于建筑空间由若干尺寸不同的折面构成，需采用三维坐标信息对建筑的控制点进行定位，并采用Rhino软件进行建模，以辅助控制点定位信息的采集。然后将三维控制点投影到二维的平面上，记录其高度信息，并在二维轴网上完成定位，由此得到每块折面的精确尺寸。由于折面面积较大，为丰富其视觉效果，折面上外层穿孔铝板的开孔没有采用均匀分布的一般做法，而是根据每块折板的不同形状进行了渐变处理，期望实现一种渲染、退晕的朦胧效果。

折面轮廓包括三角形、四边形两种基本形态。折面内部又由若干小的三角形或四边形单元板构成。在三角形折面上，相对容易找到固定模数来划分出单元板，但在不规则的四边形折面上，每块单元板的尺寸都是有微差的，再叠加上开孔的渐变效果，使得每块单元板的规格都不一样，这就要求

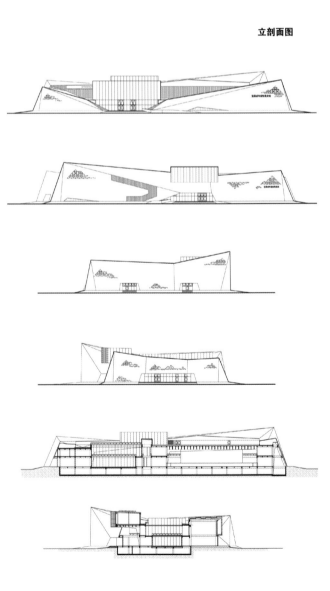

立剖面图

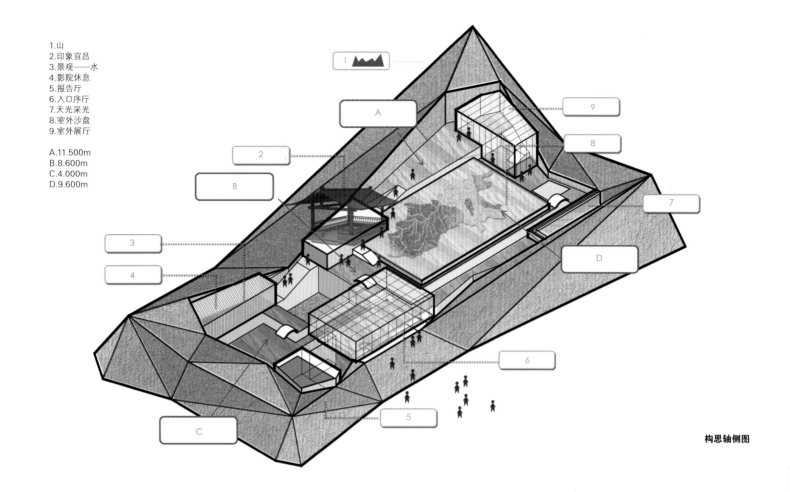

1.山
2.印象宜昌
3.景观——水
4.影院休息
5.报告厅
6.入口序厅
7.天光采光
8.室外沙盘
9.室外展厅

A.11.500m
B.8.600m
C.4.000m
D.9.600m

构思轴侧图

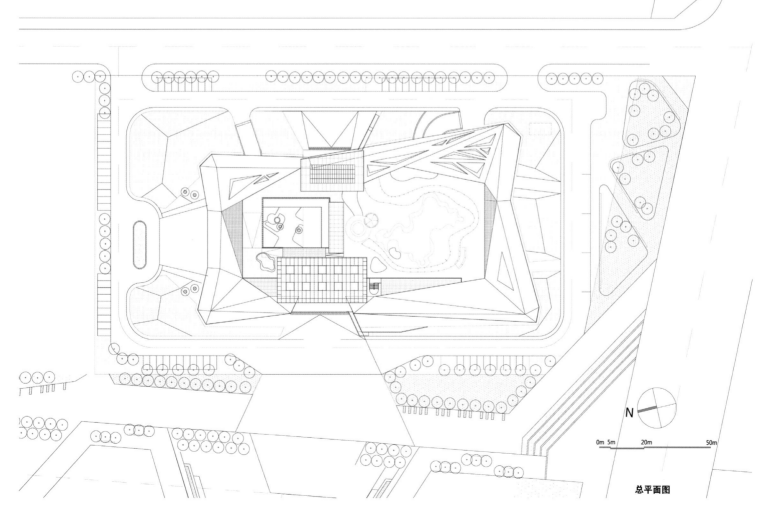

总平面图

采用"数字链"生成技术：利用犀牛和Grasshopper软件编程，把每个立面的展开图生成开窗洞和开孔后的效果，开孔和开洞还必须避开铝板后面的加强筋，再通过CAD深化设计各个展开面的开窗洞，包括设备间带百叶的窗洞。

完成图纸后将展开面交由现场幕墙设计师根据幕墙种类分类、深化节点，完成加工图；将加工图发送给厂家，由数控机床根据图纸完成金属板的切割和开孔。这意味着每个环节都应当尽量精准无误，否则不仅外表皮的穿孔渐变效果难以实现，还可能造成转角处的铝板无法对齐安装。为严格控制外立面效果，在确定了工作流程之后，先以一个折面为样板进行多组试样观察，经过业主和设计师的多次现场推敲并确认实际效果后，才陆续完成其他折面的深化设计和铝板生产。最后将数千块单元板材进行编号以便于现场组装。

夜幕下的规划馆灯光阑珊，门厅的玻璃体更显得晶莹通透，远远望去，犹如一片美玉依托在山体之中。

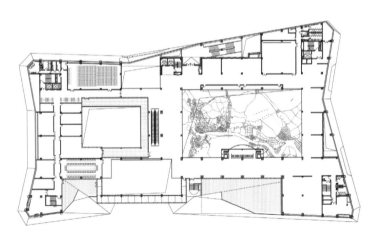

二层平面图

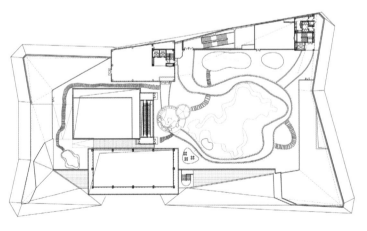

三层平面图

本项目位于银川市郊区，临湖而建，环境优美，视野开阔。总体建筑规模1.8万平方米。基地临近银川美术馆，是与美术馆为依托，为驻地艺术家提供专属的私密创作空间，同时为城市提供餐饮、休闲设施；既是艺术家静心创作的基地，又是市民休闲活动、参与艺术创作的场所。

银川被誉为塞外江南，建筑师试图寻求阳刚与柔美、苍凉与繁茂间的平衡。尽可能地使用当地材料，并融合当地民居的建筑特点，在西北黄土高原的苍凉道劲与江南湖畔水边的郁郁葱葱中，建筑自然地生长。

整体形态：呈分散布局的小体量建筑群向湖面层层低落，如看台般与水面和美术馆产生互动。规整的方格网布局，形成理性的韵律美，建筑方正挺拔、雄浑有力，与旁边美术馆的流线体型相得益彰。特意设置不一样的圆形剧场与公共庭院，为城市提供休闲场所；开放式社区的管理模式，让艺术更贴近民众，也提供给市民与艺术家更多的互动机会。在不同高度，设置观景平台、屋顶展场、屋顶露台等观景场所，使得建筑、场地与湖面融为一体。

功能分区：艺术家工作室、展览建筑、公共服务设施、艺术品库房、后勤服务管理等几大类功能分区明确，便于使用与后期管理，并为未来的发展预留足够的空间。

功能流线：公众参观流线、艺术家流线、艺术品流线、后勤服务流线等几类流线分布合理，互不干扰。

本项目与相邻的银川当代美术馆共同作为20平方千米银川"黄河金岸·华夏河图文化旅游生态镇"的首开项目，计划于2015年完整呈现给公众，我们期待它能为西北的文化创意产业添砖加瓦，展现当地特有的西北风姿。

宁夏，银川

华夏河图艺术家村
River Origins Artist Village

王戈、李阳／主持建筑师　KKL Architects／摄影

客户
宁夏民生房地产开发有限公司
方案设计
BIAD王戈工作室；KKL Architects
景观设计
北京朗棋意景景观设计有限公司
施工图设计
北京中天建中工程设计有限责任公司
用地面积
34,621平方米
建筑面积
18,000平方米
建成时间
2015年

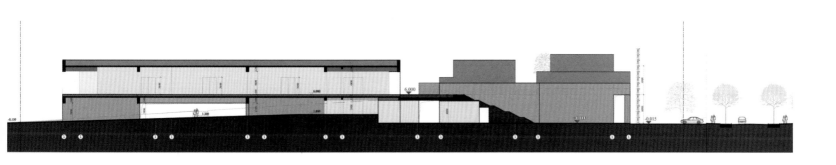

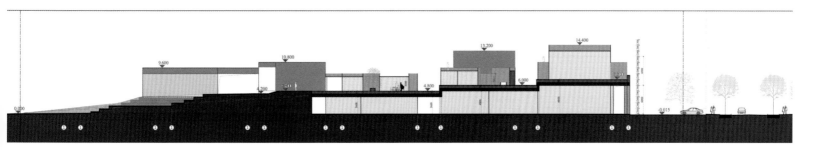

剖面图

总平面图

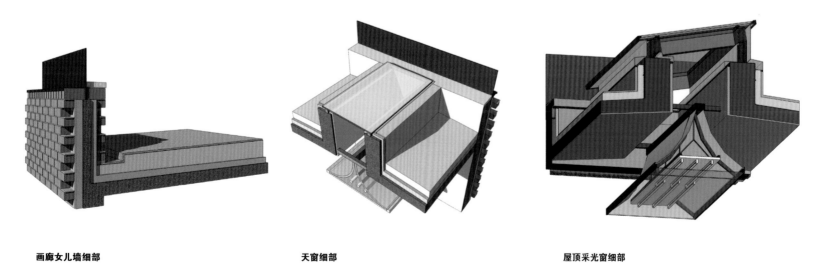

画廊女儿墙细部   天窗细部   屋顶采光窗细部

业主
松阳县四都乡政府
设计单位
北京DnA_ Design and Architecture建
筑事务所
设计团队
徐甜甜、张龙潇、周洋、黎琳欣
室内设计
北京DnA_ Design and Architecture建
筑事务所
照明设计
清华大学建筑学院张昕工作室
结构体系
木结构
建筑面积
307.7平方米
完成时间
2015.06

浙江，丽水，松阳

平田农耕博物馆及手工作坊

Pingtian Agriculture Pavilion and Crafts Workshop

徐甜甜／主持建筑师　王子凌、陈灏、周洋／摄影

背景

平田村隶属浙江省丽水市松阳县四都乡，距县城15千米。村庄临近公路，是松阳县散落在群山之中的众多村落之中交通最为便利的村落之一。平田村三面环山，背靠山峦层叠而上。村内具有多处传统风貌的古道水系，地貌遗址以及成群古树，具有浓厚的人文色彩与民俗风情。

功能

平田农耕馆和手工作坊所在的民居位于村口，属于平田村的老村肌理的一部分，由于年久失修，这片小体量房屋破损严重，对村口处的村庄形象影响较大，另外其本身虽然不是历史文化建筑，但是所处位置对于传统村落的整体村庄形态以及村里的公共活动区域都有重要作用。设计地块位于村庄的核心保护区内，在村口最显要的位置。西侧是一览无余的群山，北侧与祠堂村委会相连。这个公益项目任务是将村口几栋破损严重荒废闲置的夯土

村舍改造成为新的村民中心，同时成为对外展示乡土农耕文明和传统手工艺文化的窗口。平田农耕博物馆及手工作坊由旧夯土房屋改造而成。设计中我们通过寻找建筑原有的秩序，基本保留了原有建筑风格、形式，使之得以与周围环境保持和谐统一。

空间

设计从空间格局调整开始，结合现有建筑肌理和新的功能，两栋建筑都保留了原有的表皮肌理，不破坏村庄的整体形态，但又以移除部分隔墙和楼板的手法，将建筑内部打开，形成流畅的公共活动流线。

农耕展厅由南北两栋侧向相邻的农舍和拐角的猪舍构成，设计将原有建筑之间的墙体和入口处一个柱跨的楼板打通，构成连贯起伏的线性空间；二层作为农耕文化的活动展厅，空间本身也是

传统民居的建造文化展示，在局部置换了线性天窗引入大量天光。

手工作坊原本是两兄弟各自的住宅，各在南北侧有一个附属生产储藏用房，中间有一条封堵住的不到半米宽的巷道，成为了消极空间。设计在一层将两个空间打通作为完整的手工作坊，利用天窗代替房屋间废弃的小巷将两个空间连接起来，在一楼创造出开放空间，村里的传统手工艺者可以在这里进行生产劳作交流，形成村落社区活动中心。二楼则成为两间私密独立的居住房间，功能灵活，既可以作为驻村艺术家居住或民宿经营，也可以开放作为公共图书室。

夯土墙

这片建筑虽然建设时间较长，有部分一层的墙体出现倾斜，但主体夯土墙质量尚可，当地的施工队可以通过人工"推拉"方式纠正。整体检测发

展厅南立面图   工作坊东立面图   工作坊南立面图

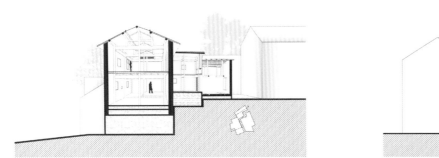

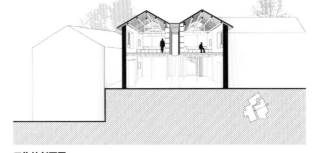

展区剖面图   工作坊剖面图

现，有部分墙体出现开裂情况，可以用黄泥拌10 cm长的草筋（类似钢筋）填补修复。常年居住的夯土墙也需要定期用草筋泥修复裂缝巩固强度。当地夯土墙的外墙肌理粗砺而富有质感，本身也体现乡村建造美学，不需要过分涂抹外立面。

木结构

和外墙相比，建筑内部的木结构腐蚀破损的情况比较严重。在当地有经验的工匠仔细评估现存房屋结构后，我们决定更换农耕馆的南侧半截空间的木结构，以及手工作坊的所有梁柱结构。传统民居的夯土墙体本身仅做围护体系，主要受力依赖于内部的木构系统。更换木结构需要将现有的屋顶、瓦面、梁柱、楼板等全部拆除，仅仅保留外墙围护。我们坚持新换的木结构保持本色，并不刻意刷旧；这样农耕馆的原有结构经过打磨清理后，和新结构不会产生过大的色差，但是仍然可以辨识新旧，这种空间里的并置也是老房子改造中生长肌理真实的反映，体现了时间的刻度。

屋面

木结构完成后就需要尽快进行屋顶施工，而且要赶在雨季来临前完成，才不会影响后续的施工。与村里的传统做法相比，建筑师在需要防水的房间上面增加了屋顶防水做法，在木结构上增加木板铺面，按照常规铺设防水卷材做屋顶防水，然后再铺瓦。屋顶的瓦片基本保留了旧瓦，又增补了一部分新瓦，这样新旧交替的瓦面屋顶，村里处处可见，村民都是在农闲时期或雨季来临前上屋顶检修替换坏瓦。

地面

农耕馆的一层墙面还保留着具有护坡加固功能的毛石墙，地面则采用当地传统的毛石铺地，形成一个空间整体，保留并强化一层原有的地下室和储存功能，作为农耕器具的展示；手工作坊的一层地面则用红灰砖混铺，暗示这里将植入新的公共功能——通常村里的室外公共区域会采用砖块铺地。

开窗

传统的夯土墙房屋室内光线品质较低。为了避免破坏村落立面的协调性，外墙不做大面积开窗，而是通过屋顶不同尺度的顶窗将光线引入到室内的不同高度，增加明暗层次。农耕馆二层采用线性的顶光创造明亮的展览空间，和一层的类地下室考古现场般的农耕器具陈列室形成对比。手工作坊则通过两座房子之间的线性天井和侧向院子共同提高自然光的照度。建筑立面的开窗基本保留原来大小，仅在农耕馆二层远端外眺的景窗、手工作坊二层两个房间中间的景窗这三处做了放大。窗户则保留了当地"Π"形态的木梁以及内八窗的传统做法。

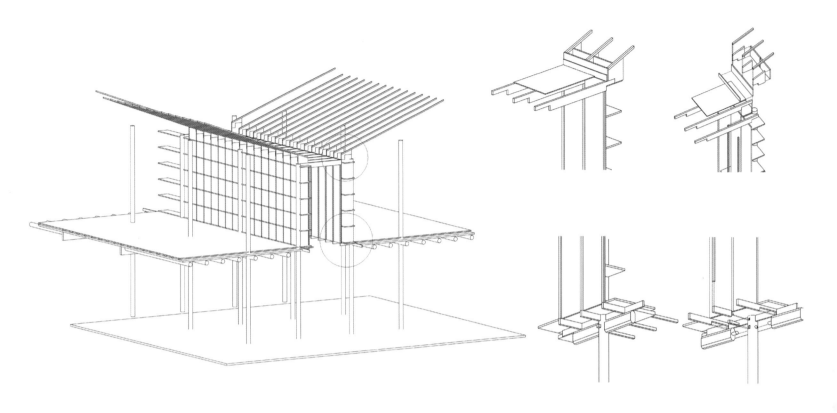

工作坊结构细部图

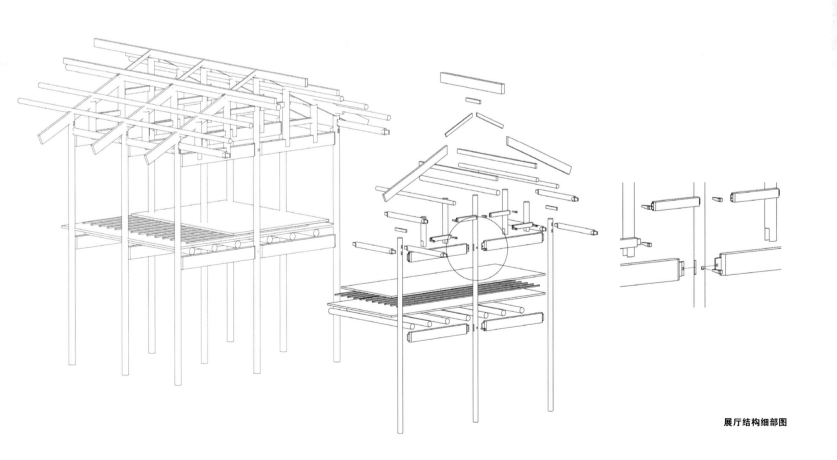

展厅结构细部图

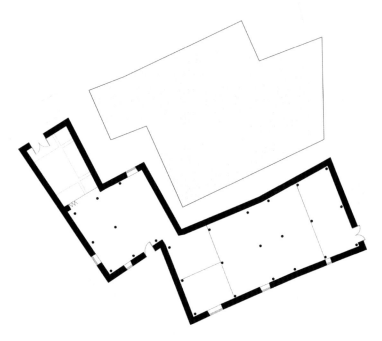

一层平面图

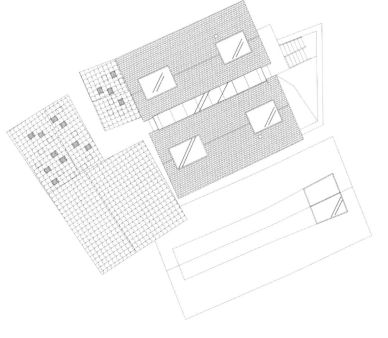

屋顶平面图

设计公司

张斌＋周蔚 / 致正建筑工作室

项目建筑师

金燕琳

设计团队

刘昱、胡丽瑶、杨敏、李姿娜、张妍

合作设计

上海联创建筑设计有限公司都市再生设计研究院

建设单位

上海市气象局

施工单位

上海建筑装饰（集团）有限公司

完成时间

2015.10

占地面积

833平方米

建筑面积

2,986平方米

主要用材

清水砖墙、陶瓦、涂料、木材及木地板、石膏板

工程造价

约2000万元人民币

上海，徐汇区

徐家汇观象台修缮工程
Refurbishment of L'Observatoire de ZI-KAWEI, Xuhui, Shanghai

张斌 / 主持建筑师　胡义杰 / 摄影

徐家汇观象台位于徐家汇天主堂南侧，与天主堂隔草坪相望，西侧不远就是徐光启墓。观象台于1873年初创于蒲汇塘河西岸，1880年于原址扩建，后于1900年在原址以西100米扩建新楼，保存至今。徐家汇观象台是法国天主教在中国实施"江南科学计划"的第一项天文事业，在创立至今的142年里见证了近现代中国及上海气象机构和气象服务发展的历史变迁，并与徐家汇圣依那爵天主堂（St. Ignatius Cathedral）、徐汇公学（St. Ignatius College）、大修院（Major Seminary）、藏书楼等一起作为承载上海教会发展史的物质载体，是追溯徐家汇发展历史的最重要的源头。

观象台原为砖木结构三层建筑，平面布置为北侧宽大走廊串联的对称五段式。北部中央由台阶进入的二层大门之上原有40米高的砖木钟楼兼测风塔，1908-1910年间由于地基承载问题拆除高出主体部分的砖木测风塔替换为35米高铁塔，

后于1963年将铁塔拆除。灰砖和红砖相间的清水砖墙立面为三段式，全部窗樘为圆拱，外有硬木百叶窗。屋顶呈双坡，两端坡顶在靠近山墙处向内折角，形成独特的梯形山墙。观象台的建筑风格是早期仿古典建筑，是上海近代教会建筑的代表，特别是中央高耸的塔楼，既用来高空测风，又带有哥特遗风。观象台目前是上海市第四批优秀历史建筑（Heritage Architecture），市级文物保护单位。

观象台建成至今多有修葺，1997年最近的一次大修进行了大规模的结构加固和改造加建，对原有格局有较大影响，主要包括：拆除钟楼内主楼梯和大钟；将钟楼以西二层以上的大走廊（Gallery）封堵加建混凝土结构主楼梯，同时减小南侧房间进深加入较窄的中走廊，并将剩余大走廊空间全部隔为房间；大楼中段增设第四层的阁楼；二层楼面被抬高80厘米以解决南侧平台泛水；原西侧楼梯间在二层以上被封堵改造为混凝土楼板的卫生间；同时

南立面东段增加混凝土结构逃生楼梯。房屋经过多次改造及加固后，主体结构已成为砖、木、钢、混凝土的混合结构。

2013年以来，随着"徐家汇源"地区的整体改造序幕的拉开，徐家汇观象台的修缮改造也提上了议事日程。我们经过全面详尽的历史研究后，决定将观象台于1930年代的历史风貌作为修缮恢复的目标，因为这一时期的历史风貌较为完整地体现了该建筑的综合历史价值，且与建筑的现状形体基本一致。本着真实性、可逆性和可识别性的原则，观象台的保护修缮工作主要在以下方面展开。

原有建筑立面风貌的保护和修复：修缮立面清水砖墙，以最低强度清除后期覆盖的涂料层；立面恢复北立面中部塔楼的清水砖墙，剥除后期大修覆盖其上的仿石水泥粉刷；恢复塔楼的大钟面；复原钟楼之上的铁塔；修缮外立面木门窗，恢复木质百叶窗；

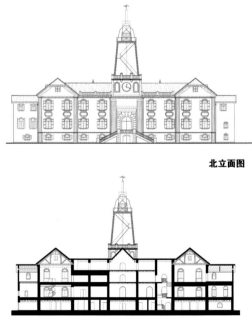

北立面图

剖面图

清除外立面上的消防楼梯及各种管线。

保留基于功能要求的历史改造痕迹：修整历年加建部分，基本保留历史改造部分，拆除严重影响建筑整体风貌的加建部分，比如北立面塔楼两侧的二层平台加建，以期与建筑整体风貌一致；维持在历年大修中加固、替换、增设的结构构件，比如在底层东西两侧的互动体验空间内，将不同年代、不同形式的木柱、砖柱和混凝土柱均露明展示于拆除了隔墙的完整大空间内，配合拆除吊顶之后的露明木格栅天花，以展现建筑的历史变迁。而三层东西两侧的大空间既将木屋架露明，也保留了屋架下方的工字钢梁加固格结构。

使用功能调整：修缮后的观象台在原有观测业务办公和气象预报演播的基础上整合进更多的气象方面的科普展示、图书阅览、互动体验等空间。底层的中部保留气象观测功能，东西两端的办公辅助大空间兼作互动体验之用。整个二层统一设置为气象科普展示，东西两侧的大展厅间以画廊式的小展室相串联。三层东西两端的坡屋顶下大空间分别为互动演播室和图书阅览室，阅览室内有螺旋楼梯与二层展厅想通。四层屋顶下的夹层空间改造为居中以拱形门洞串联的天体教室。

空间格局恢复：东西两翼拆除隔墙，恢复大空间；在加建的混凝土楼梯无法拆除的情况下，恢复二三层东段的大走廊，尽量恢复中轴对称的古典空间秩序，将观象台本身作为展示对象。

交通流线调整：拆除后加的室外消防梯后，在室内原木质楼梯无法在原址恢复的情况下，在东侧与原楼梯对称的位置增设一部钢木楼梯供疏散使用，并据此重新设计观展及办公流线。

室内历史风貌展现与当代氛围塑造的结合：观象台内部的朴素、简洁的历史风貌经多次改造后受到破坏，本次修缮在新的功能要求下对室内空间进行了重新塑造。所有室内木屋架及木格栅天花都最大限度地予以露明处理；二层展厅以剥除了粉刷的清水砖墙作为背景，结合新设计的展墙、展架等当代元素进行展示环境的重新塑造；钟楼入口门厅、大走廊等公共区域使用了和施工现场发现的马赛克铺地残片相类似的六角形马赛克铺地，并以简洁的白墙、挂镜线以及浅平穹顶天花灯槽与之呼应，以当代手法回应了观象台的历史风貌。

建筑物理性能的恢复和建筑设备的提升：修缮底层的墙身防潮；更新屋面保温及防水性能；增设消防喷淋、消火栓及火灾报警系统；采用ＶＲＶ空调及新风系统；给排水及电气系统的更新。

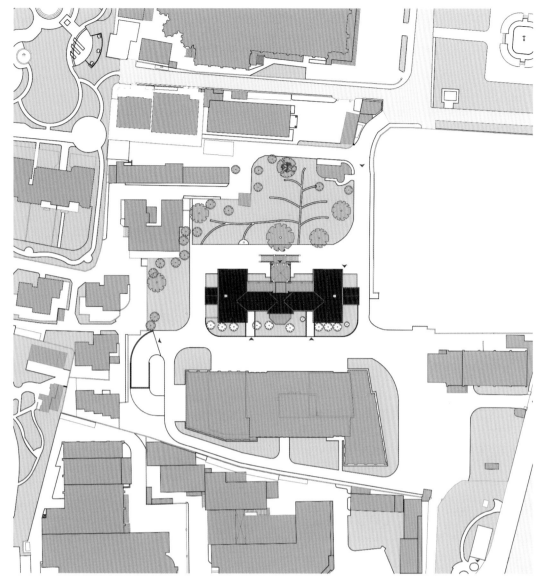

总平面图

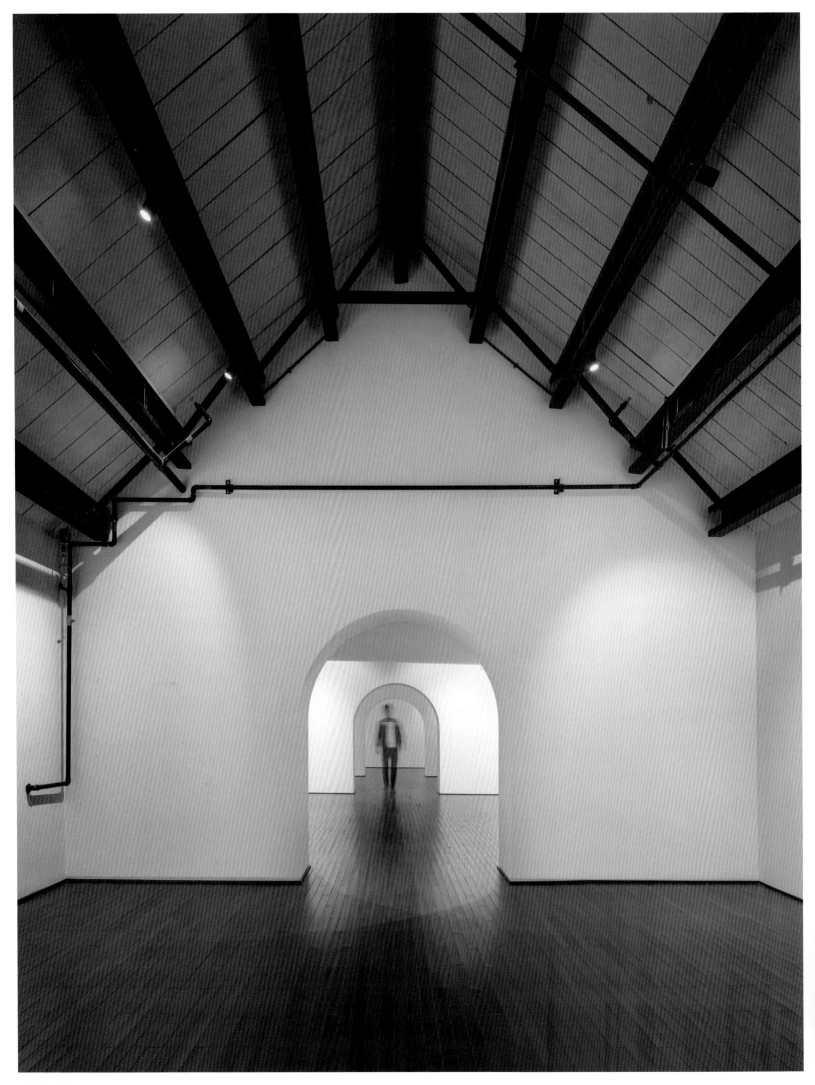

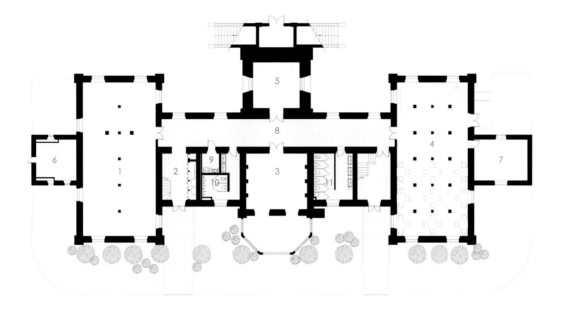

1. 图书储藏阅览室
2. 门厅
3. 气象观测室
4. 办公辅助空间
5. 气象观测室
6. 新风机房
7. 辅助用房
8. 走廊
9. 无障碍卫生间
10. 男卫生间
11. 女卫生间

一层平面图

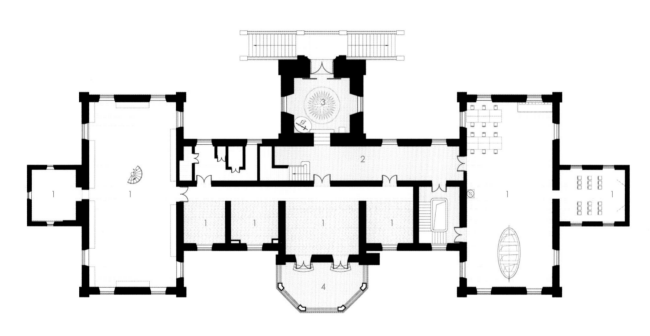

1. 气象博物馆（档案）
2. 走廊
3. 门厅
4. 室外平台

二层平面图

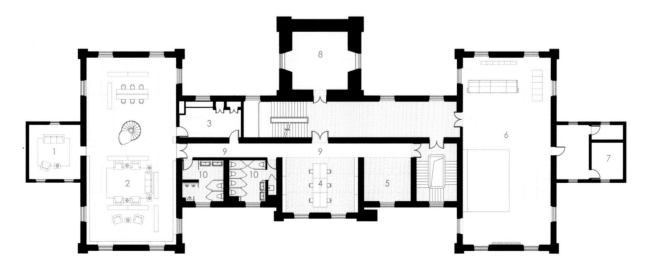

1. 阅读室
2. 图书室
3. 准备间
4. 休息间
5. 阅览室
6. 气象科普（互动演播室）
7. UPS间
8. 观测室
9. 走廊
10. 卫生间

三层平面图

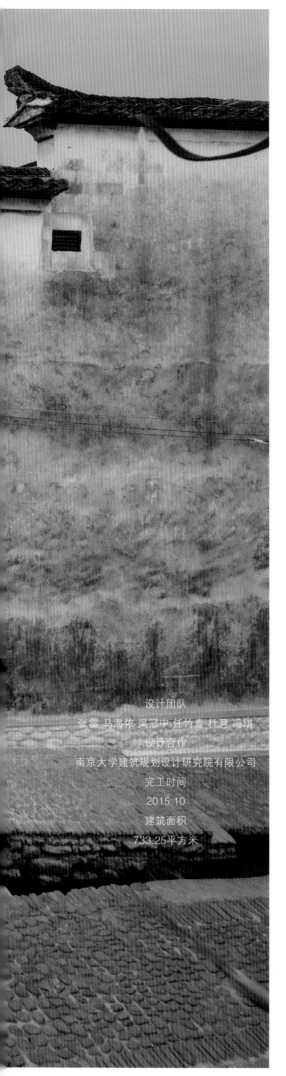

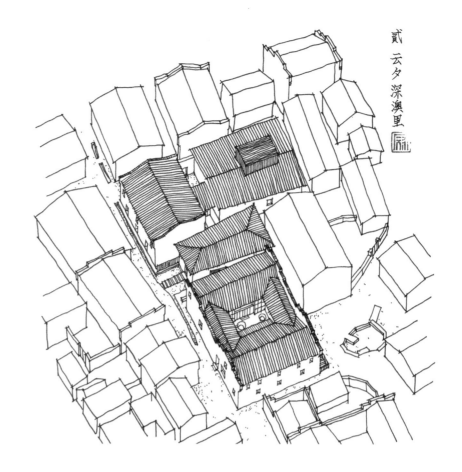

浙江，桐庐

云夕深澳里书局一期工程
Yunxi Shen'ao Bookstore, First Phase

张雷联合事务所 / 设计　姚力 / 摄影

设计团队
张雷 马海依 吴冠中 任竹青 杜月 冯琪
设计合作
南京大学建筑规划设计研究院有限公司
完工时间
2015.10
建筑面积
733.25平方米

云夕深澳里书局是"莪山实践"的首个建成作品，所在地杭州桐庐江南镇深澳古村始于申屠家族的血缘脉络，有着1900余年的悠久历史。古村毗邻桐庐县城，距杭州仅半小时车程，村中独一无二的地下引泉及排水暗渠（俗称"澳"，深澳因以为名）和40多幢明、清楼堂古建筑目前仍保存完好。

项目以村中清末古宅景松堂为主体，结合周边民居改造更新，在彰显建筑外表面历史肌理感的基础上，保留了传统建筑的基本格局和精美木构雕饰，造就了内部空间的舒适性和当代性。秉着面对传统建筑先"尊重"再"设计"的理念，设计师在室外室内都尽最大可能保留了老宅的历史形态。在新砌砖墙加固结构的同时，刻意将原有的梁柱露出，不打扰老宅的结构美感。屋内的6个土灶有3个被完整保留，并连同锅盖一起刷成白色，成为空间内的艺术装置。室内软装也都取材于改造过程中收集的老屋中原有的物件，如织布机、竹编篮筐等，作为展现老宅生活片段的一种方式。

从设计和建造角度，地方工匠的智慧以及他们的建造习惯得到了充分的尊重，建筑师向他们学习地方工匠建造技艺，而地方工匠在建筑师协助下完成一次不同道具的表演。景松堂旁的白色建筑原本是一层的猪栏。建筑师将造猪栏的卵石收集起来，在原址重建了两层的建筑作为书局的门厅。外墙的表面处理是以当地的传统人工方式将卵石之间的缝勾好，最后刷以白色涂料。在建造过程中，地方工匠和设计师的合作是公平、对等的，他们的建造习惯得到了充分的尊重。门厅的内部是一个纯白的现代空间，它与景松堂以一条玻璃连廊相连接，而它与老宅子间新与旧的对比也为人们解读老房子提供了新的视角。

整个改造过程中，设计团队都尽量理解并顺应乡村项目的特殊性。改造前景松堂里住了6 户人家，房子被隔成了许多小房间，每户人家对财产的界限划分得非常清楚。而书局大空间的使用需求要求在改造过程中拆除一些木隔板。如果一开始就把隔板

拆除，必定会遇到来自住户的很大阻力。为了缓解阻力，整个改造过程是循序渐进的，在开始动工后的很长一段时间内，大部分空间仍用隔板封闭"维持"原貌。随着项目的推进，设计师和村民相处得更加融洽，他们也开始慢慢理解并喜欢这里的变化。拆除木板之后，设计师在地上用红线示意原有木板的位置，即每户人家的分界线。这些红线向原住民的后代清楚地标示了长辈们曾经生活过的老屋在什么位置，同时也意外成为空间中的时尚元素。

云夕深澳里书局包含了对村民开放的社区图书馆、人文与民俗展示空间、地域文创产品商店等复合业态，是旅游度假、商务休憩和村民交流的理想场所，是富有故乡记忆体验型和社区人文归宿感的修心驿站。

东北立面图

西南立面图

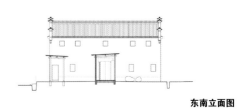

东南立面图

大堂东南立面图

西北立面图

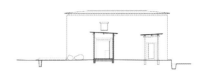

大堂西北立面图

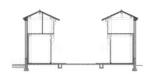

剖面图

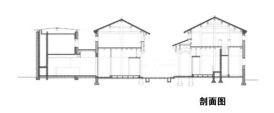

剖面图

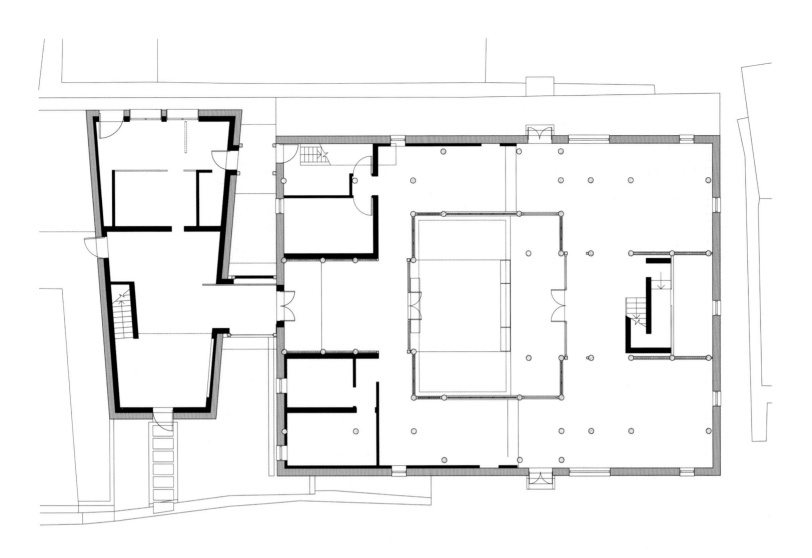

一层平面图

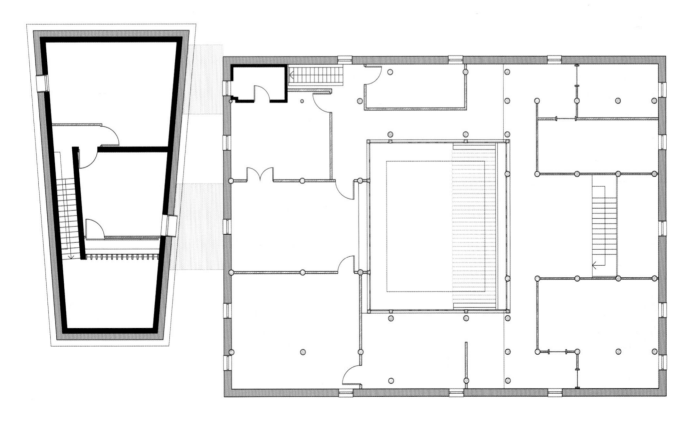

二层平面图

肆 景松堂剖面

唐山低碳生活馆位于2016年唐山世界园艺博览会主轴线南端，和南湖风景片区共同组成主轴线南侧的重要节点。唐山南湖公园改造前是开滦采煤塌陷区，昔日人迹罕至的废弃地现在嬗变为城市中央生态公园。它既是工业文明的废弃地，也是生态恢复的再生地；其自身就是一个巨大、鲜活、成功的环境治理展示成果。对于唐山这样一座工业城市，世园会的举办无疑成为唐山环境整治及城市转型的转折点，而低碳生活，便是在此转变下一个很好的切入点。设计希望打造一个兼具科普展示、绿色体验及人文生活的低碳生活创意示范区，在这里可以回望南湖的历史变迁，可以了解低碳知识，从而形成一种全新的、积极的、低碳的生活态度。

低碳生态主题花园

低碳馆建筑面积为3000平方米，不足用地面积十分之一。设计希望突破传统展览建筑"馆"的概念，将更多的展示空间移至室外，加强室内外空间的互动，从而使整个场地形成低碳生态主题花园。将"馆"模糊，将"园"放大，从园区整体关系入手，将建筑与景观并行设计，结合低碳环保技术，在场地内部形成以低碳生活馆、雨水收集公园、太阳能风力发电体验区及竹林剧场为主的四大展区。

低碳技术应用

低碳馆运用地源热泵，地道风，光导管，太阳能发电，风力发电及雨水收集等多项先进节能技术，与低碳环保紧密相关。

低碳馆薄膜太阳能系统日平均发电70度。低碳馆风力发电系统日发电量44.4度。以上两部分发电系统年发电量相加为41700度，可供20户三口之家的全年用电。减少二氧化碳排放4.4吨,其功效等同于栽种240棵大树。低碳馆一共设置4个蓄水池，共650立方米容积，蓄水后可供低碳馆内植物浇灌及中水使用。这些先进的技术不但给建筑本身带来了能源，减少了额外能耗，更是与展陈设计及室外装置相结合，将各技术的运作方式及原理直观的展现给游人。

立体的串行体验

游览者在园区内的参观流线是自由的，按照参观顺序的不同形成了水平与垂直相结合的穿行体验。设计将建筑及场地的各个空间综合利用，在有限的用地范围内使之尽可能多的与观者进行互动与交流。

低碳生活馆的覆土草坡弱化了建筑的体量，使之宛如从地面生长出来，与周边环境更好结合。建筑一层总体分为4个部分，参观游客由南侧主入口进入大厅，公共区域依次串联了展厅、休息厅及后勤辅助空间。展厅内部以"自然警示、取之有道、用之有度、南湖变迁、低碳唐山"为展陈主线。

河北，唐山

唐山世界园艺博览会 低碳生活馆

Tangshan World Horticultural Exposition - Low Carbon Lifestyle Pavilion

北京市建筑设计研究院有限公司 EA4设计所 / 设计　陈鹤 / 摄影

客户
唐山世园投资管理有限公司
完工时间
2016年2月
建筑面积
3000平方米

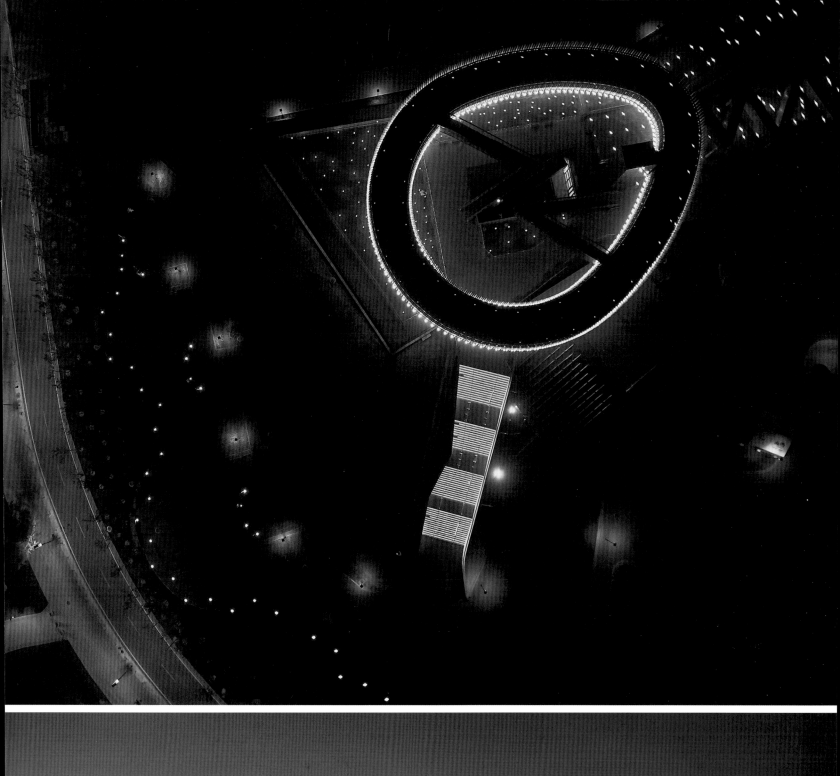

　　飘浮在"草坡"上面的,是由彩色印刷玻璃围合出的室外景观环廊,这个环悬浮于树冠之上,形成世园会标志性的眺望台。游客可以从多个方向通过垂直的游览路线来到这里,一方面将低碳主题花园的各个角落逐个收入眼中,另一方面带着对低碳生活新的感悟,从高处环顾南湖这一最大的生态改造展品。

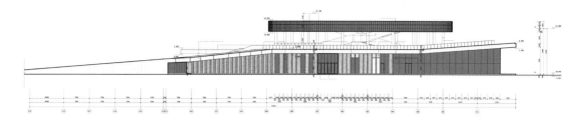

北立面图

南立面图

剖面图

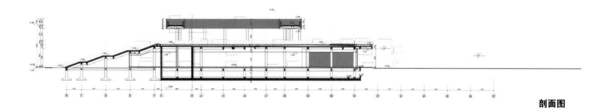

剖面图

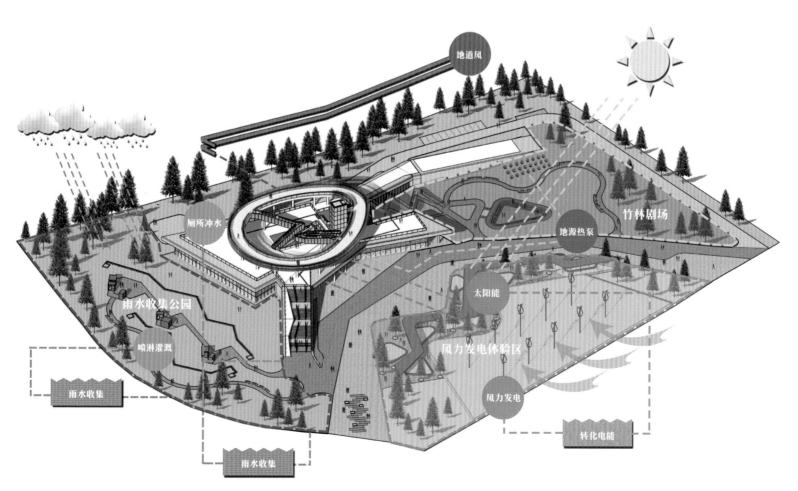

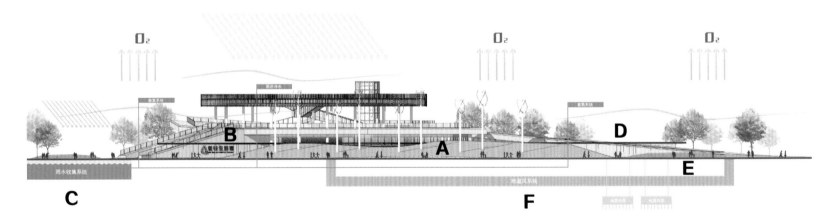

场地功能分析图

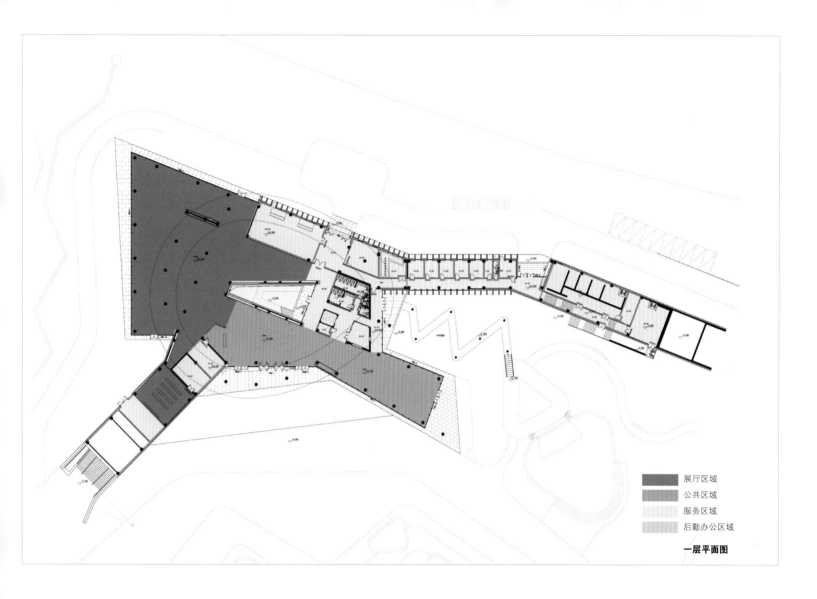

展厅区域
公共区域
服务区域
后勤办公区域

一层平面图

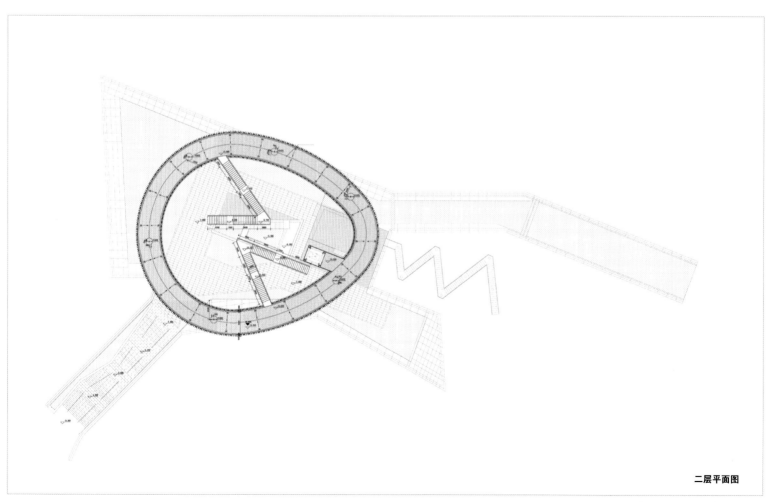

二层平面图

设计团队

王幼芬、严彦舟、骆晓怡、
周炎鑫、江丽华

设计时间

2012年

建成时间

2015年

建筑面积

140,296平方米

江苏，东台

东台广电文化艺术中心
Dongtai Radio and Television Culture and Arts Center

杭州中联筑境建筑设计有限公司／设计

东台市广电文化艺术中心地处江苏省东台市城东新区经八路核心区，西拥核心区中心景观区——东湖，环境位置十分优越。

项目建设用地面积约40,667平方米，地上建筑面积约60,000平方米，地下建筑面积10,000平方米。该项目是集大剧院、地方剧团、全民健身中心、文化广场、文化休闲、配套商业服务等功能为一体的现代建筑群，建成后将成为核心区极具魅力和人气的文化艺术休闲活动的标志性场所，促进整个城东新区的持续发展。

设计理念

1.致力于营造新区极具归属感和场所感的城市公共空间，充分注重与城市环境的整体关系，使之既与整个核心区环境相互协调，又与东湖景观区形成良好互动和融合，同时彰显自身与众不同的的独特气质。

2.充分发挥建筑的布局优势，合理布置不同建筑功能区块，组织明确、清晰的出入口及交通流线，自然衔接东湖景观区的游人路径，建立整个核心区连续的步行系统，诱发持续的活力。

3.创造怡人的、别具一格的高品质文化休闲场所，建立具有亲水特性、开放流动的同时极具现代气息的空间形态。

基地环境

广电文化中心位于东台市城东新区经八路核心区，与南边的东台市公共事业服务中心和西南方向的金融中心围绕中心景观区——东湖共同构成城东新区的核心区建筑组群。其中建设用地西侧为核心区中心景观——东湖，与核心区主干道经八路隔湖相望，南侧为通向主城区的东进路，东侧为经七路，北侧为纬一路。

设计构思

结合设计理念，我们在充分分析基地环境条件的基础上，着眼于整个核心区城市设计的整体性和开放性原则，主要从以下方面进行了构思。

1.建筑与城市环境

我们通过对城东新区尚未规划的审慎研究，根据建筑所在环境，以适宜的尺度和完整的界面来建立与以东湖为核心的公共活动场所的围合关系，以舒展轻盈的体量来表达独特的性格特征，同时彰显对场地的有力存在感。建筑南北长向布局，与竖向高耸的广电高层形成极具震撼力的形体构成，大剧院和多功能厅观众厅体块坐落在朝向西部湖景的架空平台上，并通过虚空开放的敞廊与景观渗透交融，和谐共生。

平台底层架空，自由优美岸线游走穿插在底层开敞空间，底层商业结合东湖景区的人流路径

设置，与西面东湖景观区相互对话，互为景观，在
视线及环境上相互渗透，将东湖与广电文艺中心
联系为一个紧密而和谐的城市整体同时带来极大
人气和持续活力。

2.功能布局与交通

功能布局：方案将大剧院和多功能厅面西分置
于用地南北，商业主要设置在滨水的平台底层，广电
大厦则布置在用地的东南部，建筑合理分隔了西部
的人行活动区域与东部的机动车停车场场地，同时
高敞的通廊提供了便捷的联系。

交通组织：方案通过二层平台来组织来自东进
路和东湖等各个方向的公众人流，上至平台后再进
入大剧院和多功能厅，其中主要人行入口布置在靠

近东进路的西南角滨水区域。同时底层商业架空
开放，人行可自由漫步。

大剧院车行主要通过经七路和纬一路进入基地
停靠东侧地面停车场或进入地下车库，后勤流线便
捷清晰；广电中心车行则主要通过东进路和经七路
进入基地后及时转入地下后停靠东南角的地面停车
场。人行与车行分区明确，互不干扰，保证了主要室
外空间的活动发生。

3.建筑形象

建筑形态刚柔并济，轻盈舒展，柔和的曲线
优美、大气，立面肌理自然退晕，形成中心景观公
园——东湖边上的一道亮丽风景线。

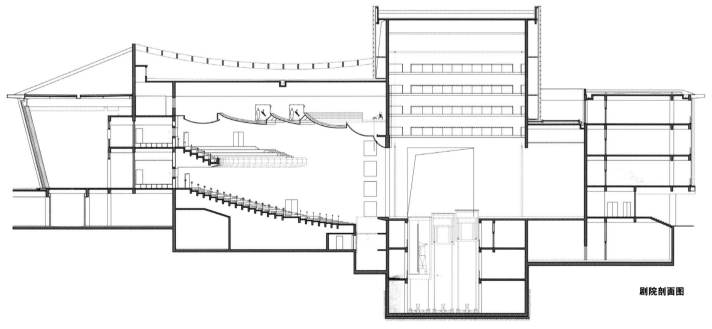

剧院剖面图

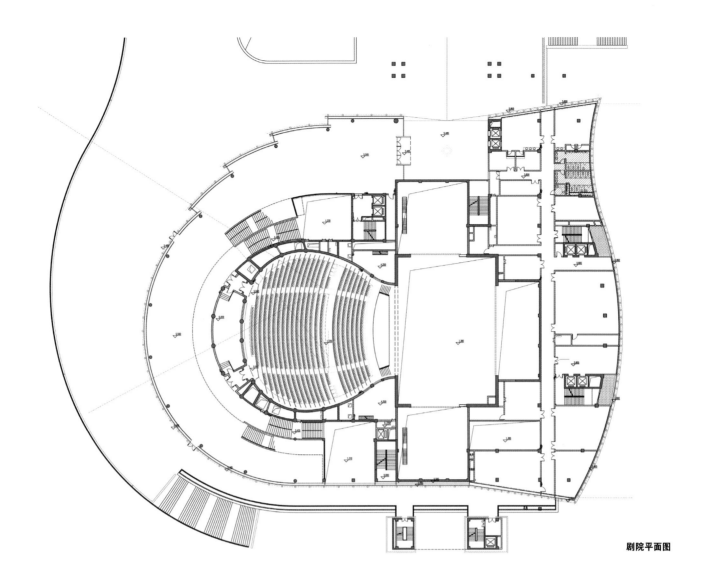

剧院平面图

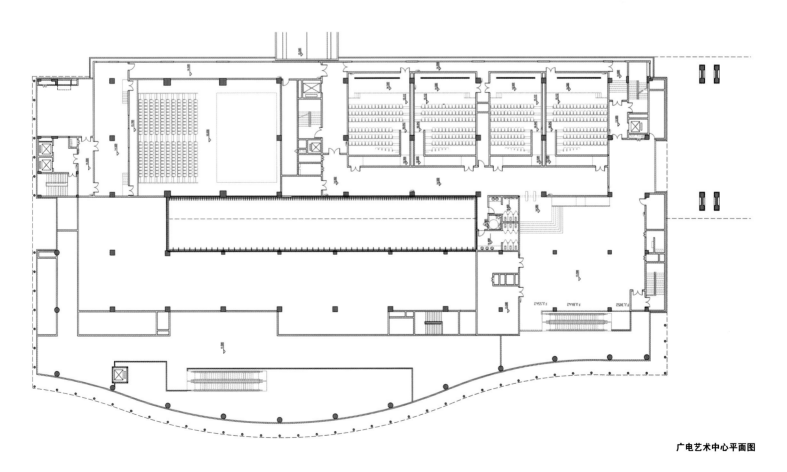

广电艺术中心平面图

设计团队
张耕、韩梅梅、杨朋振、张良
完工时间
2015.10
客户
北京市房山区园林绿化局
建筑面积
17,450平方米
使用功能
会展综合体

北京，房山区

房山区兰花
文化休闲公园主展馆

4th China Orchid Expo Main Pavilion

北京市建筑设计研究院有限公司 EA4设计所 / 设计　陈鹤 / 摄影

由北京市房山区召开的第四届中国兰花大会于2015年9月29日-10月10日在北京市房山区兰花文化休闲公园中举行。大会主展馆建筑由北京市建筑设计研究院EA4设计所设计，面积为17,450平方米。

文化博览类建筑如何融入城市的公共空间和景观体系？如何与市民的日常生活相对接？除了短期效用之外，这些建筑的长期社会、经济效益何在？所有这些，都是设计团队在主展馆设计时关注的问题。 EA4试图完成一座与城市公共空间和景观无缝对接的、多功能的且可持续利用的建筑。一座文化建筑不应该是孤岛式的地标，他应该与周边环境积极对话，在融合的前提下表达自身的特征。兰花大会主展馆位于公园入口广场及景观轴线的交汇处，周边的绿色景观、道路游览体系和公园公共活动空间，都需要在设计中从内外两方面予以考虑。

自外而内：坚如磐石般的建筑形体，通过"切

分"，在外部完成戏剧性的虚实对比效果；在内部则构成峡谷般的空间意向。"裂开"的"巨石"，通过"空隙"与多个方向的景观道路、广场相贯通，参观者在不知不觉中从室外步入展馆内部。天光和植物被同时引入岩石体块之间，形成"空谷幽兰"的空间意向，设计通过这一简单的手法，在模糊了建筑内与外的空间界面的同时，又在内外营造出截然不同的空间体验。

自内而外：磐石的中心，是一处聚集的场所。高敞的空间使这里成为展馆的核心区域，他在多个方向通过最为简单直接的方式与建筑周边的广场空间相连接，他们之间只有场所氛围上的差异，而没有空间上的割裂。活跃的室内展会氛围，通过巨石间的空透幕墙，从多个方向渗透到周边的景观中去，热烈、含蓄、神秘。夜晚，星星点点的灯光从巨石上的空洞中溢出，犹如盘绕的点点虫火，营造出一派浪漫、悠然的诗意情景。

兰花大会的举办时间相对较短，展馆的会后利用问题因此显得格外重要。展馆的中心，是一处强调互动的公共空间，由于方便抵达和良好的指向性，这一处空间即可用于公共聚集、集中布展，也可被划分重组成街道店铺式的线性空间。他所串联的，是10个相对独立的多功能模块，面积为300~1000平方米不等。他们是室内展览和活动的主要载体。这些模块以功能和空间利用率为出发点，内部空间高敞且形状规则，可以满足绝大多数类型的展览需求。他们均有相对独立的货流通道和后勤辅助用房，即可以独立使用，又可以多模块组合串联，为适应会后的多种展览和活动需求提供了多种变化的可能性。只有与市民的日常生活相对接，文化会展建筑才能避免会后转型的尴尬。不少展馆由于功能单一，且会后运营及管理只能统一处理，因此会后转型相对复杂，大多数即便有使用需求的市民也只能望而却步。而"化整为零""多功能""模块化"的设计，也许能对这一问题给出答案。

多功能／模数化空间

会时会后功能转变的可能性

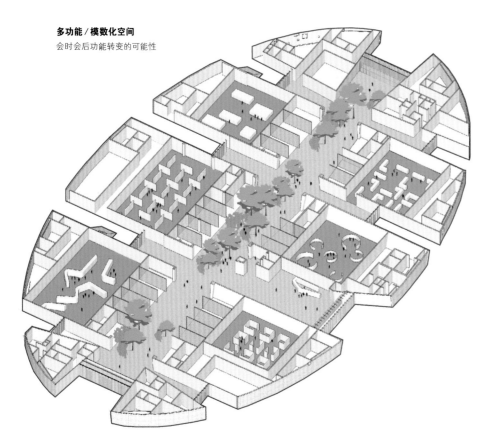

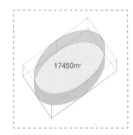

弱化建筑体量

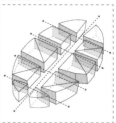

线装公共空间串联的10个模数化体块

10个各自独立的多功能空间

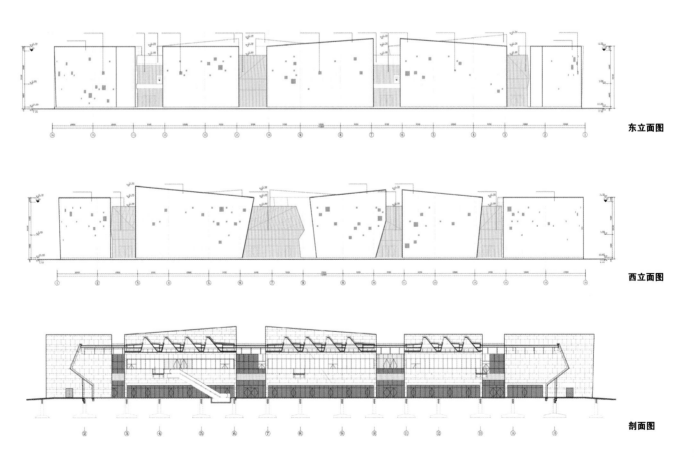

东立面图

西立面图

剖面图

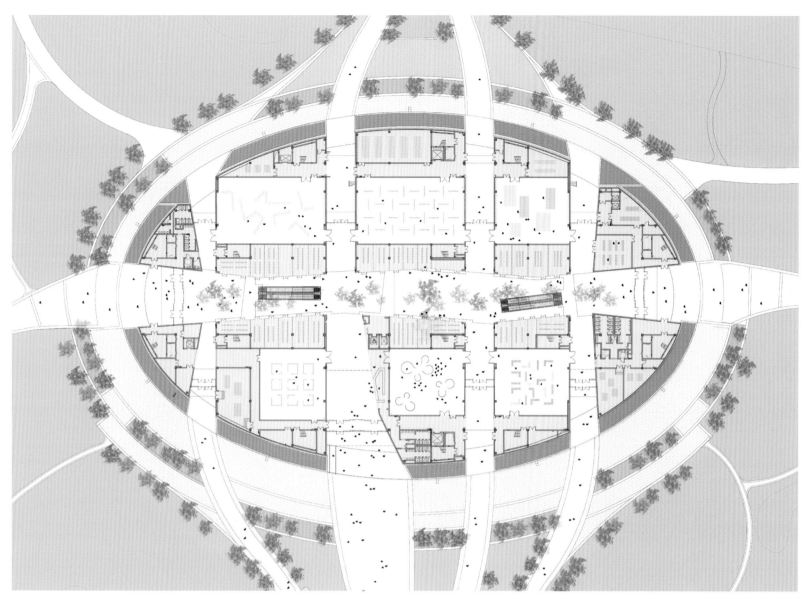

一层平面图

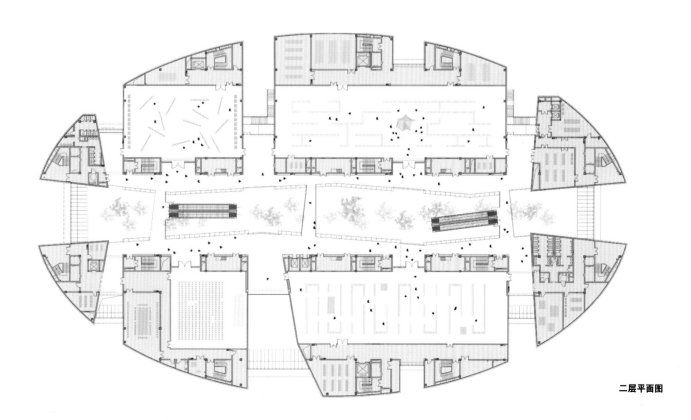

二层平面图

设计团队

于晨、薄宏涛、吴志全、曾存亮、
潘徐、李相鹏、赵明祎、郭磊、刘晶晶

设计时间

2010

建成时间

2016年

建筑面积

35,000平方米

吉林，通化

通化市科技文化中心
Tonghua Science and Technology Culture Center

杭州中联筑境建筑设计有限公司／设计

通化市科技文化中心位于通化市江南新区江南大道城市轴线最南端，交通便利。建筑基地南侧毗邻满族文化发祥的圣地王八脖子遗址公园，有良好的生态环境和山景资源。该建筑总体量不大，地块用地面积4.9公顷，建筑面积35,000平方米，但功能上包含了市属历史博物馆、自然博物馆、科技展览馆、会展和会议中心、群众艺术馆和综合服务用房和各种配套用房，可谓小而全，多而杂。

文化需要市民的广泛参与。作为当地文化的集中物质载体，能否通过吸引大众参与和关注从而最终达到弘扬文化的目的，成为项目成功与否的关键。因此，设计希望创造一座体验型的建筑，让人们感受"在体验中飞翔"的互动体验。

设计首先营造的是"人与自然"的互动。建筑采用谦逊的态度处理体型，中部下凹、两翼起翘的笔架型建筑体量柔和地留出通化母亲山的山脊轮廓。"计白当黑"的手法使自然成为主角，让山体成为轴线的终点，从而最终令建筑和自然历史和谐共处，相得益彰。建筑的笔架型体量在中部微微抬起，形成入口大厅，室外场地的多折面地景则穿越建筑大厅，直抵南侧的母亲山。参观者在不经意间获得了一条意想不到、又在意料之中的对话自然的通道，室外景观、室内景观、自然景观也在这一刻融为了一体。

"人与空间"的互动是设计的另一重点，这是一种充满视觉激情的互动美。多折面的建筑完整而富于力度，实体、虚体穿插的晶体造型又宛如刚被开采出的璞玉。整体化的处理使建筑获得了一种"无尺度"的效果，这正是用来和山体的"地理尺度"相对应的最佳选择。以通化当地的满族特色剪纸为母题的镂刻金属外立面以一种文化通感的方式、用迷幻的光影震撼地感染每一个来访者，室内空间的"隧道"、"峡谷"结合多媒体投影、电视墙、全景IMAX更令人与数字空间互动起来，鲜活起来。

通过空间的演绎，设计最终落脚到"人与文化"的互动。室内流动空间中盘旋上升的坡道被定义为时空隧道，成为多种空间和文化体验的线索，串接了自然、历史、科技三组主要常年展厅。在时空隧道中奇幻穿行，每个参观者的参观就是游历和发现的过程，就是对文化的阅读和体验的过程，就是体验、感受通化文化的发现之美。

重要的城市公共建筑，往往要肩负太多的非技术使命，宏大而纪念碑式的形态往往会成为不二的无奈选择。通化科技文化中心的英雄主义外形是"无尺度"体量处理的巧合，而无所不在的互动体验则是设计对于建筑自身"公共性"给予的真实解答。

"自然、激情、发现"这就是这座建筑给予人们的关于文化体验的散文诗。

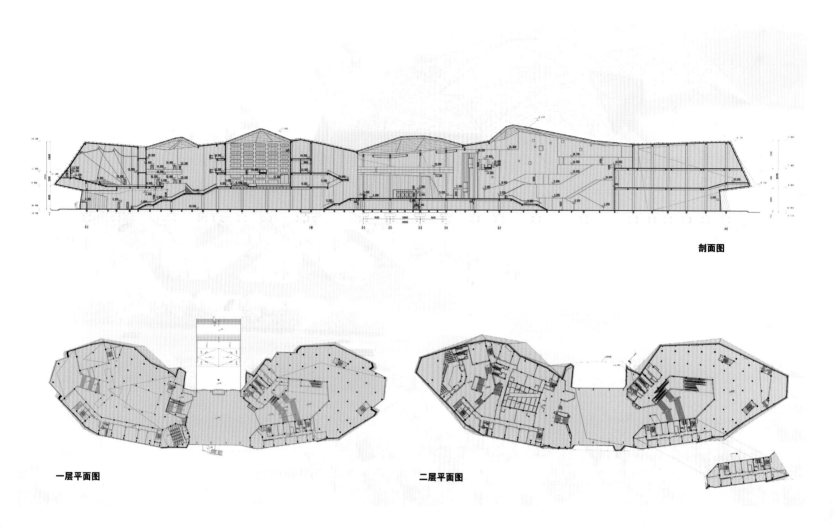

剖面图

一层平面图   二层平面图

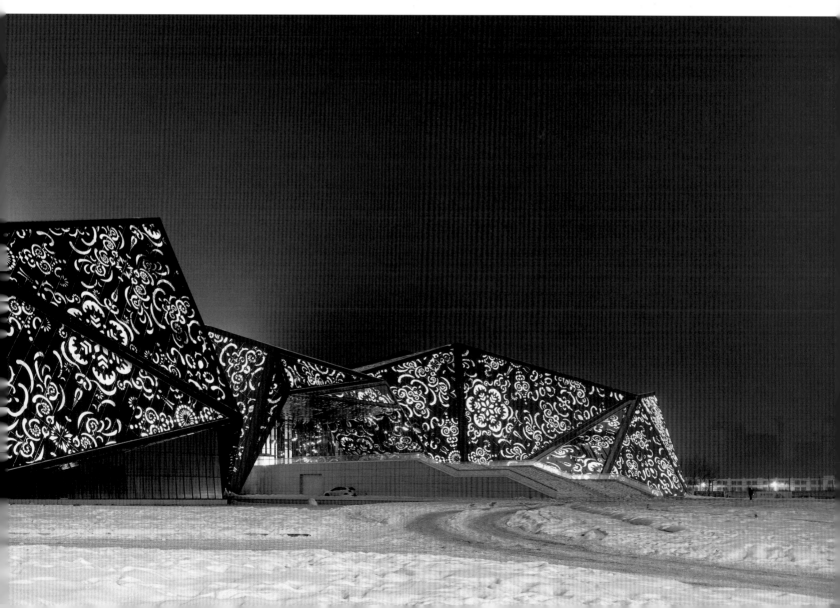

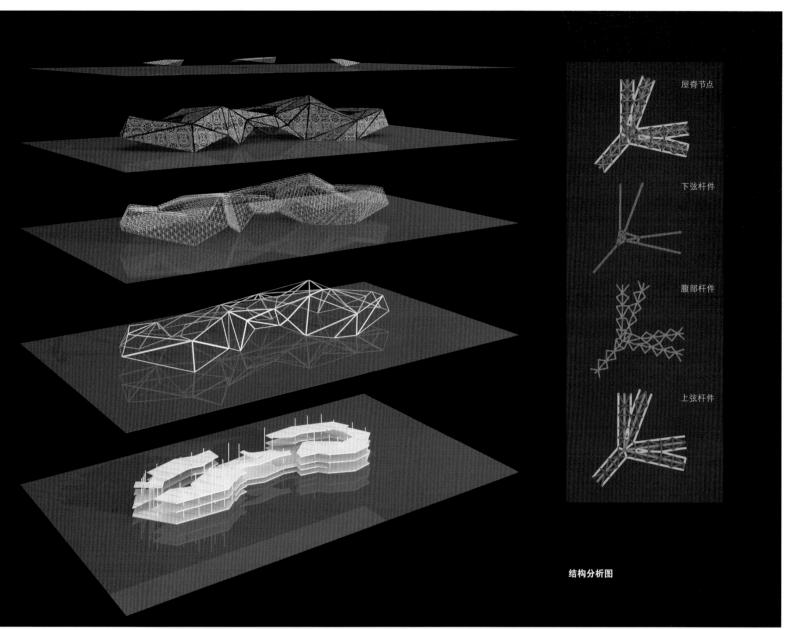

屋脊节点

下弦杆件

腹部杆件

上弦杆件

结构分析图

设计单位
辽宁省建筑设计研究院
设计团队
曹辉、郝建军、孙博勇、杨旭、
苗起、孙斌、王晨宇
面积
1252.34平方米
完成时间
2015年8月

辽宁，阜新

阜新万人坑遗址
陈列馆

Fuxin Mass Graves Ruins Exhibition Hall

杨晔 / 主持建筑师

时代背景

阜新万人坑遗址形成于1940年至1945年间，在这段特殊的历史时期，日本帝国主义为掠夺阜新地区丰富的煤炭资源，残酷奴役中国劳工，致7万多劳工死亡，在阜新市遗留4处大规模的万人坑。

1945年日本战败前夕，由于很多反映这时期社会状况的历史档案被毁，导致后人对此段历史的研究较为困难，因此，对阜新万人坑遗址的保护和研究，对揭开日本帝国主义侵略辽宁时期的历史真相，具有重要的历史价值。2006年，阜新万人坑遗址被国务院列入第六批全国重点文物保护单位，并被列为全国爱国主义教育示范基地。

2014年12月13日，国家迎来新中国成立以来第一个南京大屠杀死难者国家公祭日，"牢记历史、勿忘国耻、凝聚力量、奋力拼搏"成为对待那段屈辱历史的主题。2015年恰逢中国抗日战争胜利70周年，

阜新万人坑遗址陈列馆的设计又一次成为国人对那段屈辱历史的有力诠释。

场地现状

阜新万人坑遗址位于辽宁省阜新市孙家湾南山顶部，距阜新市区东南约7.5千米，北部紧邻海州露天煤矿遗址，场地地势南高北低。在园区入口、大台阶、群葬大坑馆舍、万人纪念广场和纪念碑之间形成了一条完整的纪念轴线，大台阶两侧各有一片50余年的松树林。

大台阶、群葬大坑馆舍、万人纪念广场和纪念碑均建成于1966年，具有特定历史时期的特殊风貌。由于保护初期在认识上的局限性，场馆在设计上并没有考虑展示问题，以致馆舍年久失修，房屋门窗损坏严重，墙皮脱落，屋顶漏水严重，且不具备消防、防盗报警等基本配套设施。万人纪念广场地面裂纹严重，大台阶局部损毁，遗址纪念碑碑体多

处开裂，碑文缺损。场地内一处区域竟出现堆放生活垃圾与工业垃圾的情况。由于南部分布大量煤矸石山，植被较差，更兼水土流失严重。

设计理念

通过对现场情况的分析，设计团队总结出3个设计难点：建筑与原有建筑和纪念碑形成的中轴线如何协调？建筑场地内地势起伏较大，如何协调建筑与山体的关系，使其既不显突兀，又能结合自然？如何保护遗址入口区域中轴线大台阶两侧现有50多年的松林，使纪念气氛得以保持和延续？

经过深思熟虑，设计团队选择在平静中传递出不平静的声音和力量，在看似平静的建筑语汇中体现对遗骸的尊重与对历史的反思，在平静中用建筑语言层层递进，将历史层层展开，在平静中给观众以更大的空间去感受并纪念、在观众心中构筑"平静的力量"。在一类文物用地内，7万无辜死难同

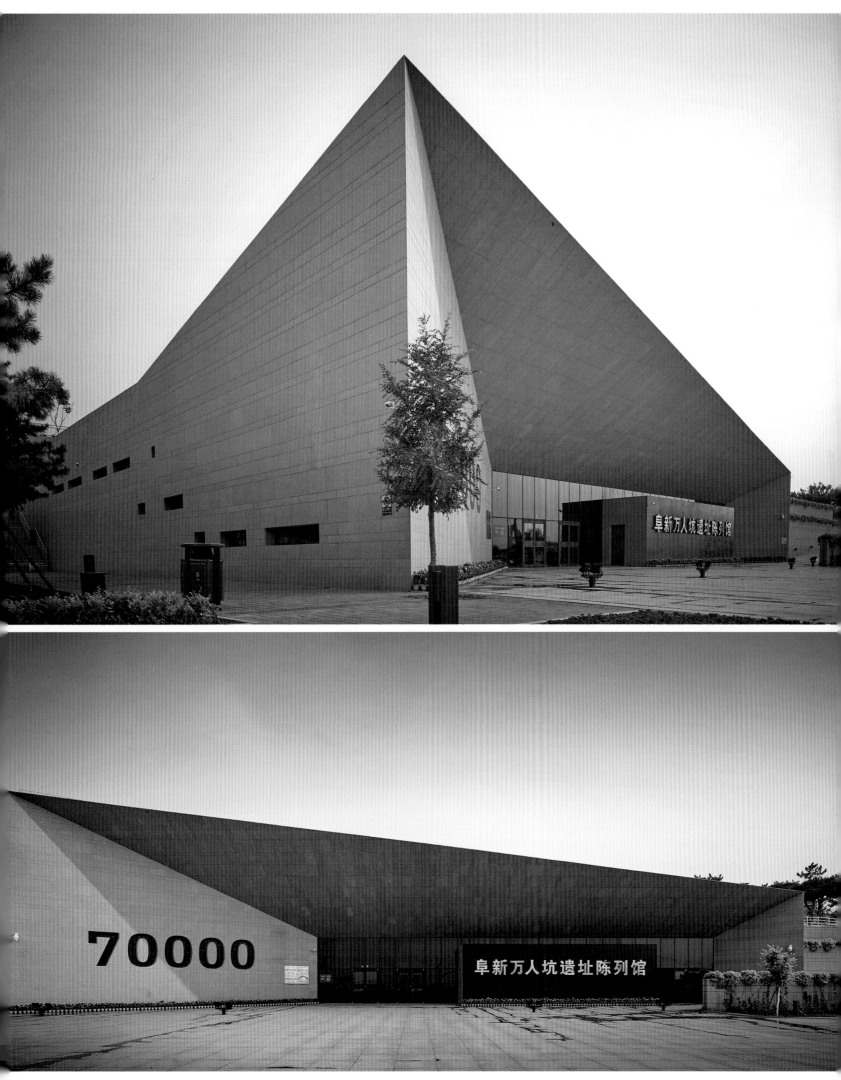

阜新万人坑遗址陈列馆

70000

阜新万人坑遗址陈列馆

胞的遗骸安眠于此，纪念馆的使命是阐释人们面对这段历史的态度，引人深思如何铭记历史、面向未来。

为了阐释"平静的力量"的设计主题，设计团队进行了多轮概念与方案的深化设计。不管是从方案选址到建筑规模，还是从建筑形式到材料选择，设计团队都进行了仔细的斟酌和精心的设计。经过向国家文物局等相关部门汇报，最终将纪念馆的建造地点选定在场地东北部，即中轴线东侧。

团队充分考虑项目所在地的历史文脉，本着对逝者、对现有环境的尊重，纪念馆的设计不管从建筑形式的呈现还是整体氛围的营造上，都采取了"化整为零"、"化显为隐"的手法，让建筑充分融入环境。团队用"平静"的方式酝酿渲染，最终迸发出一种无声的力量：低沉却浑厚、内敛却强大。

在入口处的石材墙面上用锈钢板镌刻出代表死难同胞数量的醒目的"70000"字样，内收的墙体形成纪念馆的强大吸力。建筑融入山体，山即是馆、馆即是山，使偏离中轴线的纪念馆与12米高差分6级退台的"梯田状"挡土墙浑然一体，中轴线重新回归对称、均衡的状态，强化了仪式感。

建筑流线清晰明了，由下至上层层参观，建筑气氛由低沉压抑逐见转向希望光明，最后在预示着希望的明亮尾厅中结束，铭记历史、发愤图强的象征意义不言而喻。整合后的场地不仅保留了大部分原有松树，更可补植青松翠柏，进一步烘托纪念馆和整个遗址以史为鉴、勿忘国耻的历史主题。

团队希望以这样的建筑语言诠释历史，展现面对惨痛历史的国人在平静理性的背后更为强大的力量。愿惨痛的历史永远被铭记，愿民族的灾难不再上演，愿死难的同胞永远安息，愿华夏之后辈发愤图强。

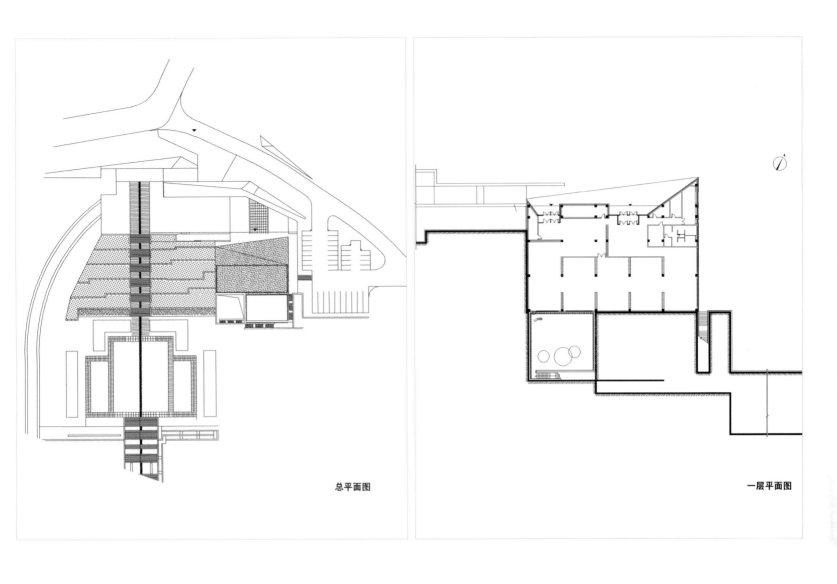

总平面图

一层平面图

业主
乌镇旅游股份有限公司
建筑师
陈强、付娜、陈剑如、郑英玉
设计团队
周明旭、戴兴刚、冯雪鹏、唐清、
吴海越、单炳亮
建筑面积
8,502平方米
竣工时间
2016年

浙江，桐乡

乌镇北栅丝厂改造
Wuzhen North Gate Factory Renovation

DCA上海道辰建筑师事务所 / 设计　艾清&吴清山 – CreateAR清筑影像 / 摄影

2016乌镇国际当代艺术邀请展主展场北栅丝厂，建于1970年，90年代没落闲置，曾见证古镇工业发展的老厂房一度被遗忘在历史的角落。改造遵循场地原有格局和空间特征，统一对原有建筑进行加固结构、翻修屋顶、更换门窗。原厂房因工艺要求设有大量窗户保证自然通风，但不利于展陈的布置，我们对部分窗户予以封堵，同时维持凹口以暗示历史痕迹。去掉内部所有吊顶，完整显露坡顶屋架，纤细轻巧的结构透出江南建筑的质朴，高大的室内空间也保证了布展的灵活。保留原有建筑斑驳的外墙面，仅用拉伸铝网将入口处最高建筑整体包裹，深灰色拉伸铝网兼有瓦和水的意象，朦胧的外观传达出现代而传统的气质。基地内茂盛的树木见证了厂区的历史和变迁，我们认为对树的尊重，是一种对待自然的哲学与态度。改造中保留了所有的现状树，并因地制宜衍生一系列与树木对话的独特处理，使建筑与环境呈现出一种更为紧密的新状态。新建的A、B、C三栋建筑以不同方式介入场地之中，与原有建筑形成有机的整体。

并置：A栋沿城市道路界面设置，并与老厂房围合形成开阔的入口区室外展场。建筑采用错动的小体量作为入口服务空间和序展展廊，悬浮于水面上的盒子呼应了乌镇的水乡意象。

契入：B栋契入两栋二层厂房之间，是沟通展区内外的媒介。一层为艺术品店和咖啡厅，既服务于展场，也向未来的街区开放；二层平台联系两侧建筑作为展区的休息和交流场所。树木穿插其中的阶梯式展台与法国梧桐树列共同构成艺术装置的室外展场。

连通：C栋通过天桥与原有建筑相连，加强了新老建筑的整体感，也从流线上贯通了整个展区的二层空间。中部的通透大厅将东西两个展区联系起来，其中东侧二层结合坡屋顶天窗采用折形大跨空间屋架，为艺术展提供了高大宽敞的室内展场。

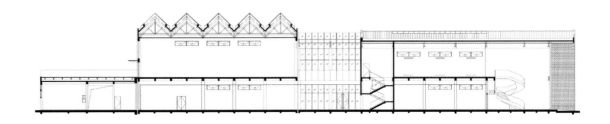

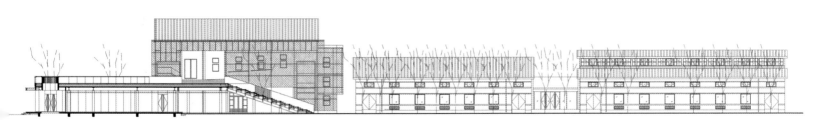

剖面图

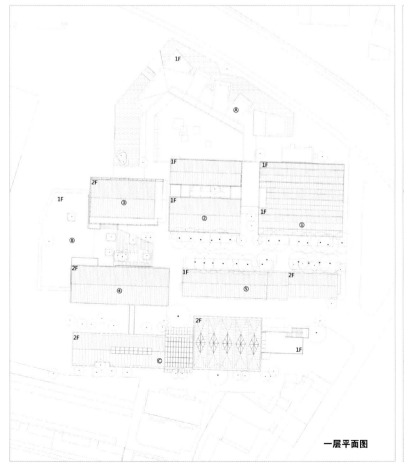

一层平面图

二层平面图

设计团队
建筑：韩力、孔祥平、王徐炜
结构：张准
建筑面积
368平方米
设计时间
2015年6月
建造时间
2015年6月-9月

上海，徐汇滨江

西岸FAB-UNION SPACE

FU SPACE on the West Bund

袁烽 / 主持建筑师　陈颢、苏圣亮 / 摄影

快速城市化过程中的微型建筑营造往往带有诸多的不确定性，它既要求最大化的利用土地，提高空间的利用效率，同时可以创造舒适空间，使得项目在不同的层面上对未来的诸多使用可能，又可以为周边城市和创造独特的空间性格和魅力。

位于徐汇滨江西岸文化艺术区的 Fab-Union Space 作为一栋 300 多平方米的小房子，是我们数字化建造的又一次尝试，它综合了我们近来对于空间、材料、设计方法以及相关施工工艺的新探索和新思考。在设计之初为了提高整个空间的效率并减少整个项目的投入，整个项目在纵向被划分为东西两个部分，东侧为两层相对较高的展厅空间，西侧为三层普通展厅空间，两侧不同标高的楼板在最大化可使用面积的同时，为展览 / 办公等未来的可能使

用情况提供相应的灵活性。楼板在山墙两侧通过两堵150厚的混凝土墙加以支撑，在中部则是通过竖向交通空间的巧妙布局，将重力进行引导，使得楼梯空间成为了整个建筑的中部支撑，使得传统意义上的结构-交通这种二元化的建筑要素得以同化。

同时交通动线和重力的传导在空间和形体上互相制约而彼此平衡，又自然的成为了空间塑形的基础。曲面将原本竖向的重力加以分散传导，而不同的曲面互相支撑又使得重力力流得以落地；整个建筑的外界面采用了极简化的透明界面加以处理，这样使得整个混凝土结构体的内部空间表现力在建筑的外部加以读出。这样的设计构思同时保证了两侧展厅的空间完整性，而中间仅有的楼梯交通联系的空间既强化了人在建筑中的动态行为，同时利用空气

动力学的拔风原理实现了整栋建筑的通风最大化，以及整个空间体量的连续性界面，使得整个空间虽小，但却有无穷尽的空间感知变化，仿佛身在中国传统的古典园林，每一步都会带来空间的惊喜。

混凝土作为可塑性材料承载了整个空间的建构特性，它施工便捷又具有易于施工的特点；对于建筑的空间曲面，我们使用了众多的先进空间几何定位方式以及辅助性的施工工具，整个建筑从设计到施工历时仅四个月，既是材料简化、工艺简化的设计策略带来的优势，也是数字化设计以及施工方法创造的奇迹。

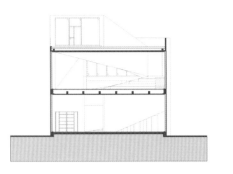 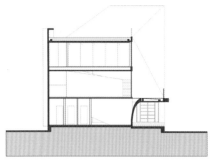 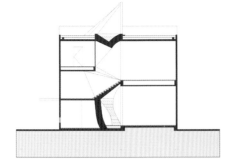

剖面图

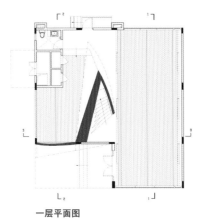

一层平面图

夹层平面图

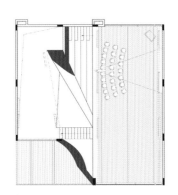

二层平面图

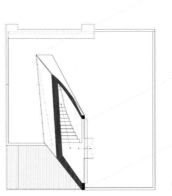

屋顶平面图

Roof FLOOR

0 1   3   5m

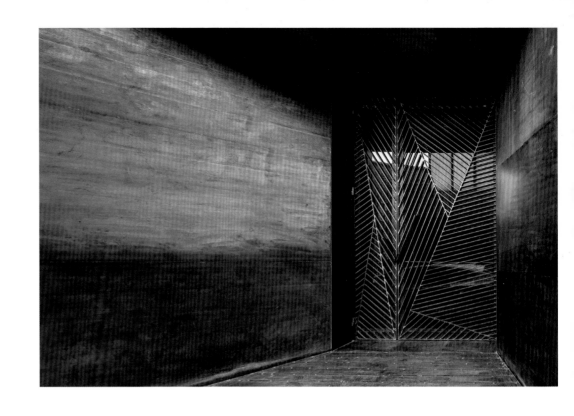

客户
北京天成英良石材有限责任公司
主要设计师
卜骁骏、张继元
设计团队
覃凯、李振伟、杜德虎、刘同伟
结构机电
经杰、李哲、李伟、成明
景观建筑师
卜骁骏、杜德虎
建造商
铜陵金丰劳务装饰有限公司
成本
280万元人民币
面积
472平方米
完成时间
2016年

北京，朝阳区

英良石材档案馆及餐厅

Good Stone Archives and Restaurant

Atelier Alter / 设计　Atelier Alter / 摄影

这是一个废旧厂房改建项目，业主想通过这个项目的落成提供一个小型的石材展示馆和餐厅等配套设施，一方面可以向公众展示不同的石材品种和加工工艺，一方面能够提供一个与设计师交流的场所。

石材是人类最早最广泛使用的建筑材料之一，人类使用石材的历史和开采、加工工艺既古老又崭新。石材作为建筑材料本身往往代表着真实、庄重、工匠精神，而在现代工业新的加工方法中，石材变得愈加轻薄、光洁，以迎合轻便、整洁的安装需求，石材在这个逐渐二维化的转变中慢慢失去了其本身的力量感和精神性，也越来越轻易地被其他人工材料所取代。

在设计的考察过程中，我们发现石材工业亘古不变的从自然到人工、从粗糙到细腻的历程中，最为有力的体现了人与自然的角力关系就是人们使用楔子或钻头连成一道开山面从而将石材一块块从自然

山体分离下的一刹那。有感于此，我们把整个7米高的厂房大厅想象成一个完整的巨石，通过一些成角度的平面切割这个空间，形成划分最基本的功能空间的界面，接着抽掉空的部分形成交通空间，留下实在的部分容纳所需的功能：展览、会议、档案等。而原来那些切割空间的平面则遗留下来成为空间之间的界面，承载了分隔或联系不同功能空间的作用。

这些界面的物质化过程是对石材本身的重新诠释的过程，这些构成界面的石材完全来自回收石材厂的废弃石料：一道由几千个10cm见方的石块形成的透光墙体隔开了这个建筑与街道，在这个界面上，有三个漏斗状的开口分别是入口、天窗和餐厅窗，这个透光墙体同时还围合了一个庭院；一个倾斜75°的入口墙面由石材工业的开山面废料叠拼而成，它给建筑的整体特质定下了基调：在这里，石块上工人的钢钎的痕迹与粗野的石头自然面交织在一起，灯光照射下每一块不起眼的石头都在闪烁着自

己的身世；一道连续的由7cm厚的毛石水平向叠拼的屏风墙分隔开一楼的展览、集会大厅和二楼的石材档案区，这两个区域的私密性的不同和展示内容的不同需要这两个空间既要隔离又要互相能够感知对方的存在。

在这个房子里，材料本身的工艺影响了建筑空间逻辑的形成，而空间又成为了材料本身表达的舞台。我们通过设计崭新的建筑构造从而使得建筑层面的空间与细部层面的材料相互交织、相互诠释着对方。钢材与石材组合的构造，其力学能力保证了在保留石材的真实感和工匠精神的同时又能摆脱通常石材构造的刻板形象，通透、悬空、倾斜、弧线被大量的使用在石材与钢材的组合构造中；而钢材的运用也暗示了人类对石材加工工具的主体材料。钢材本身的深灰色对展览的石材样品形成了衬托的视觉作用；而建筑界面上粗糙的回收石材与展览内容的抛光精细石材之间又形成了对比关系——在这

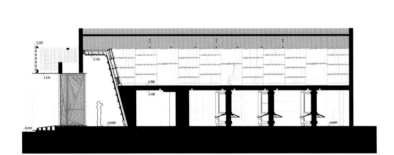

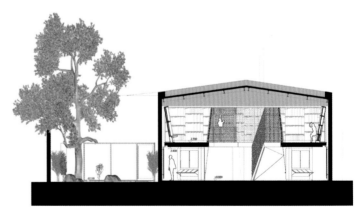

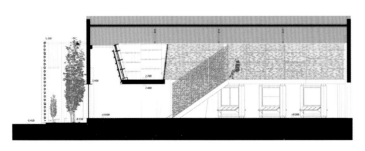

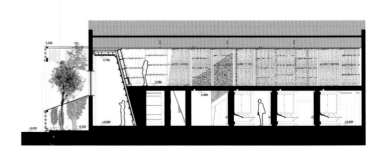

剖面图

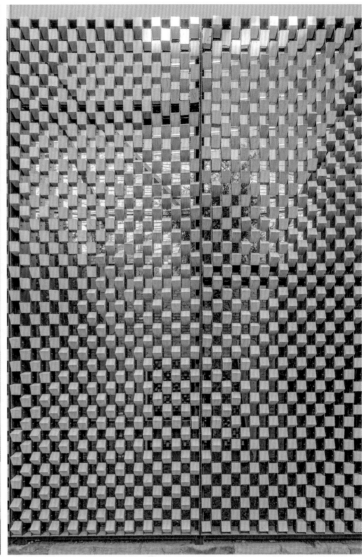

里，石材既是展览的对象，又是烘托展览的背景。

　　小型的餐厅、酒吧和咖啡厅在旁边的一个空间中类似的被几个平面分割开来，这里是设计师和石材商沟通和休息的空间，所以还融合了一个小型的图书墙。在这里，我们非常关注家具对使用者的感受，几乎用石材为原料重新设计了除椅子外所有的家具，试图展现石材在室内中的崭新的表现能力，一个绵延的织物般的石材铺地将这三个功能融为一体。

原石

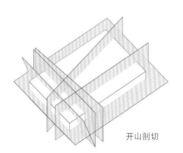

开山剖切

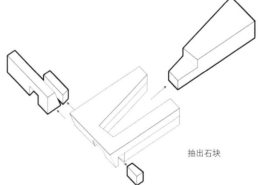

抽出石块

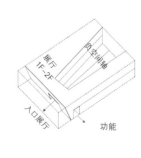

功能

展厅切割图

原石

开山剖切

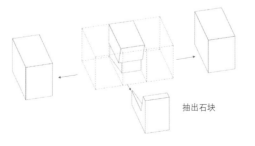

抽出石块

功能

餐厅切割图

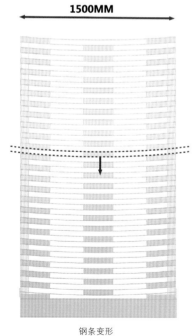

钢条变形

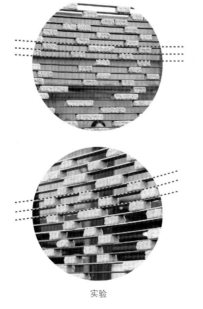

实验

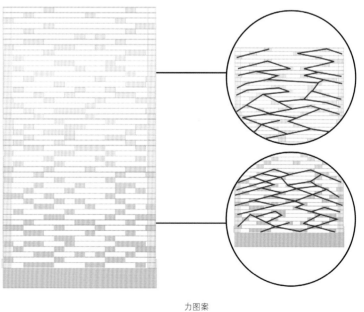

力图案

2层展厅轴测图

1500MM

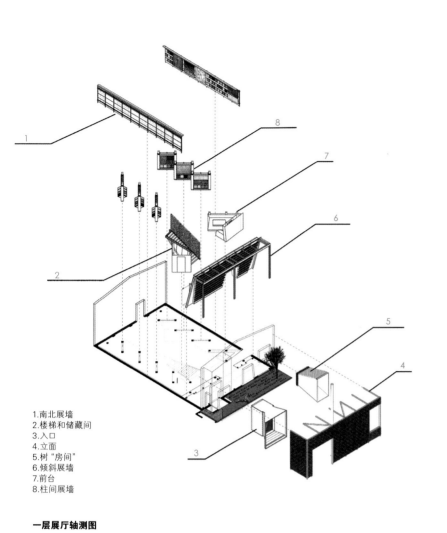

1.南北展墙
2.楼梯和储藏间
3.入口
4.立面
5.树"房间"
6.倾斜展墙
7.前台
8.柱间展墙

一层展厅轴测图

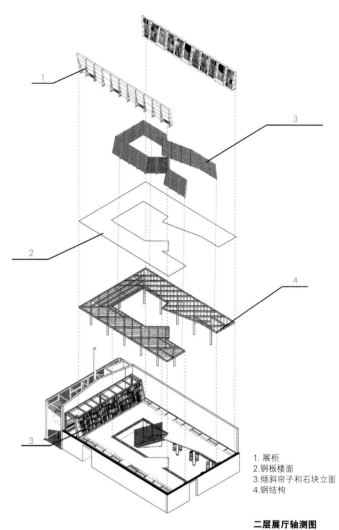

1.展柜
2.钢板楼面
3.倾斜帘子和石块立面
4.钢结构

二层展厅轴测图

一层平面图

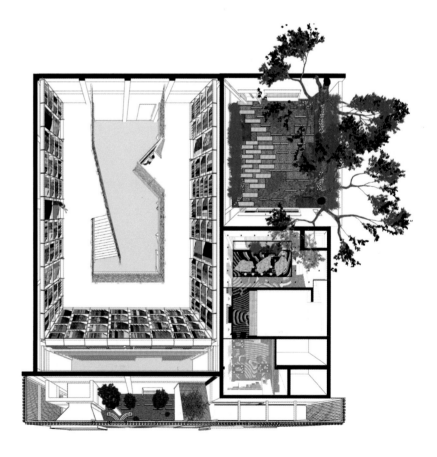

二层平面图

南方科技大学位于深圳福田中心区的西北，南边有塘朗山与城市中心相隔，北侧有羊台山环绕，两山之间还散布着西沥水库、长岭皮水库以及麒麟山等大大小小的山丘和坡地。校园内有九山一水，建筑设计彰显"厚重、节能、实用、环保"的理念，各功能组团相对集约，分布于自南向北的中央水轴两侧的山间空地上，最大限度的保留原有地貌。

书院项目位于校园南北主轴线北末端，西侧临山，东侧与院士楼隔湖相望。在设计伊始，针对南方科技大学提出的导师制（课堂之外对学生进行培养的教学方式，是对课堂教育的补充）教学模式，设计师通过模块对比研究，提出了公寓、学习、生活一体化的综合性功能组团模式。

设计布局上，设计师们根据山体等高线和水岸走向设置了由南至北的主要人行流线，南向由跨过湖面的引桥进入书院，东北侧出口则与殷商时期先民遗址相对。沿水岸线布置了四段带状的开放式空间，提供学生活动室、舞蹈室、健身房、运动室等功能。希望这里成为鼓励交流和启发灵感的公共空间：导师、不同学科的学生均可自由穿行于水岸和临山庭院之中，并在这些空间中相遇、停留、面对面的交流。

学生公寓沿东西向布局，针对南方对通风和避免东西晒的气候要求采用了节能经济的集约化U形组团模式。这种布局创造出了若干可通过架空层来建立视线和交通联系的共享临山庭院，并可利用这些庭院开口形成山体与湖面的视线和自然风通廊。同时，在公寓底层架空空间还设置了便利店、数码服务等生活配套设施。

在学生公寓中，设计了三种居住模块来应对不同的使用人群的需求。另外，除考虑居住功能外，还在除架空层外的每个楼层面向湖面的端头布置了学生自习室和活动室，为学生提供了便利的学习和交流场所。

建筑节能控制：

根据深圳所属区域的气候特点，结合相应的构造技术措施，从而优化建筑的节能效果。

（1）多层建筑进行屋顶绿化或太阳能集热设施，增加绿化覆盖率，重视屋顶花园的视觉效果，结合校园基调，创造建筑第五立面，有效降低屋顶表面的温度，达到节能的目的。

（2）对于学生宿舍、教师公寓、专家公寓、院士楼采用太阳能热水系统应用技术，并结合建筑设计，将采光板集中设置于屋顶或分散设在阳台拦板的外侧。

（3）外窗遮阳设施根据气候、技术、经济、使用房间的性质及要求等条件，综合解决遮阳、隔热、通风、采光等功能。根据建筑各面的不同朝向，结合立面设计，南向采用水平式，东北、西北向采用垂直式，东南、西南向采用综合式，东、西向则采用挡板式遮阳设施。

广东，深圳

南方科技大学致仁书院
Zhiren College, South University of Science and Technology

中外建工程设计与顾问有限公司深圳分公司／设计

开发单位
南方科技大学、深圳市建筑工务署
合作机构
奥地利Rpax设计事务所
项目规模
33,500平方米

concrete 混凝土 wooden shading 木质遮阳板

wooden shading 木质遮阳板

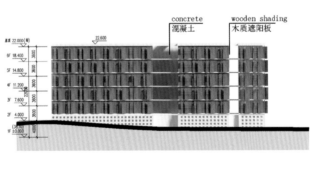

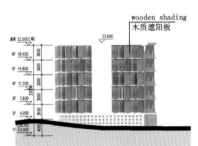

E1栋立面图

wooden shading 木质遮阳板

wooden shading 木质遮阳板

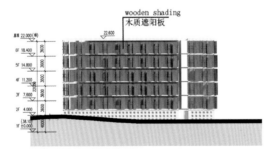

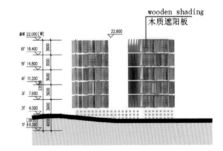

E2栋立面图

wooden shading 木质遮阳板

concrete 混凝土 wooden shading 木质遮阳板

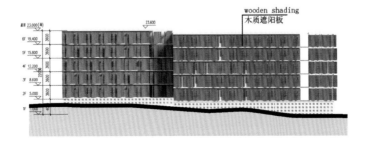

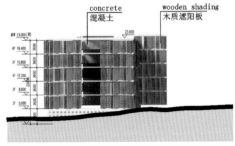

E3栋立面图

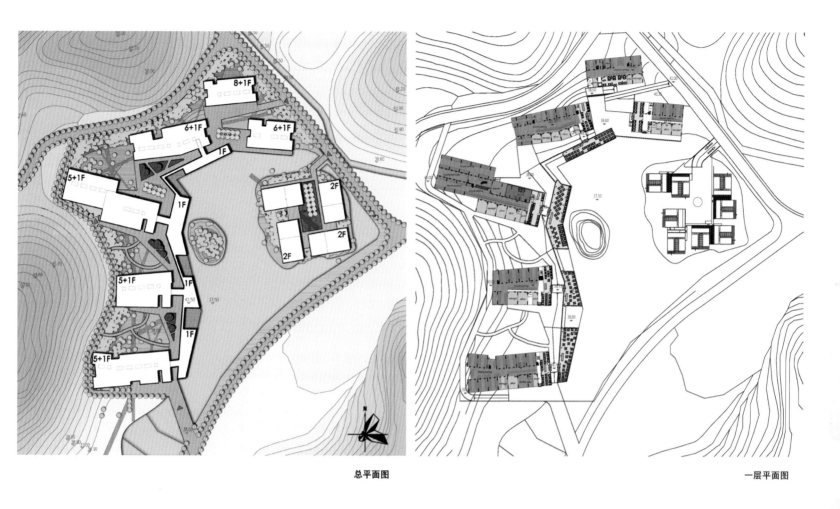

总平面图

一层平面图

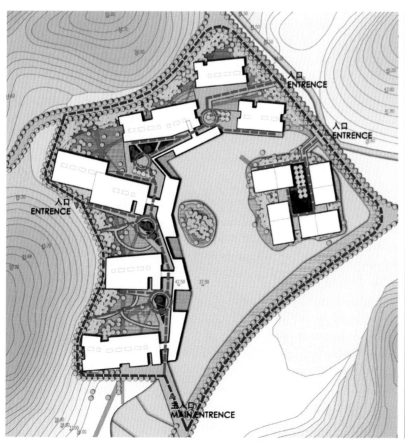

交通分析图

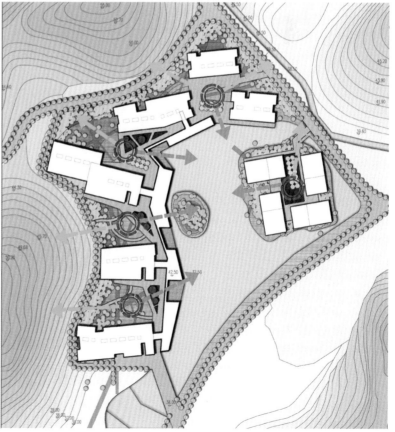

景观分析图

设计团队

周旭宏、范晶晶、王禾苗、郑庆丰、
单建春、樊永盛、王培玲、许建平、
贾勇、常虹

获奖

全国优秀勘察设计建筑工程三等奖

总建筑面积

35,019平方米

设计时间

2009年

竣工时间

2015年

山西，太原

山西大学多功能图书馆
Library of Shanxi University

中联筑境建筑设计有限公司 / 设计

山西大学多功能图书馆工程位于山西大学校园内的西南侧，规划总用地面积21,899.7平方米，总建筑面积35,019平方米，其中包括图书馆主体建筑和学术报告中心，建筑主体为四层。

山西大学多功能图书馆在施工过程中，采用了大量的新材料，如蒸压粉煤灰加气混凝土块、断桥铝合金、GRC轻质隔墙板、SBS改性沥青高分子防水卷材、防霉变涂料、S型悬挂式气熔胶自动灭火装置、自动跟踪定位射流灭火装置等；采用的新工艺、新技术，如灌注桩后压浆技术、清水混凝土施工技术、粗直径钢筋直螺纹机械连接技术、清水混凝土模板施工技术、碗扣式脚手架应用技术、断桥铝合金窗安装技术、虹吸式屋面雨水排水系统施工技术、现浇混凝土空心无梁楼盖内膜技术、粘钢和粘碳纤维布施工技术、浮雕墙面、硅藻土墙面施工技术、背栓式干挂石材墙面施工技术、现场发泡聚氨酯保温防水一体化施工技术等。在满足设计标准的前提下，有效控制整个项目的投资。山西大学多功能图书馆项目造价最终控制在5000元/m²以内。

立面图

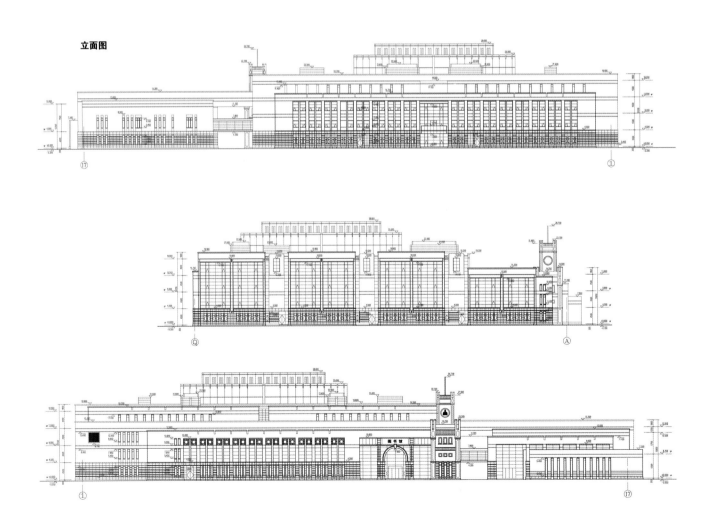

剖面图

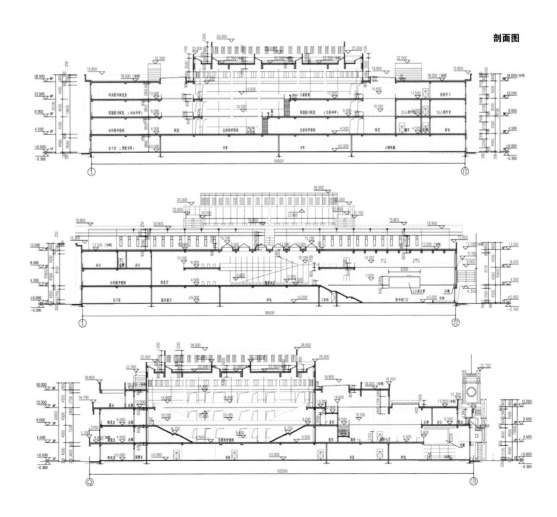

一层平面图

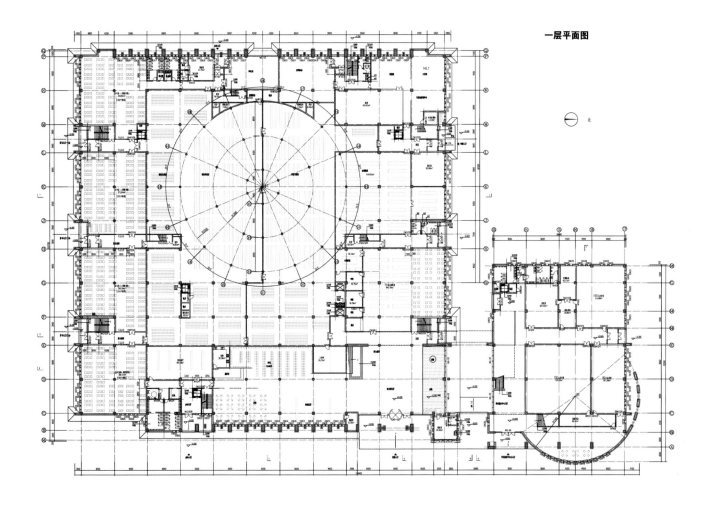

二层平面图

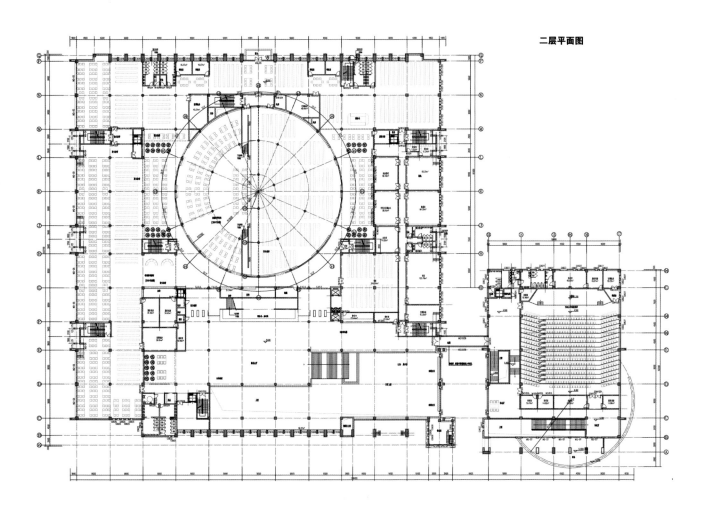

北京建筑大学新校区图书馆处于校园中央核心景观区之中，功能上包含了大学既有的图书馆，又包含了国家支持的中国建筑图书馆，总藏书量达150~200万册。基于北方城市典型正交网格的校园布局，设计之初考虑图书馆与整个校园关系，将建筑置于轴线对景之上，作为校园最具标志性的符号存在；设计采取高度集中的设计策略来实现图书馆的内在文化承载力度，以此留出宽敞的馆前多层次景观空间作为校园整个学术氛围的延伸与渗透。

建筑与环境之间亦开亦合

设计以一个69m X69mX30m的半立方体容纳所有的功能，依据周边场地出入口人流的聚散程度，对方形建筑底部进行冲切形成各向不同程度的内凹，室内与室外之间的区隔由此被打破，形成通透而消隐的底层界面。底部自由流畅的透明体量与上部方整规矩的半透明体量间的并置释放着整个形态的张力，渗透着方圆有致、刚柔并济、虚实相映的设计哲学。这里所描绘的艺术意境与传统美学追求的坚固永恒不同，整体呈现出一种具有启示阅读环境的轻盈建筑形象。

界面形与意的融合

为消除建筑与读者之间的距离感，新时代图书馆呈现开放化的设计趋势，并通过表皮的透明性进行表达。建筑立面采用菱形交汇的GRC网格包覆，在连续均质统一的菱形网格模数之中，根据不同朝向的日照及遮阳要求，进行动态调整，从而达到平衡。表皮肌理在对古老传统的建筑镂空花格窗进行现代诠释的同时，变幻出富有信息时代特有审美取向特征的立面，疏密有致。

人本位的无缝检索

阅读介质的转变、新型媒体的发展，促使图书馆逐步走向数字化与合作交流的转型。为确保知识信息的持续获取，空间关系出现了从人本位到书本位的变化，也有了连贯式检索的需求。因此北京建筑大学新校区图书馆在内部空间的组织上，则以多变性与灵活性作为空间设计的核心元素。

强化交流的策略主要体现在阅览行为流线的组织上：沿着室内中庭螺旋上升布置的楼梯是各个阅览区间的主要联系，串联起各个楼面的阅览空间。读者既可通过底层的门厅乘直达电梯到达既定的楼层，也可在环中庭阅览区内随机转换阅览楼层。双重的交通方式恰好与读者在图书馆中的两种空间体验行为——有目的的检索性与无目的的漫游性相对应。如此便为读者提供了一种"无缝"的阅读场所，使阅读和查找的行为获得连贯性，读者既能有的放矢地阅读资料，也可在不经意的漫游间从不同的学科中寻找灵感。

不同于传统图书馆单向的知识传递，现代图书馆更加强调信息的共享与交流。流动的知识，需要

北京，大兴区

北京建筑大学新校区
图书馆
Beijing University of Civil Engineering and Architecture Library

任力之 / 主持建筑师　吕恒中 / 摄影

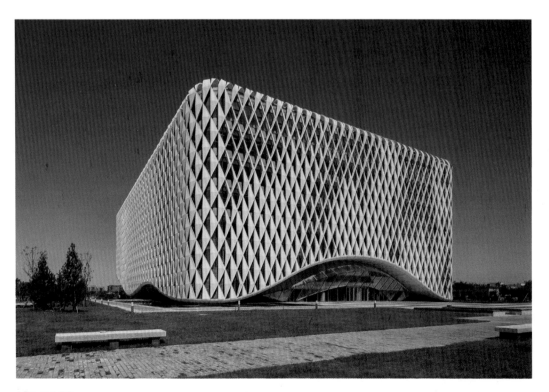

项目团队
同济大学建筑设计研究院（集团）
有限公司
建筑面积
35,625平方米
基地面积
25,208平方米
完成日期
2015年

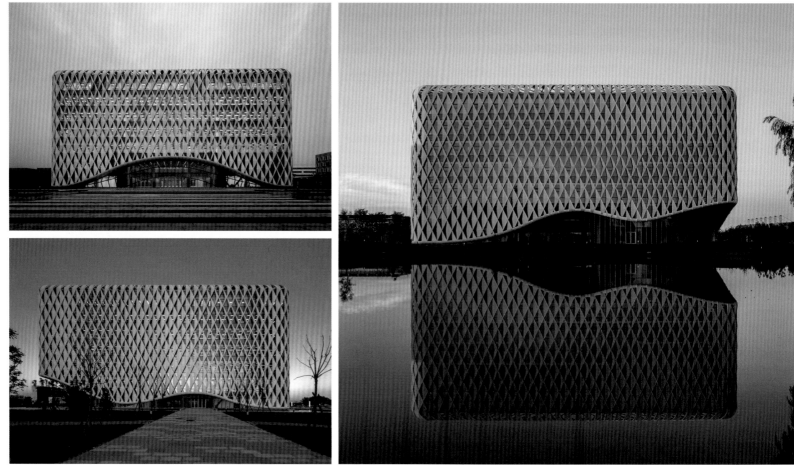

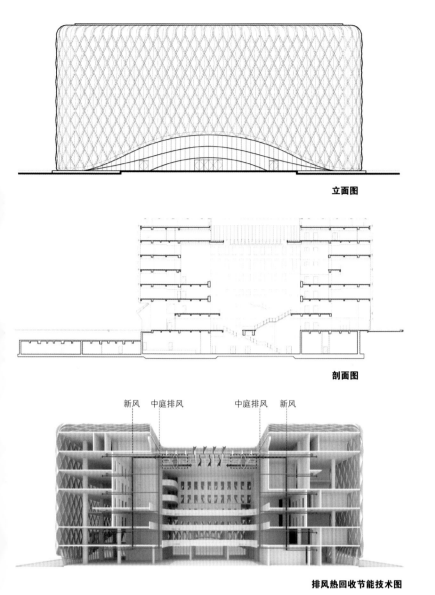

立面图

剖面图

新风　中庭排风　　中庭排风　新风

排风热回收节能技术图

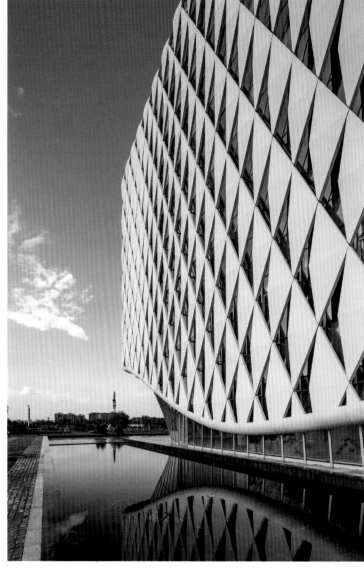

激活知识交流的创造性空间的承载：从开放到私密的阅览空间布置能够满足从协同工作到安静学习等不同的学习方式。围绕中庭展开的弹性信息共享、结合边庭排布的半开放阅览和置于顶层的小型独立自修——主题各异的阅览室以一种轻松灵活的方式螺旋形地插入到不同阅览楼层之中。在这里，分组设置的休闲座椅，体现出学术与社交活动的相互交叉与界限模糊，传达了学习研究的社会特性，推动图书馆成为校园的社交枢纽。整个共享空间的氛围营造与功能的自我升级，体现了新技术影响下图书馆空间的转型。

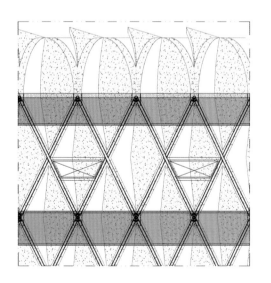

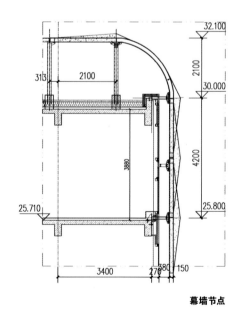

幕墙节点

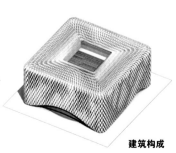

建筑构成

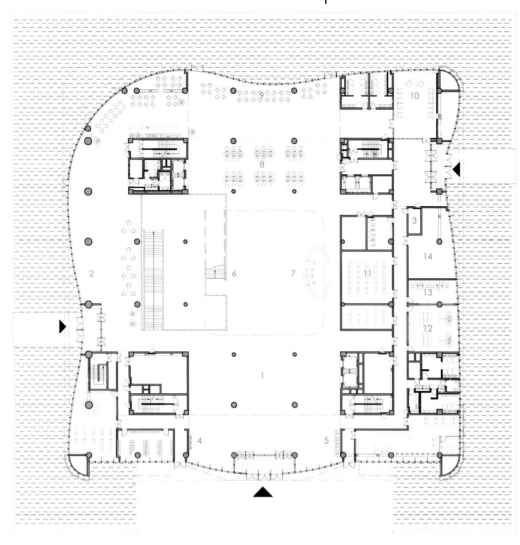

1.门厅
2.会议门厅
3.办公门厅
4.公共检索
5.自助还书
6.中心检索大厅
7.总服务台
8.休闲沙龙
9.咖啡吧
10.接待室
11.周转存储
12.采编加工
13.办公室
14.消防安保室

一层平面图

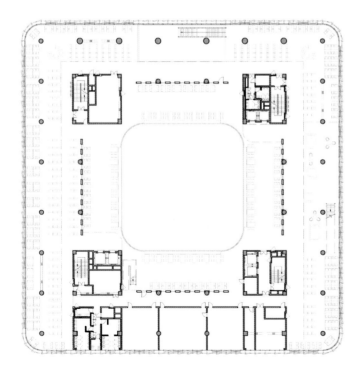

四层平面图

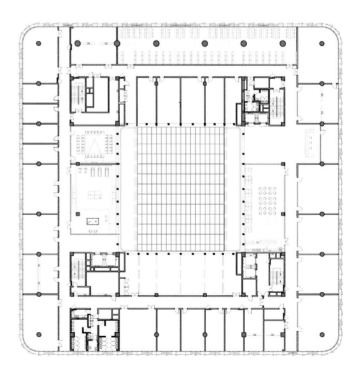

顶层平面图

项目概况

西北工业大学长安校区图书馆位于西安市长安区东大村西南，图书馆地上九层，按照使用要求分为阅览区、报告厅区、展览区和办公区四部分，地下一层，为设备用房与机动车库，建筑总面积53,631平方米，建筑总高为49.5米。

设计理念——建造一座拥有现代功能内涵的"通天塔"

西北工业大学新校区的图书馆，处于校园轴线的交汇处——东西向的主入口仪式广场和南北向的景观轴线一贯而过，在校园规划版图中，图书馆所在的这个校园心脏区域是个圆形地块，形式和位置的高度向心性暗示着大学图书馆历来所承载的校园文化精神的使命，决定了这个图书馆的设计目标——创建一个复合各部门功能使用的生理需求与师生们心中知识圣殿心理诉求的"通天塔"。

总体布局及功能分区

图书馆四个相对独立的区域——图书馆区、会议中心、展览中心区、研究生院办公区在使用功能上是相互完全独立的，各功能的体量分配也不尽相同。

建筑的生成是一个简洁明确的推理过程。首先，我们希望新的图书馆群能强化校园已有的脉络，即将东西向的校前区礼仪轴延伸入基地，成为图书馆前的礼仪广场；延续南北向的景观带，并保持南北向景观通廊的连续性。其次，根据不同的使用性质及面积要求，我们在场地中生成了三个形态简明的体块，分别为含室内中庭的U形图书馆区、矩形的会议展览中心区和含内庭园的U形研究生院办公区。三个体块中，作为主体的图书馆区的体量最为庞大，会议展览中心区对景观的需求最低，研究生院办公区较为私密性，且对景观视线的要求最高。于是在研究比较了各体块对采光通风的需求，且又能将景观优势最大化的前提下，我们将体量最大的图书馆区放置于基地北侧，体量最小的研究生院办公区则架空于基地的南侧，两个体量之间通过东西向布置的会议展览中心区基座衔接在一起。

外部空间

作为校园公共空间焦点的图书馆，其公共性的营造从来不止于内部，创造一个同样吸引人的外部空间一直也是我们在图书馆设计中考虑的主要问题之一。在这个项目当中，对室外场地的塑造从设计伊始就做为建筑建构的一部分被纳入进来。除了三个功能明确的体块，我们将覆盖有自行车停车库的室外人工草坡作为具有开放性外部空间功能的体块参与到设计体量的构成当中。这个位于东南角的人工草坡从中央景观带的水池边逐渐升起，在到达架空的研究生院办公区体块前停止，并与其形成对峙的张力。

造型及表皮设计

校园轴线的延续形成了不同体量之间的外部分界，同时也满足了建筑复杂功能的不同出入口设置要求。在基地环形边界的激发下，我们发展出将体量糅合在一起的方式：通过一道圆弧将所有的体量整合在一起，同时也对场地做出很好的回应。为了使大小不同的体量之间过渡得更为自然，我们将图书

陕西，西安

西北工业大学长安校区图书馆

Northwestern Polytechnical University Changan Campus Library

任力之／主持建筑师

设计单位
同济大学建筑设计研究院
（集团）有限公司
建设单位
西北工业大学
设计团队
张丽萍、李楚婧、魏丹、陈向蕾
完成时间
2015.7
总建筑面积
53,631平方米
获奖
2015年教育部优秀建筑设计一等奖

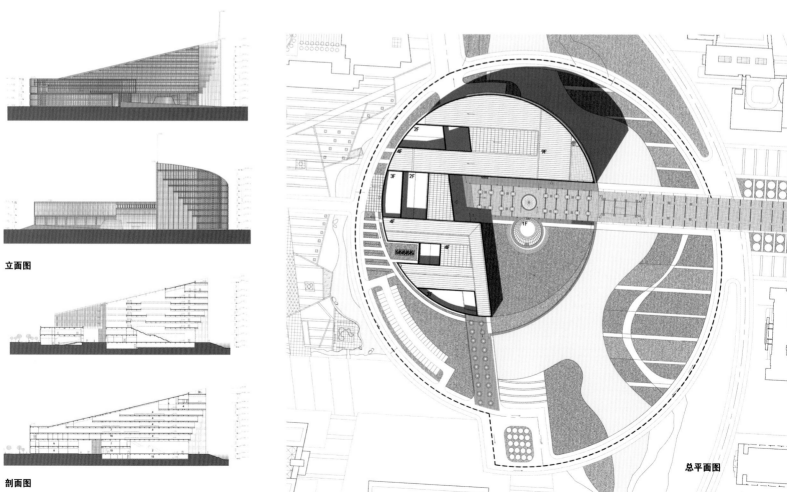

立面图

剖面图

总平面图

馆的体量做成倾斜状，并在楼顶最高处设有眺望露台。走上屋顶露台，能把校园和周围秦岭壮观的风景尽收眼底。逐渐升起的屋顶赋予了建筑拔地而起的动势，使图书馆成为校园内独特的标志，并且很好地契合了这所以航空航天研究领域为主的学校对天空的诉求。

通过整合，我们可以将建筑的表皮组织逻辑理解为由统一的圆弧形包裹和不同功能块的内切面所组成，我们将圆弧形包裹定义为外向性界面，不同功能块的内切面定义为内向性界面。建筑的建造与材料如实地反映出空间的组织逻辑：圆弧形包裹采用500mm进深、断面为三角形的银灰色铝合金竖向装饰百叶和玻璃相结合，形成对西侧和南侧阳光的有效遮挡，这片统一、简洁、连续而又有韵律感的外向性界面，它表达的是对外的整体性。不同功能块的内切面则根据功能需求采用不同的立面形式，它表达的是对内的差异性：图书馆区内切面采用石材与玻璃水平相间的横向肌理；底部的会议展览中心区，出于对其公共性的考虑，则采用尽量通透的玻璃幕墙。通透程度各不相同的立面，借助空间组织的逻辑，形成延展、转折、并置的多样化关联，创造了丰富的空间体验。

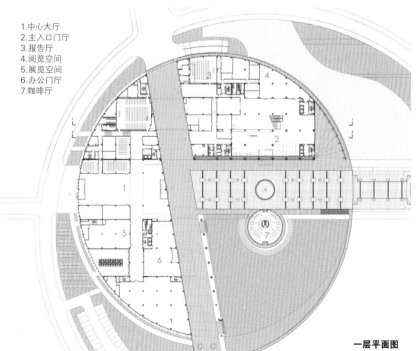

1.中心大厅
2.主入口门厅
3.报告厅
4.阅览空间
5.展览空间
6.办公门厅
7.咖啡厅

一层平面图

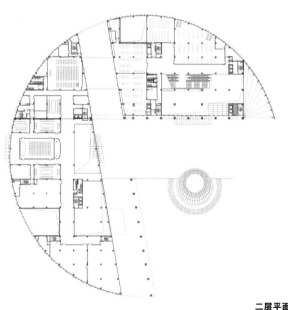

二层平面图

方案及深化设计

卢峰、陈维予、张旭、刘运娜、戴琼、
李博韬、王一名、程轲峥

建筑

魏宏杨、卢伟、余志良、刘洋、张贝
贝、敬勇

结构

谢虹、闫秋月、沈前继、彭玉萍

给排水

吴宁、颜强

客户

重庆大学

完工时间

2015年12月

建筑面积

57,322.36平方米

重庆，沙坪坝区

重庆大学虎溪校区理科大楼

Science Building of Chongqing University, Huxi Campus

重庆大学建筑设计研究院有限公司 / 设计　苏哲维（存在建筑摄影）/ 摄影

重庆大学虎溪校区理科大楼是一栋集教学、实验、办公、研究为一体的教学综合楼，包含4个学院和1个文理学部的办公研究中心。为了塑造具有地域特色的大学校园环境与建筑形态，在理科大楼的设计过程中，按照"融会贯通"的设计总体构思，将校园的自然地理格局及重庆大学悠久的发展历史与深厚的人文底蕴作为设计的主要决定因素；自然地理格局限制建筑的形态与边界，人文活动决定主要的建筑公共空间并赋予建筑更多的场所精神。

融会贯通既是大学人才培养、科学研究的核心目标之一，也是建筑与空间形态生成的理想境界，其核心思想，就是使建筑以恰当的形式，自然、逻辑、诗意地生长于其所在的环境中。在具体的设计过程中，就是以校园的自然山水格局为"底"，以活动流线、景观轴线与各种约束条件为"图"，使建筑群体形态与总体格局呼应场地环境的特殊肌理，彰显校园的山水特质。在建筑空间构建上，就是以校园特色活动为核心，通过基于活动的空间设计和相应的公共性功能混合设置，为强化不同学科之间的交流、丰富校园文化的内涵与特色提供一个多样性的展示平台，并构筑与学生个体发展历程密不可分的场所精神。在建筑形态塑造上，将空间策略与绿色建筑技术相结合，力求实现建筑的低能耗、低维护、低成本的长期可持续目标。

总平面设计

通过对重庆大学虎溪校区学生日常学习、生活等行为模式的实地调研和大尺度的校园环境分析，在总体布局中将标志亭、南北两端山体的制高点、场地东侧规划的景观水池等近景要素作为设计的主要约束条件，编织建筑生成的网格与边界，由此呈现出"一轴、双院"的空间格局。

在建筑群空间结构构成上，以南侧公共广场为起点，以校园标志亭为视觉引导要素，形成贯穿场地的景观与步行通廊，将南侧学生宿舍区与通向学子湖的校园规划道路相连接，不仅优化了整个区域的校园步行网络，而且也加强了场地内部的可达性；在此基础上，以景观通廊为轴，创造出两个相对独立、可吸引人停留的半开敞庭院，并以庭院为中心分别布置各院所单体建筑的出入口；由此形成的折线形空间布局，也使所有高层主体建筑在保持良好朝向和互不干扰的前提下，均拥有非常开敞的景观视野和主要景观视点。

建筑功能布局与内外空间设计

理科大楼的使用主体——文理学部根生于重庆大学建校初期的文学院、理学院和商学院，是重庆大学人才培养与科学研究的基石；其80余年来枝繁叶茂的发展历程、巨大的人才培养成果和丰富的校园活动，构成了重庆大学校园文化的核心；因此，文理学部的科学研究空间，同样也应是培养高素质人才、创造新的校园文化、提升校园凝聚力与归属感的

重要平台；另一方面，文理学部下属各学院组成的特殊性，决定了其学生学习与业余活动的多样性、普及性和全年分布的特性；因此，在空间节点设置上，首先根据文理学部各院所的专业活动特点，勾勒出校园一年四季的主要活动内容，并围绕建筑裙房的公共使用需求，设置与各种活动相匹配的室内外空间与景观场地；其中，参与面广、受季节影响较小、与日常生活与学习关系密切的校园活动及其特定空间设置，是设计关注与着力的重点；本案利用东侧的绿化斜坡，设置了连接地面与裙房屋顶的连续步行道和不同标高的停留、观景空间，使之与学生活动中心的公共设施一起，共同构成校园主题活动的核心场所，并强化了不同使用群体的感性认知与归属感。

为了突出实验空间与研究空间的日常化、生活化，在满足实验、教学、办公、研究等空间使用与管理要求的前提下，尽可能模糊各院所内部功能分区的界限，强调空间使用的便利性、可达性与人性化，以体现当代实验教学空间由单一功能向复合功能转变的发展趋势。在高层主楼与底层裙房之间利用局部架空，形成多个景观与可达性较好的半开敞空间；半开敞建筑架空层和斜屋面上的条状采光中庭，既为组织小范围、临时性的院系活动提供了条件，又减少了建筑内部空间的封闭感，有利于促进不同院系之间师生交流活动的开展。另一方面，公共性设施集中布置在建筑裙房，并在面积与流线组织上提倡"一专多能"，核心目标是通过灵活的使用方式提高建筑空间的使用效率与共享性。

生态设计策略

在设计方案形成过程中，利用日照与通风软件，对建筑体量、朝向、通风等节能要素进行了多方案的比较；各建筑主体基本上处于夏季主导风向上，且具有良好的朝向的基础上，同时，通过简洁的形体设计、紧凑叠加的功能布局、根据日照特点而形成的不同建筑立面表皮、将封闭交通体置于建筑西侧以遮挡西晒、结合夏季建筑阴影的庭院绿化等因地制宜的生态设计策略，打造出适应夏热冬冷地方气候的室内外空间及空透、轻盈的地域建筑特色。建筑内部空间设计也结合当地气候条件，通过底层架空、条状中庭、空中绿化庭院、变进深建筑平面布局等空间措施以及可调节遮阳、复合型维护结构、通风窗等局部技术手段，实现被动式气候调节，创造高质量的室内环境条件。而结合特定活动的全覆土绿化屋面设计，不仅显著提高了建筑屋顶的隔热保温效果，也有效拓展了高层区域的室外绿化面积，营造出一个独具特色的公共开放空间。

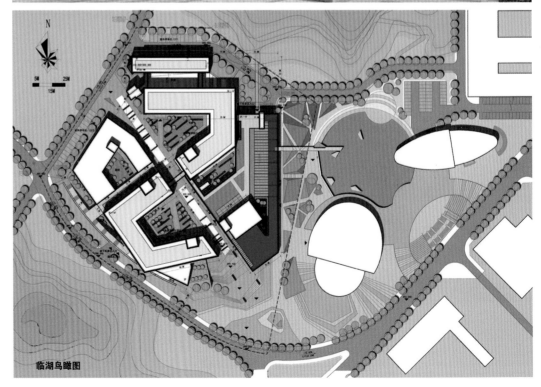

临湖鸟瞰图

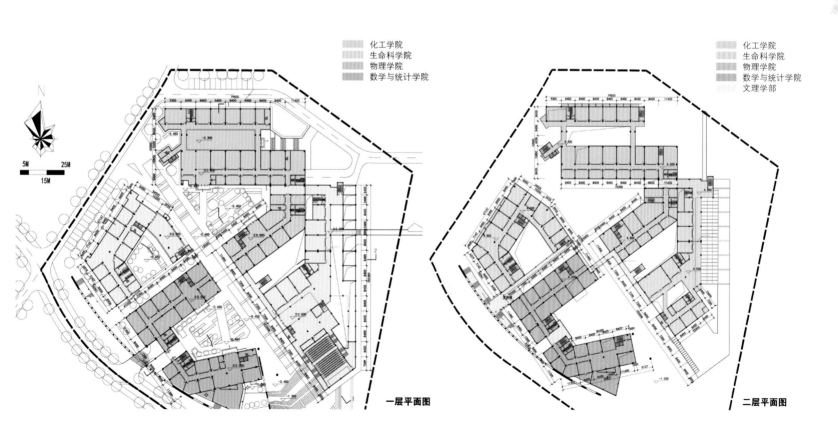

化工学院
生命科学院
物理学院
数学与统计学院

化工学院
生命科学院
物理学院
数学与统计学院
文理学部

N

5M   25M
15M

一层平面图

二层平面图

设计机构
北京市建筑设计研究院有限公司
第六设计院
设计团队
褚奕爽、王英童、王璐、杨帆、李楠、
张晋、王芳、郭雪
项目类别
教育建筑
建筑面积
530,500平方米
建成时间
2015年9月

北京，昌平区

一六一中学回龙观学校

Beijing NO.161 High School Huilongguan School

石华／主持建筑师　夏至／摄影

北京一六一中学回龙观学校位于北京市北五环外的昌平区回龙观镇，项目历时五年的设计与建造，于2015年10月23日正式投入使用。作为北京市旧城保护定向安置的重要利民工程，这所学校对北京市旧城市民的疏解和外城区域的良性开发起着积极的作用。北京一六一中学回龙观学校肩负着为向外迁移的旧城市民提供优质教育资源的使命，需要设计体现当下教育更加开放与可持续性的理念与趋势。

项目选址于高密度的居住开发区中，周边高楼林立的状态迫使校园成为"孤岛"。为了应对这种高压环境、突破单一居住功能的局限性，学校应该同时具有面向城市的校园归属感和学校自身的开放性。

空间布局

场地形态限定了校园基本的活动场地与建筑群的基本空间关系，即安排在西侧的400米运动场和东侧的教学建筑。选取"围合式院落"作为空间

设计的原型——传统的院落空间在面对城市具有的内向性和面对自身具有的互动性方面与这个项目希望达成的愿景是相似的，形成由两栋教学建筑围合形成的矩形庭院式校园空间。

我们将一些具有校园现实意义的功能空间与校园中央庭院空间进行了整合，这其中包含了下沉的露天剧场、绿色的庭院、交往的廊道、开放的活动平台、共享的活动空间等内容。这些内容与中央庭院交织在一起，一方面丰富了院落的空间尺度，另一方面，它们相互呼应，共同构成了这所校园"看与被看"的开放性的公共空间。整个校园的功能空间围绕这个开放式的中央庭院空间展开，师生在校园的任何区域都能清晰的感受到校园核心公共空间的存在，并随时与之发生着互动。

功能组织

将更具有公共性的教学空间（运动空间、图书

馆、餐厅、合班教室等）安排与庭院更为接近的区域（建筑的首层、二层和地下一层），它们与变化的院落空间一起共同构成了校园的开放空间系统，这个系统通透而具有互动性，不同的校园公共活动在这里相互影响，互相促进。单元化的教学组团被安排在二层的局部和三层以上的区域，相对宁静，这些教学单元在视线上与中央的开放式庭院进行着最大可能的连接，使整个校园成为一个可以随时发生联系的整体。

与城市的对话

在面对周边高密度的城市方面，这所学校不是完全封闭的，回避城市的繁杂不是一个当代校园面对城市问题应有的姿态，这个校园需要与周边高密度的环境进行对话，但需要是适度的，它需要感受城市的存在，也应保持自身独有的校园特征。设计通过建筑形态和空间的变化，在校园中建立了两条校园与城市连接的空间系统，这两条系统通过

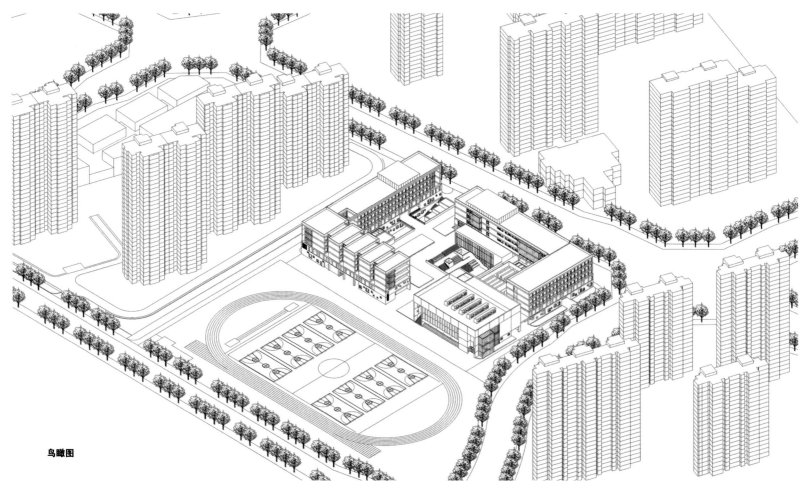

鸟瞰图

一些可达的路径（或是空间的、或是视线的），使校园与城市产生了互动，这种互动具有一定的内敛性，城市与校园之间既相互感受各自的存在，又保持各自的属性。

材料

由于北京市教委明确了北京市中小学建筑不能使用面砖类易发生脱落的材料，因此这个学校在建筑材料的选择上没有使用那些具有特殊表现力的材料，朴素的褐红色涂料呼应了周边高密度居住区的场所感。在建筑具有公共性的首二层和地下庭院区域，外墙采用了相对明快的灰白色，界定了空间上的不同区域所代表的场所属性，另外一些明快的色彩也被穿插使用在了具有标示意义的灰空间中，一方面提示了空间的重要性，另一方面也为校园带来了青春气息。

绿色与可持续

由于校园用地有限，大量的学校使用空间需要安排在地下。如何在创造校园开放空间的同时为这些空间提供足够的光照，对于师生在这些场所中的活动都具有非常积极的意义。设计通过下沉庭院、共享空间和不同类型窗的处理，将变化的光线融入到校园空间的塑造中，通过营造空间的连贯性和光线的引入，将地下空间和地上空间自然的衔接在一起，让身处其中的师生始终沐浴在洒满阳光的校园空间当中。

21世纪的中国当下，环境与可持续性已成为最受人们关注的问题。作为教书育人的场所，学校本身的绿色设计策略对于在这里生活的学生具有非常现实的教育意义，校园空间中的每一处悉心的设计都将对未来的社会产生长远的影响。

随着校园的投入使用，这所学校将迎来它真正的主人，同时学校也迎来了它真正的检验，希望设计用心营造的空间场所，能够真正像设计最初构想的那样，贴近师生的学习生活，为孩子们在学校更加健康的成长带来动力，也希望这样一座校园能为在这里度过人生最美时光的孩子们留下一些生动的记忆。

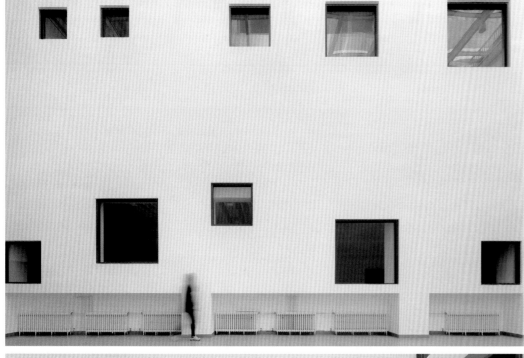

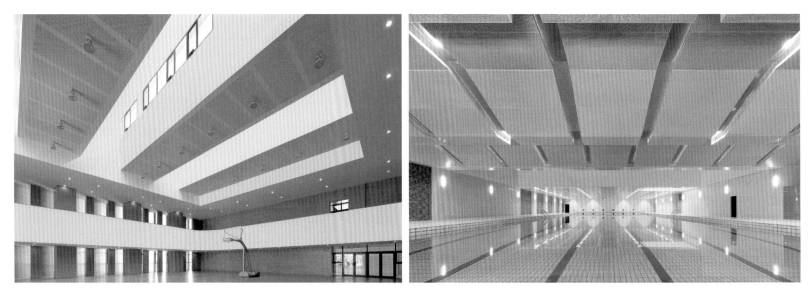

1.大厅
2.排练厅
3.教室
4.教工食堂
5.办公室
6.会议室
7.科研室
8.安保室
9.医务室

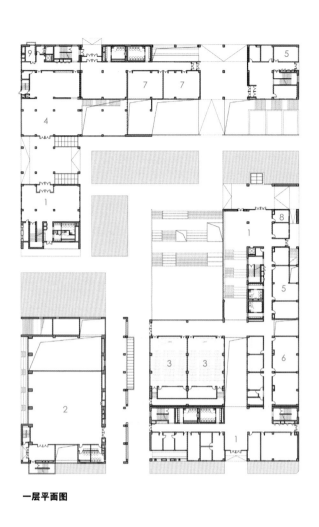

一层平面图

1.教室
2.实验室
3.准备间
4.教师休息室
5.管理员办公室
6.健身室

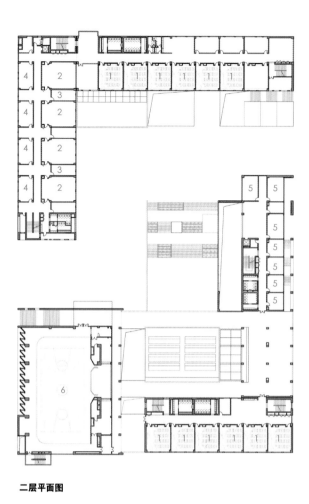

二层平面图

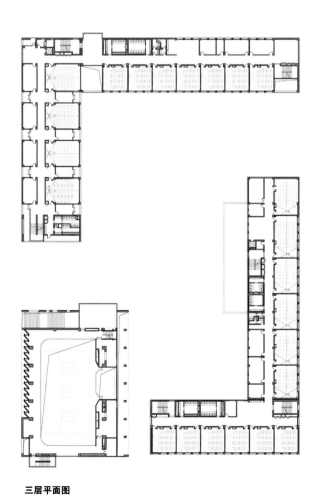

三层平面图

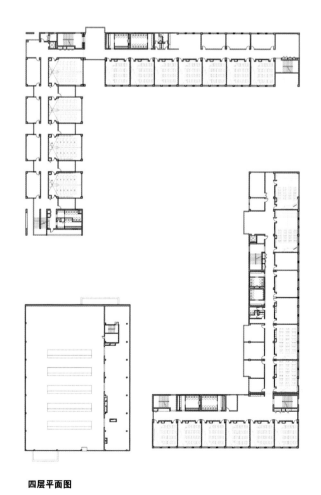

四层平面图

设计公司
张玛龙＋陈玉霖建筑师事务所
结构工程师
王俪燕结构技师事务所
能源与设计顾问
澄毓绿建筑设计顾问
占地面积
28,744平方米
建筑面积
6,208平方米
总建筑面积
23,490平方米
结构
钢筋混凝土、钢
建成时间
2015年8月

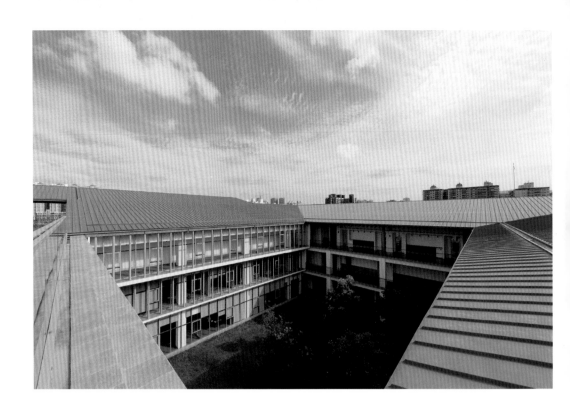

中国台湾，高雄

高雄美国学校
Kaohsiung American School

张玛龙、陈玉霖 / 主持建筑师　　Guei Shiang Ke / 摄影

高雄美国学校是一所致力于将学生培养成世界公民的国际学校。校内的老师和同学来自不同国籍，且学校组织多样化的教学方法。尽管由于搬迁和设施老旧，物质条件受限，高雄美国学校还是吸引了才华横溢的师生群体，已经蓬勃发展了25年多的时间。

通过从高雄市政府租赁曾经的胜利公立小学，高雄国际学校终于在当前的位置觅得了永久校址。这里邻近知名的旅游景点莲花潭。建在这里的新校舍设计也经过了严密的思考，将课程安排考虑在内，以期满足所有学生的需求。

"顺序空间流通设计"反映的是适合高雄美国学校教育理念的空间特点，清晰地构建既灵活又高度通畅的建筑循环空间。这种空间特征使得学校的使用者可以轻松到达可用资源，永久空间边界则鼓励通过融合与视觉协作实现多种学科的分享和交流。双院设计和不同建筑体量共存的结合，打造出在封闭与开放之间灵活转换的流通空间。我们将建筑循环设计视为持续教育空间的延伸。扩大的楼梯可以用作课前的聚集空间，走廊上频繁出现的橡木长凳提供小型见面空间。

走廊尽头的空间可以举行活动，几个加宽空间安装了隐藏投影仪和屏幕，方便日后展开教学活动。四方院子/建筑是19世纪以来美国的高等教育机构中经常使用的空间建筑类型。在台湾本地建筑体系中，"四合院"是家族聚居的场所。我们将两个文化现象融合在一起，将台湾传统的走廊设计和美式校园常见的宏伟凉廊设计相结合。

四合院设计不仅通过传统建筑形式的继承融合两种文化，半开放式的走廊也能避免出现全封闭建筑的能源消耗和通透感缺乏。教室与学生都能充分接触阳光、风与周围建筑的自然光线。小学部坐东朝西，中间有一块绿草茵茵的院子。周围是一组树木，中学部中央是一个巨大的木质平台。

连接两个院子的是学习中心，一处包含展览大厅、多媒体中心、图书馆和屋顶露台在内的核心公共空间。学习中心位于校园中央位置，由半开放走廊连通，形成双环式的循环空间，与无穷符号的形状相类似。因此，学习中心从各个方向都可以进入。学生们可以步行穿过走廊进入一楼展览大厅，或者从图书馆三楼前方的半开放空间到达屋顶露台。从足球场返回的学生们可以走上大楼梯，穿过多媒体中心，最后回到教室。这样的空间安排使得学习中心充当信息以及人流的交换中心。

鞋盒形状的礼堂能够容纳400人。当学生们需要排练时，可以使用大型推拉门延长后台区域，将相邻的音乐教室包含进来。这也可以将音乐教室变成辅助后台空间，供大型演出时使用。礼堂两侧

的吸声木板背后都安装了隐藏的吸音窗帘。进行话剧表演或演讲时,可以打开这些窗帘以便更加清晰地传播来自舞台的声音。举办音乐会时,吸音窗帘则可以收起,增加混响时间,营造更好的音质效果。

具有层次感的建筑外墙与城市环境积极相融。玻璃墙壁和窗户与白色灰泥表面交替出现,精致的挤压铝板,交错有韵律的石板以及外墙木板可以调节太阳照射带来的光线和热量强度,改变外墙遮挡设计,为城市景观增添一丝活泼的同时增加视觉层次感和美感。

高雄美国学校预计将在学校新建筑认证项目中获得LEED2009认证银奖。

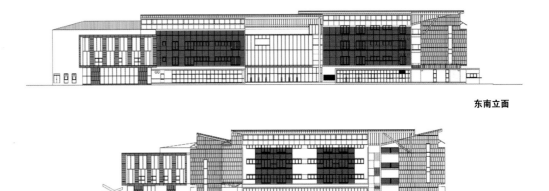

东南立面

东北立面

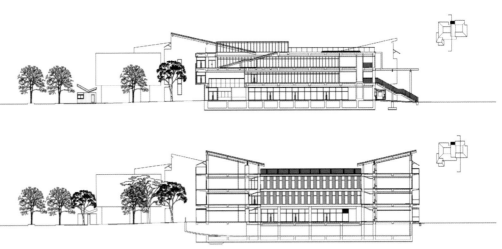

剖面图

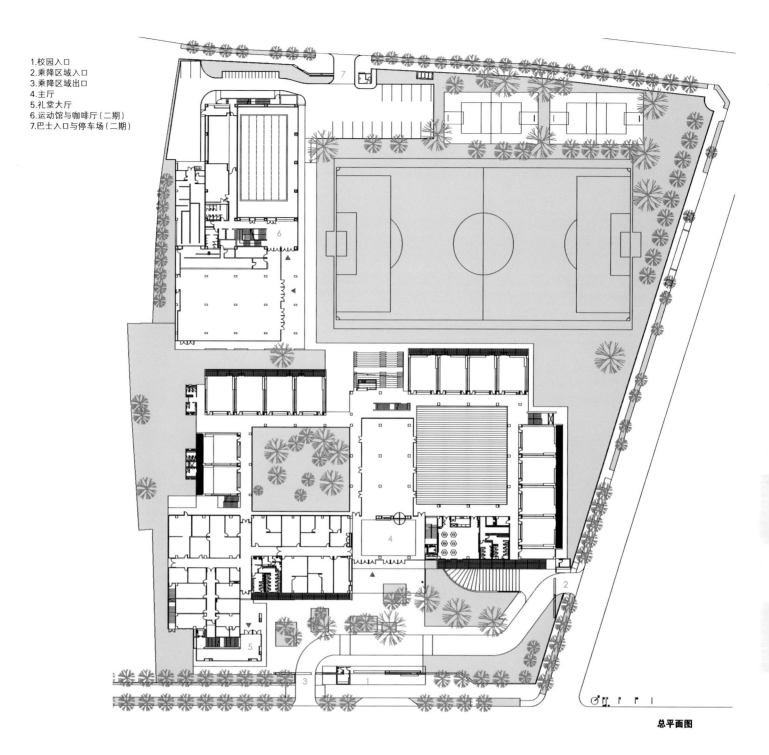

1.校园入口
2.乘降区域入口
3.乘降区域出口
4.主厅
5.礼堂大厅
6.运动馆与咖啡厅（二期）
7.巴士入口与停车场（二期）

总平面图

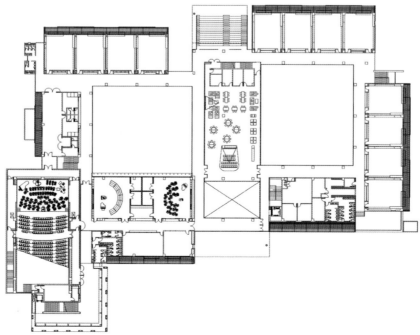

二层平面图

建设单位
舟山市普陀区教育局
设计团队
**张应鹏、黄志强、倪骏、
马嘉伟、肖蓉婷**
建筑面积
**27,622.81平方米（小学），
8,498.69平方米（幼儿园）**
设计时间
2012.10
竣工时间
2015.7
功能
教育建筑

浙江，舟山

舟山市普陀小学和
舟山市普陀区东港幼儿园
Zhoushan Putuo Primary School and Kindergarten

九城都市建筑设计有限公司／设计　姚力／摄影

舟山市普陀东港新区，东边临海，西侧沿山。普陀小学及东港幼儿园位于这块南北走向狭长地带的北侧，沿一条东西走向的城市支路南北相向而居。规划中小学与幼儿园的周围基本都是高层公寓，部分在建，部分已完成。在这黑山白水之间，一片暗灰色的城市背景之中，普陀小学及幼儿园以鲜亮的色彩与明确的个性介入其中，恰与一个天真无邪的孩童贸然闯入一群严肃而沉默的成人之中，带着天使般的快乐与欢笑，虽然有与你不同，然而无拘无束！

或者说他更像一组玩具，一组有着明确的乐高形象的玩具，一组放大了的乐高玩具。只是从私密空间搬到了公共空间，从居室内的客厅搬到居室外的城市客厅，并因此构成周围所有高层公寓的共同风景。他模糊中有着某种强烈的不真实感，然而肯定而具体地存在着。

乐高的英文"LEGO"取自丹麦语"Leg-Godt"，原意为"好好玩"（play well），普陀小学与东港幼儿园用乐高的形式直接作为建筑的立面形象，也隐含着在当下中国严酷的应试体制下的某种良好的期盼与愿景：要"好好学"也要"好好玩"。

幼儿园的立面由红、蓝、黄三原色拼嵌，小学的体量相对较大，在三原色中增加了白色以示区别，并相应减小一点尺度。为了强化乐高的搭建肌理，建筑的形体与空间都比较简洁单纯，以整体尺度与城市尺度相对应。在单纯的整体形体下方，高度一层左右的地方结合出入口及地面景观设计了一圈连续的裙边，小学为灰色、幼儿园为白色，这一细节的处理让上部单纯的乐高形式与下部大地之间在亲密接触的过程中保持了良好的过渡，并因此在建筑的城市尺度之下为儿童的身体规划出另一层亲切的人体尺度。

小学部东立面图

幼儿园东立面图

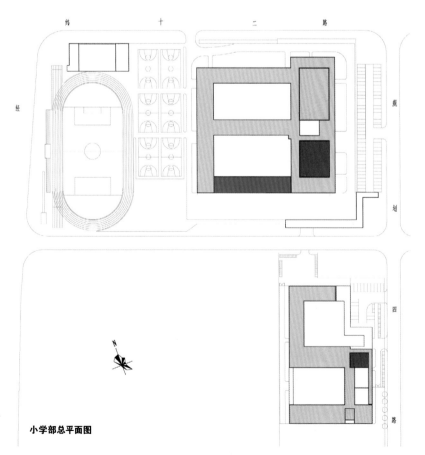

小学部总平面图

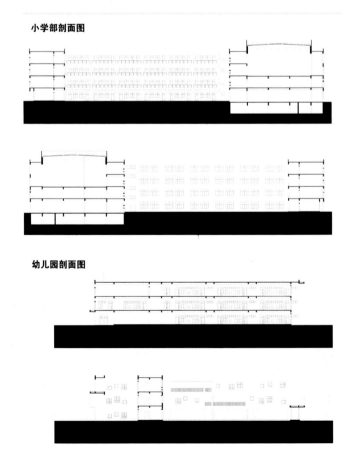

小学部剖面图

幼儿园剖面图

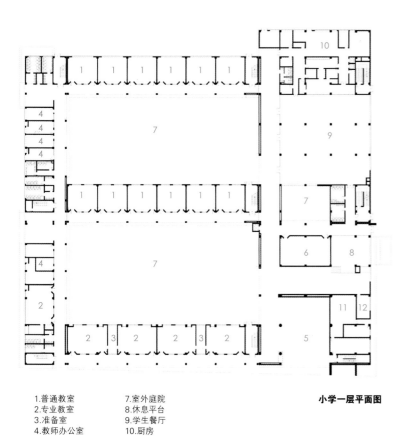

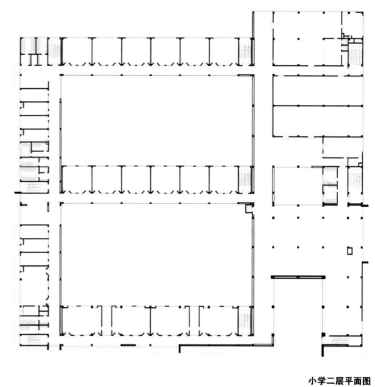

1.普通教室　　　7.室外庭院
2.专业教室　　　8.休息平台
3.准备室　　　　9.学生餐厅
4.教师办公室　　10.厨房
5.入口门厅　　　11.总务室
6.沙画教室　　　12.心理咨询室

小学一层平面图

小学二层平面图

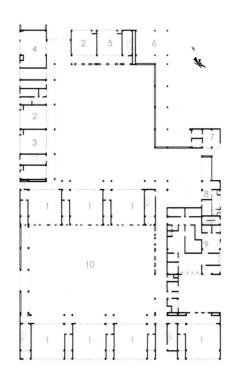

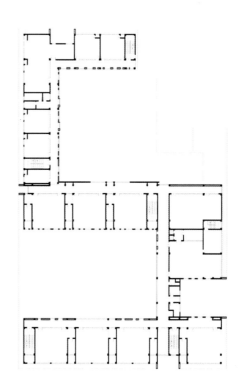

1.休息活动室　　6.家长等候廊
2.专业活动室　　7.门卫、消防控制室
3.教师办公室　　8.晨检、隔离区
4.配电室　　　　9.厨房
5.总务处　　　　10.室外庭院

幼儿园一层平面图

幼儿园二层平面图

设计公司

张斌、周蔚 / 致正建筑工作室

项目建筑师

袁怡、王佳绮

设计团队

李姿娜、李佳、刘昱、丁新宇、肖伟明

设计单位

同济大学建筑设计研究院（集团）有限公司

建设单位

上海浦江镇投资发展有限公司

施工单位

上海广厦建筑工程有限公司

完成时间

2015.5

占地面积

5,092平方米

建筑面积

15,329.3平方米

结构形式

钢筋混凝土框架结构

主要用材

涂料、真石漆、铝镁锰板、平板玻璃、烤漆铝板、
铝型材、型钢、塑木板、预涂装水泥纤维板

工程造价

约1.1亿元人民币

上海，闵行区，浦江镇江柳路

浦江镇江柳路幼儿园

Jiangliu Road Kindergarten, Pujiang New Town, Shanghai

张斌 / 主持建筑师　苏圣亮 / 摄影

作为浦江新镇的高标准教育配套项目，江柳路幼儿园由二十个日托班和一个早教及师资培训中心组成，位于大片的低密度居住社区内，基地西侧道路设置人行主入口，北侧道路设置后勤入口，东、南两侧与住宅区接壤。场地规整，南北进深较大。中福会是国内知名的幼儿教育领导者，它对幼儿园设计有自己明确的诉求：一是强调室内外空间的整合关系，创造多层次的幼儿户外活动空间；二是鼓励幼儿的自主成长，将公共空间视为幼儿自主活动的空间载体；三是重视日常运行管理中的安全性与便利性。

本项目的设计就开始于在结合我们的幼儿园设计相关经验的基础上，对于中福会的空间关切的充分回应与引导。总体布局上建筑尽量靠北、靠东布置，留出南侧和西侧大片的户外活动场地。建筑整体呈现为基地北半部两栋平行微错布置的条形教学楼和东南角的一栋点式学前师资培训中心，它们由底层容纳了所有公共活动设施和管理办公的两个基座连成一个整体。基座的两部分相互对应，在教学南楼的底层形成了一个多功能的架空活动场地，既作为整个幼儿园的主入口空间，又将北侧由两栋教学楼围合的内庭院与南侧的大片户外活动场地相连通。入口架空空间的东、西两侧分别对应访客与办公门厅，以及幼儿晨检与主门厅。东侧基座的北半部为办公和家长接待空间，便于园方与家长互动，通过数个小庭院解决采光通风问题；南半部布置多功能厅和室内游泳池，直接面向南侧主活动场地；南北两半之间正好是独立设置的早教和培训入口。西侧基座内主要布置各种专业活动室，并与可以用于各种幼儿自主活动的富于变化的宽大的曲折走廊连成一体。基座的屋顶在二层形成了一系列由绿篱围合限定的活动平台，并在东南角由一个绿化大坡道与地面活动场地相连通。

所有的日托班都在两栋教学楼的二三层南侧，北侧除了交通、服务设施之外就是一个带有多处放大空间的走廊系统，每个日托班的活动室外都配有可以延展幼儿活动的放大走廊空间，并配有数个贯通上下楼层的小型共享空间，让每个楼层密集的班级空间在这些地方可以得到释放，同时也加强了楼层间的互动。两栋教学楼在二层的共享空间里都有一部醒目的大楼梯与底层公共空间相联系，让孩子们的上下楼过程更有趣味性和吸引力。

由于这个幼儿园的规模超越了一般配置，如何控制尺度感知成为设计中的一大重点。在外在形态上，我们将大小差异悬殊的三栋主体建筑都以和内部单元空间相对应、同时又有微差的小体量错落叠置而成，并用可以为顶层带来更多空间潜力的双坡顶单元的重复拼接来消解教学楼相对巨大的体量，使主体建筑更接近小房子的抽象聚集。立面上通过不同的开窗方式的交错并置所获得的虚实变化更加强了这种空间意向。底层基座主要通过南端大空间的偏转分形的地形化处理，以及其他各处错落分布的

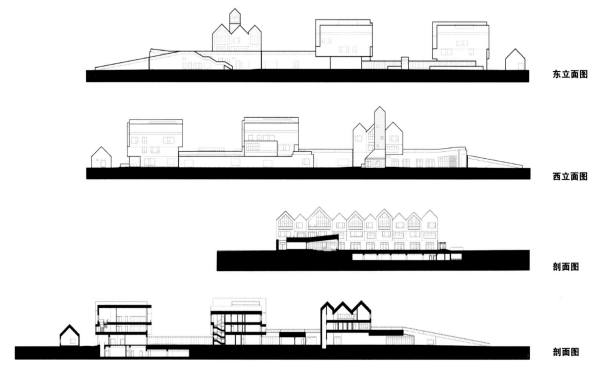

东立面图

西立面图

剖面图

剖面图

小庭院来控制外部的尺度认知。西南角基地主入口旁的门卫兼钟塔既是园方希望设立的入口标志物，又以垂直向的设立平衡了主体的水平性延展。而在内部空间上，主体建筑是把通过走廊纵向组织的整体感知和通过屋顶贯穿班级空间和走廊放大空间的横向组织的单元感知结合起来，以达到单一尺度的消解。底层的公共空间也由于那些曲折变化并与庭院互动的走廊空间以及被限定出的多个自主活动空间，其尺度感在连续中得到了不同变化的定义。

建筑的构造、材料与色彩选择其实也是空间与形态策略的延续。底层基座为灰色真石漆，在架

空、门廊、窗洞等开口部位引入明亮的色彩，在保持整体性的同时又富于变化的趣味。二、三层主体建筑采用正面为灰白涂料，侧面为彩色涂料的方法来处理，凸显体量的凹凸错落感。而银灰色的铝镁锰板坡屋顶很好地平衡了与其同向的侧墙面的色彩变化。室内部分也以白色涂料墙面作底，结合楼梯、中庭、班级卫生间等的明快色彩运用凸显空间中的认知重点。室内玻璃隔断的浅木色也用以平衡色彩的变化。特别是底层居于两栋教学楼之间的图书室，通过完全的浅色木质界面和家具的处理，以及内部自由错落的微地形台地阅读空间的设置，营造了尺度宜人、温馨自由的幼儿交流空间。

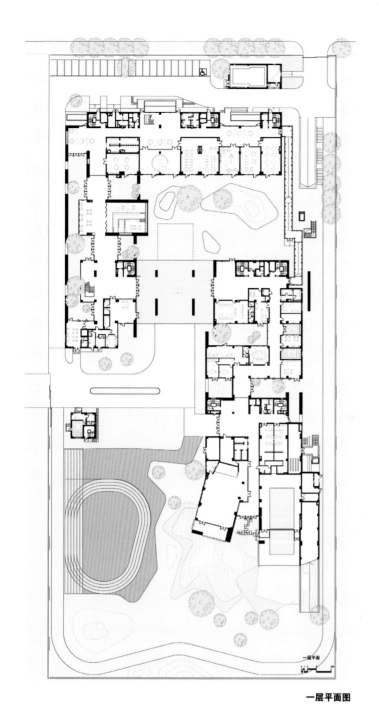

一层平面图

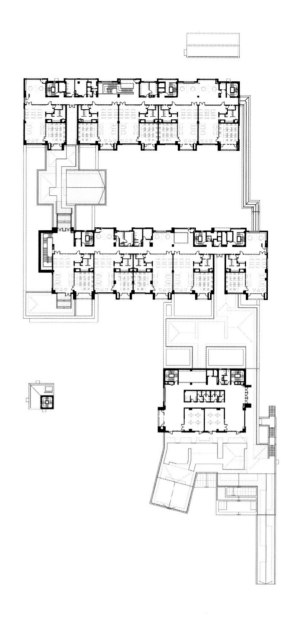

二层平面图

设计团队
刘宏伟、张弘、付浩然、马梁程、
杨辉勇、杨易欣、张利方
项目委托
北京淘乐思幼教机构
建筑面积
3,500平方米
建成时间
2015年

北京，通州

淘乐思CBD幼儿园
Tales CBD Kindergarten Renovation

在场建筑|SPACEWORK Architects / 设计

原始的幼儿园平面布局为南北两排班级教室，通过走廊连接成向东开口的半围合形。改造前的主要负面评价是室内空间封闭混杂，户外活动场地局促单调，对于儿童活动的支持匮乏消极。改造设计的任务聚焦在重新组织原有建筑室内外空间的关系，使用尽量朴素低廉的材料和构造提升空间的质量和可玩度。可玩的意思是从儿童的视角来理解，建筑本身有趣，激发想象力，鼓励孩子们自己去玩耍。

设计过程中，我们意识到以前以功能设计为导向的设计方法比较多地关注在功能划分、使用流线以及空间平面尺寸方面的控制，而对于空间的品质、气氛，空间与人之间的互动联系往往比较缺失。这使得建筑与空间对于人的感染力，空间的使用者在建筑中的参与度都非常低。

对幼儿园来说常常就借助大量的家具、物品及玩具来填充，然而简单地累加物品往往起不到正面

的作用，反而使空间杂乱拥挤，更起不到对儿童潜移默化的启蒙作用。所以，改造设计的根本工作需要回归到建筑基本层面，重新建构空间的格局。

从整理室内外空间水平及垂直联系入手，对原有公共空间的脉络通过打通、连接、附加等手段使其更加连通、完整，赋予流线更多的选择和冗余度。公共空间在基本的交通功能之外，转变为儿童的游戏场所。激活外围的通道，把零散的户外空间串联在一起，室内外空间相互嵌套缠绕起来，原本孤立的中心庭院变得四通八达。地面层全部用于公共活动，除结构和必要的墙体外尽量打开室内外空间的边界。玻璃钢隔栅呵护下的户外空间构成了建筑最外圈的景观环境，把原建筑的半围合形平面补全为完整的环形，嵌入游戏、教学和景观设施。建筑西侧的户外楼梯和栈桥从地面连接到二、三层室内走廊并延伸到屋顶运动场，帮助室内外形成更多的路径回路。

室内公共空间的枢纽部分是三层通高的中庭，原有的走廊和直上三层的直跑楼梯采用的是实墙栏板，从儿童视线的高度其实并不容易看到庭院，封闭感很强。经过大幅度地改造，栏板被替代为散布圆洞的木质透光墙和通透的蓝色钢隔栅栏板，木质透光墙朝向走廊的一侧安装着可以旋转的木质叶片。光线的变化和可以穿透的视线就为孩子们在往来经过的时候制造了一个有趣的经历，自由活动的时候他们可以借助这些墙体嬉戏玩耍，甚至藏身其间躲避同伴的追捕。透光墙和和楼梯栏板的的尺寸都比较大，木色质感和蓝色非常积极地提升了公共空间色彩的丰富性和活跃度。

三面围合的中心庭院朝东开放，三层落地的玻璃幕墙意味着室内通高空间和中心庭院二者密不可分。这种状态给设计创造了一个想象的空间，被发展成音乐厅一般的场景，三个楼层走廊外侧的木质透光墙作为光线的媒介，赋予了这个场景的表演

性。庭院和走廊对应于舞台和观众席，光线条件变化，二者的角色也会互换。中心庭院亦因此真正实现了作为中心的意义。

　　色彩和光线在淘乐思CBD幼儿园改造设计中被特别予以关注，一方面是基于我们自己对建筑和空间的本身的理解，另一方面是对北京城市景观缺乏色彩和自然的有限补偿。在大环境品质不佳的状况之下，设计策略采用造园的思路和手法来塑造一座以儿童为主体的园林。儿童园林首先需要适用儿童更加动态的行为模式，室内外和户外元素之间都会避免高差，在转角拐弯的地方给奔跑的孩子考虑足够的缓冲空间，地面的材料避免太过光滑和粗糙等。园林同时也是孩子的游戏场，户外空间通过蓝色隔栅墙增加出来许多的角角落落，作为孩子们相互追逐嬉闹的屏障。儿童园林与纯粹景观的园林既有着空间层次方面的共性，也有着意趣不同的诗意。因为儿童的认知和记忆相对直接和浅显，所有材料、形式和细节的设计就控制的比较直接简单，并未刻意追求构造精美和复杂的涵义，我们希望这些材质构造的方式被孩子理解，进而通过观察和触摸学习到客观世界各种物质的不同属性。因此，多种多样的元素和材质被编织、嵌入到空间的脉络之中，既有原有和移栽的树木、爬藤灌木、种植的蔬菜作物，也有喷泉、沙池和木桌。

　　蓝院子的设计可以归结为一个简单的愿望：还给生活在其中的孩子们一小片纯净的天地，特别适合游戏，角角落落之间，不时发现一些散布其间的有趣的东西，萌生只有他们自己才知道的想象。

西立面图

南立面图

东立面图

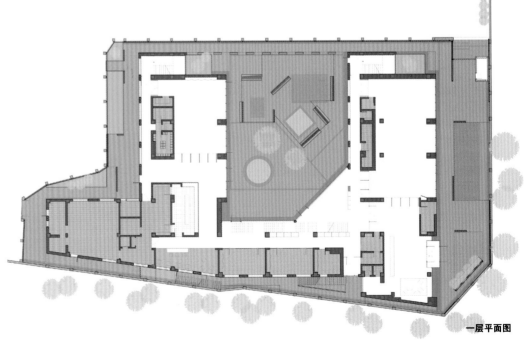

一层平面图

上海，嘉定区，安亭镇

华东师范大学附属
双语幼儿园

East China Normal University Affiliated Bilingual Kindergarten

祝晓峰 / 主持建筑师　苏圣亮 / 摄影

业主
安亭国际汽车城（集团）有限公司
设计单位
山水秀建筑设计事务所
设计小组
李启同、丁鹏华、杨宏、杜洁、
石延安、蔡勉、杜士刚、江萌、
胡启明、郭瑛
结构与机电设计
上海江南建筑设计院有限公司
施工单位
甘肃第五建设集团公司
项目功能
15班幼儿园
建设用地
7,400平方米
建筑面积
6,600平方米
建筑结构
钢筋混凝土框架结构、
部分走廊为钢结构
材料
白色氟碳涂料、透明及丝网印刷玻璃、
铝型材、塑木
设计/建成时间
2012 / 2015年

庭院，在中国的建筑里，不仅仅是一种物理空间的传统，还是情感交流的中心。人们通过庭院维系一个家庭的凝聚力、增进亲友之间的交往，并得以用触手可及的方式与天地、与自然相通。而这对于今天生活在大城市的人来说，已经是一种妄想。

安亭位于上海西北角与苏州花桥接壤的地方。地铁11号线安亭站南边正在形成一片新的生活社区，社区的中心是社区教育、文化及商业设施，这座幼儿园是社区的三所学校之一，也是率先建造的公共建筑，由安亭汽车城出资，在办学上得到德威教育集团（Dulwich）和华东师范大学的支持。

在这片7,400平方米的用地上，要容纳15个班，6,600平方米三层以下的建筑以及各种室外活动场地，是颇为紧张的。不过，我们还是想通过这次机会，为现代都市里的儿童设计一个有庭院的幼儿园，给他们留下关于庭院生活的情感和记忆，并通过庭院帮助他们认识自然、认识社会、塑造自己。

庭院的营造需要建筑单元的围合，我们顺应场地西侧的斜向边界，将建筑群的平面布局规划成"W"形，加上自南向北的退台，最大限度地获得西、南、东三个方向的日光。

经过反复研究，我们发现六边形单元体是适应这一群体形态的最佳选择，蜂巢状的组合能够更好地适应斜边的转折，其内部和外部空间更有活力和凝聚感，也能够消解传统四合院中正交轴线所产生的压力。

最终形成的单元体和庭院是不规则的六边形，其中三个边等长，这使我们能够根据日照和功能的需要进行更加灵活的组合。

园内的廊道沿六边形边缘布置，进入大门，学生和老师就沿着曲折的廊道行走，经过入口庭院和门厅，经过路径的分岔与合并，经过邻班的教室与重重院落的花草，抵达孩子们所在的班级。

在我们为孩子们设计的班级单元里，没有按照规范要求把空间分割成教室和卧室两个房间，而是将两个房间合并，使孩子们的室内空间成为一个灵活的整体：教室内的集中活动围绕中心的圆柱展开，分区活动则可以和六边形的墙面结合。

在幼儿园教室的设计规范中，窗户的开启把手必须设在1.4米以上，以排除幼儿自行开窗的风险。我们以此为起点，结合幼儿和老师的身体尺度对窗户进行了特别的设计，在离地面30厘米到130厘米的高度内专门为孩子设计了凸窗空间，成为他们摆放玩具、阅读和照料小植物的场所，凸窗的上方是手柄高度在1.4米的采光通风窗，这道较高的窗户内凹，方便女性老师控制开启。

对幼儿行为的过度保护是现实的"中国特色"之一。在设计过程中，我们还曾经尝试在室外有活动场地的凸窗上设置推拉窗扇，允许孩子们爬进爬出。这样，除了正式的大门，孩子们可以在户外活动时间用自己的方式自由进出室内外。但这一想法由于规范的限制和管理问题未能实现，凸窗部分的窗户仍然只能做成固定扇，不能开启。

退台的设计策略使我们可以在二层和三层设置庭院。这样，一到三层的每间教室都与室外的分班活动庭院直接相连，两个班级分享一个庭院。从每个庭院开始，孩子们又可以再次出发，去往图书室、音乐室、美术室、游戏室、食堂、多功能厅、小小农场以及其他班级的庭院和教室。同时，室外楼梯使二楼和三楼的孩子能够便捷地从自己的庭院加入到一楼大操场的活动中。

在精心的组织下，我们将各种尺度的室内空间和庭院空间串联在路径上，使孩子们的每一次"外出"都能够通过庭院获得更多与"自然"和"社会"接触的机会。我们相信这些探索、发现和交流的经验，将以潜移默化的方式成为他们童年记忆的一部分。

总平面图

1.分班活动平台
2.班级
3.专业活动室
4.消毒间
5.多功能室

剖面图

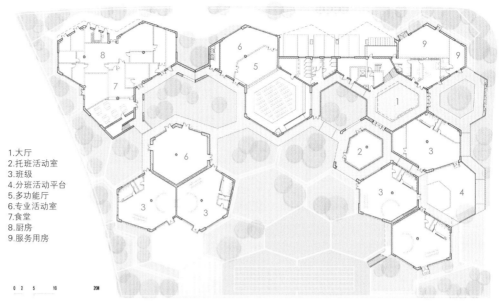

1.大厅
2.托班活动室
3.班级
4.分班活动平台
5.多功能厅
6.专业活动室
7.食堂
8.厨房
9.服务用房

0 2 5 10 20M

一层平面面图

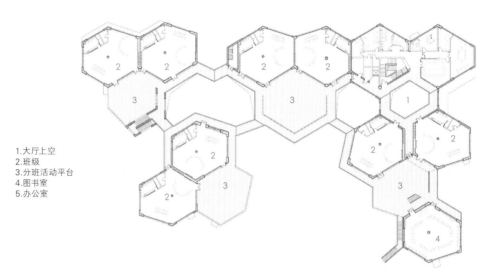

1.大厅上空
2.班级
3.分班活动平台
4.图书室
5.办公室

二层平面面图

业主
私人
设计团队
陈忱、Federico Ruberto、
Nicola Saladino、刘一苇、
Aniruddha Mukherjee、
薛扬、徐宽信
土建及室内施工
北京钜匠绿建科技有限公司
幕墙施工
北京睿博建筑装饰有限公司
类型
改造&景观
功能
住宅
规模
建筑 120 平方米，景观 200 平方米

北京，顺义

顺义住宅
Shunyi House

reMIXstudio | 临界工作室 / 设计

该项目为住宅改造，业主是一对从事编剧工作的夫妇。原有建筑面积500平方米，分布于上下三层。编剧夫妇需要一个新的两层通高的工作室、一个屋顶平台、一个菜园和一个观影空间，并希望借此机会对已有的庭院加以改造以适应整体的建筑空间。

我们的空间干预试图创造一部由多个位于不同标高的，不同大小与性格而又彼此相连的室内外空间组成的蒙太奇式的空间序列。新加建的体量作为一个缓冲空间，过滤光线与视线，成为外部环境与原有室内空间的过渡地带——无论在功能的私密与开放性，光影与材质的控制方面，创造了一系列微妙的层次。空间的整体性通过对所用材料的质感、色彩的近乎洁癖的精确限制而达成：轻盈的钢结构，用来控制光影的纤细的铝百叶表皮，给予不同通透性和私密性的玻璃及纺织品，坚固而透光的金属格栅

地面与白色自流平地面。材料的统一与纯粹性进一步突出了空间自身效果的多样性，串联成为一部从首层庭院延伸至顶层平台不断变化光影、氛围的连续空间序列。而在不同时间与季节，这些本就丰富的空间效果又会产生更为难以预料的光影变化。

位于不同标高的一系列大小不一的室内错层、阳台和屋顶平台被室内楼梯及室外坡道串联为一个连续的系统，围绕新建工作室的体量穿插交错。原有建筑两个方盒子组成的刻板体量，被转化为一个高差丰富、错落相连的动态空间系统。因可达性太低而被闲置的两个屋顶平台也被纳入新的空间流线而得到激活与利用。传统僵化的功能分区被打破，取而代之的是一个边界更加模糊的活动综合体。各个室内外区域开放而又彼此相连，诸如阅读、写作、观影辩论等活动轻松自由地发生在不同

的空间中。加建的空间因而成为编剧一家日常生活与工作从原有室内空间向室内和半室外空间的自然和无缝的延伸。这个纯粹而明亮的空间系统像是一部白色的舞台，使用者在空间中的停留、行走为之增加了更为丰富的戏剧性。

庭院的植物和铺地为适应新的建筑体形而被重新布置，以和建筑一同提供一个完整连续的场所体验。种植策略重点回应了在高密度别墅区非常典型的私密性问题。竹、藤类及其他高草本植物形成的半透明"屏风"不仅作为遮挡视线的手段，同时引入了更多的层次，从而在有限空间中延展了遐想空间的纵深感。位于加建体量东侧的镜面水池更通过灵动的折射与反射促使建筑与景观融为一体。精心挑选搭配的当地植物族群，在提供丰富质感的同时，不增加日后的维护负担。

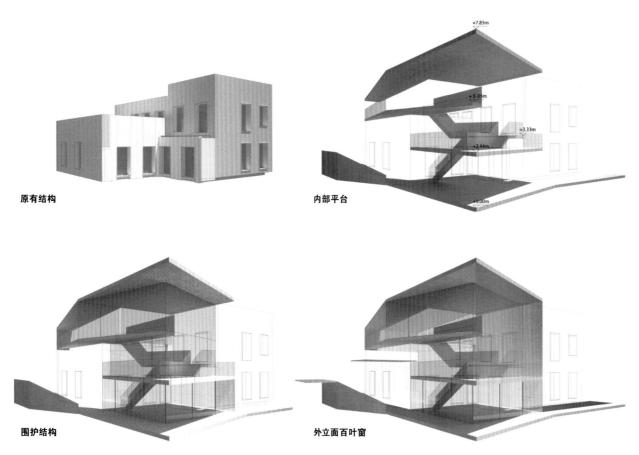

原有结构

内部平台

围护结构

外立面百叶窗

+7.85m

+5.05m

+3.33m

+2.44m

+0.00m

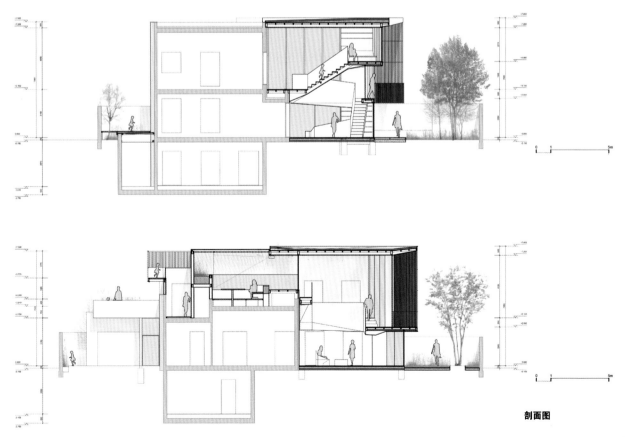

剖面图

扩展部分： 　　原有部分：
A.工作室　　1.车库　　　5.厨房
B.大厅　　　2.储藏间　　6.餐厅
　　　　　　3.浴室　　　7.儿童房
　　　　　　4.书房　　　8.客厅

扩展部分： 　　原有部分：
C.阅读室　　9.13.15.卧室
D.娱乐室　　10~12.浴室
E.东阳台　　14.生活区
F.储藏间
G.厨房花园

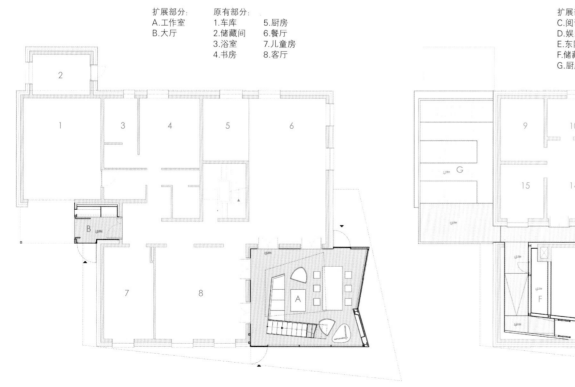

一层平面图

二层平面图

云南，大理

竹庵，喜洲
Zhu'an Residence, Xizhou

赵扬建筑工作室 / 设计　陈灏 / 摄影

这是一个为画家蒙中夫妇设计的私人住宅。基地位于喜洲镇某古村边缘，毗邻大片的田野。

这座新建成的院宅的内向性与其周边传统院落的内向性相合。草筋白（石灰混合草筋的外墙处理）——在大理地区是一种常见且廉价的外立面材料——同时也把新建筑与其周边环境联系起来。

这座房子被划分为门厅、前庭、中庭以及后庭（主人使用的私密区域）。九个不同大小的院子缩小了传统院落住宅的庭院尺度，并把院落与一系列的功能房间联系起来。位于西南处的入口序列包含两次180度的转向，引领访客到达南部的院子。西侧的廊院作为一个直接到达私密区域的通道，经过的同时还能一瞥中庭的水面。从起居空间望出去，向

东是大片的稻田，向西则是中庭的水池，以及在西边廊道庭院的植物和岩石之上邻居房子的瓦屋面。私密的区域围绕着四个尺度、朝向各不相同的庭院来组织。因此，阳光从不同的方向被引入建筑内，人们可以察觉到空间氛围在一天当中随时间的变化。

对于这座房子而言，结构元素是不希望被看到的。通过将墙厚设计在200毫米的厚度，被刷上外墙材料后，柱子和填充墙将无法分辨。在南部院子，有一边达到了最大的跨度8米，这要求梁的尺寸要达到600毫米高。然而，不同尺寸的梁通过将它们反置在楼板之上而变得不可见。在这里，结构的表达是次要的，也使得光影、水面、植物以及业主收藏的家具得以成为表达效果的主体。

业主

蒙中、文一

设计团队

赵扬、商培根

建筑面积

426平方米

结构形式

混凝土短肢剪力墙+混凝土砌块

造价

2,000,000 元人民币

设计阶段

2014.8—2015.2

施工阶段

2015.2—2016.1

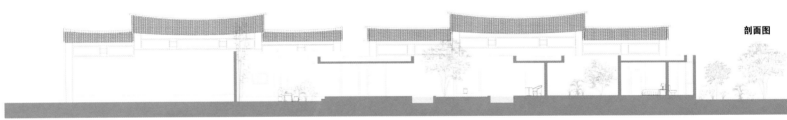

剖面图

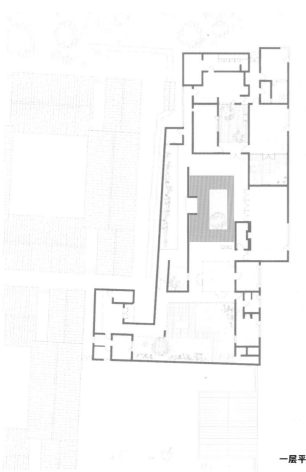

一层平面图

建筑设计
荣朝晖（江阴建筑院）
室内设计
荣朝晖
景观设计
吴敦达（杭州问美）
建筑面积
1,081平方米

浙江，嵊州

朱家老宅改建项目
Zhu's House Renovation

江阴市建筑设计研究院有限公司／设计　胡义杰／摄影

"朱家老宅"坐落于浙江嵊州的山区里，偏离城镇，四周山势陡峻，一溪清流门前淌过,这里的山区一直保留着江浙一带古老而朴实的民居建筑，本次项目由建筑师荣朝晖担纲，领衔杭州问美团队承担了建筑、景观及室内一体化设计。

设计团队初次造访此地时，被这山势和峡谷的美景所深深吸引。出于敬畏自然的职业本能和业主对于乡愁情怀的诉求，"如何保留山势造型而不被新的建筑过度干预？"的思考，这也是解决本案关键问题的难点和切入点。而同时面临的问题是，山地地形可供建造的实际面积很少，将山体挖空太多来满足面积问题的同时，又容易导致山体裸露过多而形成山体滑坡的隐患。

建筑师的初衷要让建筑"隐却"而让步自然。

于是开始了"挖山—填山"的设计运动。浙江大部分都是山区地形，可用建造的面积极少，必须先将必要的山体泥石掏去，再用新建筑本身去"填山"，融为山体的一部分。设计中考虑了屋檐的角度和坡度要符合原山体的坡度。整个老宅改建后由原来的垂直3层布局，变为总体4越5层的依山"台阶"式布局，不仅总体面积大大增加，同时形成了多个立体庭院休闲空间，每一层都有花园阳台。

建筑的特殊屋顶造型彰显自然主义的气息，舒展而优雅。细节融入了传统元素；黛瓦融入于青山之中，青砖与落地窗虚实对比，白墙与木格栅的交辉呼应。设计形式现代简洁、优雅大气，充满艺术性和设计感。充分展现现代江浙山区民居的高品质追求。本建筑于2015年竣工。

总平面图

总平面图

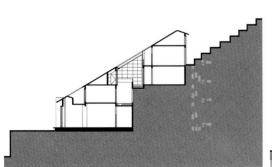
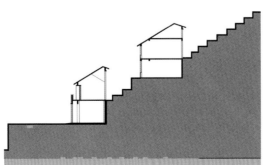
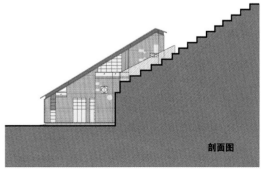

剖面图

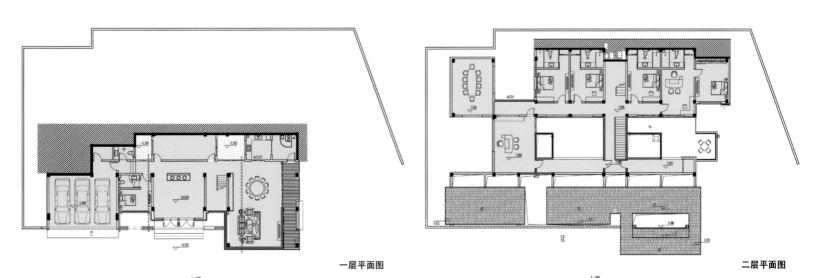

一层平面图

1:100

二层平面图

1:100

结构工程师

洪文明

施工团队

本村老泥瓦匠及村民

绢本绘制

史劫

建造时间

2013年—2015年

占地面积

约600平方米

建筑面积

约520平方米

浙江，宁波

五号宅
NO.5 House

王灏 / 主持建筑师　陈颢、润·建筑工作室 / 摄影

五号住宅位于一个陈旧祠堂的北边，占地约有600平方米，南边院子占地约300平方米，主宅从功能上分为二户人家，西侧偏小，常住者为二位老者，东侧那户则是三口之家。整个区隔二户的一个恬静的天井中种植了一棵紫藤。北边则为宽约10米的一条河流，河流对面即为农村集贸市场，早上与下午人声鼎沸。

五号宅研究始于2011年，整个工作室都在研究如何演变曲线结构，使之完成一个可能性，如何在一个日常的空间尺度里去体验一个宏大的结构体系，纵观整个现代建筑师，拱形梁只有在大型的公共建筑立面出现，去解决大跨度的功能问题；当然，这些拱形梁也提供了壮观的空间力量。抛物拱形梁具备优良的力学性能，如何去营造一个不到600平方米的住宅成了这次的核心。

拱梁，首先成为了一种结构的象征，所以，我在东西长25米的住宅中轴线上设置了一个高度约8米的半圆拱梁，截面尺寸约500毫米见方。这个梁在双坡屋面的屋脊下方约2米处。为了配合水平楼板的重力与弯距传递，我在主拱两侧又安排了另外六个大小不一的次拱，截面尺寸约在400~300毫米左右，水平楼板最开始采用了空心楼板施工法，厚度约300毫米左右，后来由于向下严峻的施工条件，修改成了梁板体系。所有的房间几乎都出现了一个拱梁的片段，并构成房间主要的空间特征，一层到二层采用了低矢高的拱梁楼梯，踏步长度不等变化，二层到三层阁楼的楼梯直接安装在主拱梁北侧，于是，结构变成了一种垂直交通的体验。房间的隔墙一层与二层几乎全部对位，二层的隔墙都与三层的楼板底保持约30厘米的距离，形成一种不受力的清晰状态，虽然结构计算不停地要求局部增加抗震剪力墙，但是我坚决采用全拱承重的立场，仅仅在山墙面处适当调整成了混凝土墙，以增加整体建筑抵抗水平力的能力。

这个住宅，出现了一个偏心的中天井，并在两侧北部出现了小天井，这些天井布置在拱梁的周围，形成了一些垂直的虚空间，这与具备某种象征性的实体拱梁形成一种互补。某种意义上说，我们一直在探索的"自由结构"一个重要的物化标志就是自由穿梭在各个封闭空间的自由拱梁。这是一种曲线的结构体，具备一些日常性，可以成为楼梯，可以成为一个洗手台的支柱。结构与日常空间手可触摸的距离也非常近。

所以，某种"有机的结构"出现在了一个乡下平常不过的住宅里，而且，住宅外表我们保持了非常低调的设计，形成与周边村落里平常的住宅几乎一体化的效果。

东西剖面图

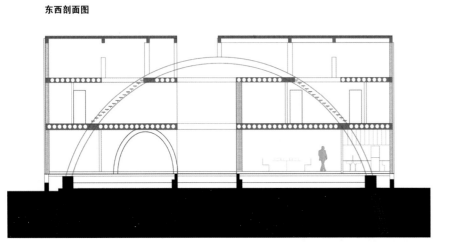

南北剖面图

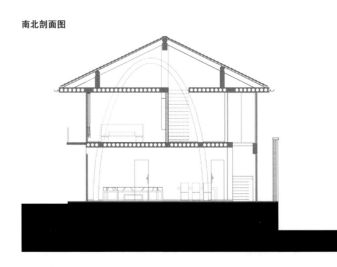

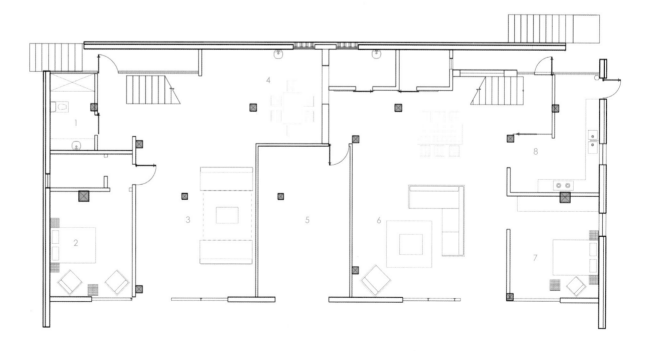

一层平面图

1. 卫生间
2. 主卧室
3. 起居室1
4. 餐厅
5. 天井
6. 起居室2
7. 卧室
8. 厨房

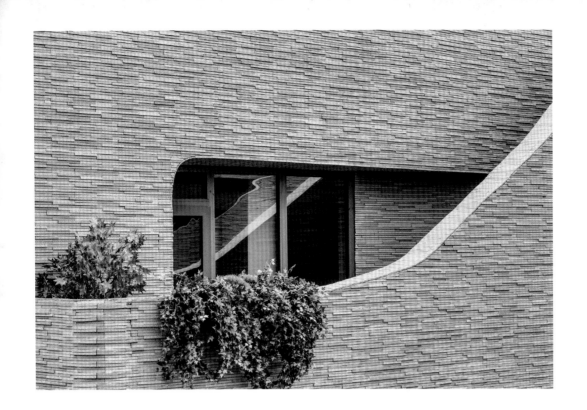

委托方
国锐集团
建筑设计
本·范贝克，向展鹏，
马库斯·范奥德瑞，张朔炯，易文贞，
黎紫翎，刘瑜琛，伊丽娜·波格丹，
克里斯蒂娜·吉梅·内斯，
吉尔·格雷斯
建筑面积
26,455 平方米 (GFA)
工地面积
23,489 平方米
项目
外墙设计

北京，密云经济开发区

国锐·境界
Fairyland Guorui

荷兰尤恩建筑设计工作室 / 设计　Edmon Leong / 摄影

国锐·境界位于北京市密云经济开发区，处在两条河流的交汇处，周围尽是绿化与山景。为了充分发挥所在地的优越地理条件，项目的布局设计采取了开放的形式。

建筑群内以及靠近建筑群的公共空间根据总体规划中的设计概念进行部署，与周围的滨水景观互相呼应。公共空间包含了一条滨河大道，一条林荫大道，以及巨大的中央花园。整个项目中的景观设置都与周围的自然环境相呼应。为了方便居民步行，创造良好的室外环境，项目将车辆交通量控制在最低，车辆只能统一停放在中央停车区域。

个体性与社区独特性的和谐相融也是项目所追求的设计重点。因此，整个项目呈现出连贯性和个体独立性的完美混合。

与雕塑类似，连接独立别墅的是有序的通道和自由形式的建筑结构，力求以不同视角呈现周围的自然景观。

外墙设计

项目的总体规划中，别墅沿河分布，每一间都具有自己的特征和独立生活空间，同时又融入社区空间之中，激发社区效应。别墅的外墙设计预期营造出强烈的内部/外部对比，并为此采用了包括阳台、凸窗、雨篷或露台以及屋顶花园等多种综合元素组合。这些元素经过不同形式的组合，用于在园区打造多种类型的别墅。最终通过几何元素的组织和安排塑造出多元性与独特性并重的建筑。

这些基本元素的创造为实现设计中的多重变化提供了可能，同时有助于保持项目过程中的整体平衡与一致，提高实际生产与建设效率。

处于对家庭生活的考虑，别墅的组织结构成功地结合了现代与传统两种生活方式。别墅里多种类型及用途的房间适合各个年龄段的家庭成员：如进行家庭活动的公共空间、进行家庭聚餐及娱乐的空间以及私密空间等。将室外空间纳入外墙设计进一步强化了生活空间的多样性，而将定向窗户、壁龛式阳台及屋顶作为生活空间的灵活设计在保障业主私隐，获得最大光照，提供广阔视角和开放空间之间取得平衡。

这些额外的外墙特征使得建筑与周围景观的连接更为紧密。外墙弧型表面轻微扭转产生的轻微变形在立面呈现韵律感，增强建筑与景观的连贯性和一致性。此外，外墙采用的泥土色使得建筑与自然环境之间的融合更加浑然天成。

外墙覆面采用回收石材制成，以现代手法应用于外墙，成就曲线流畅的造型，同时也为当地施工队伍做出必要的协调。

可持续性

项目中还采用了多种节能产品和节能方案。考虑到个体建筑的朝向、窗户的位置和大小与热量获得的关系，设计师选择了被动式能源手段。其他节能装置与工艺包括先进的隔热墙壁和窗户技术，可调节地热采暖系统，太阳能装置，能够清除几乎全部杂质提供健康清洁空气的先进通风系统，支持照明装置的风力发电系统以及可持续的建筑材料。

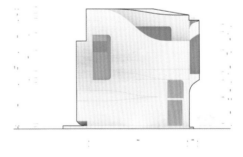

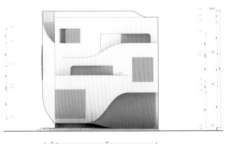

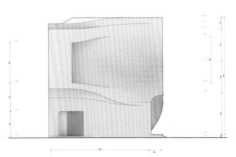

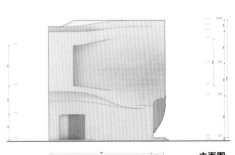

立面图

纹路变化凸现元素

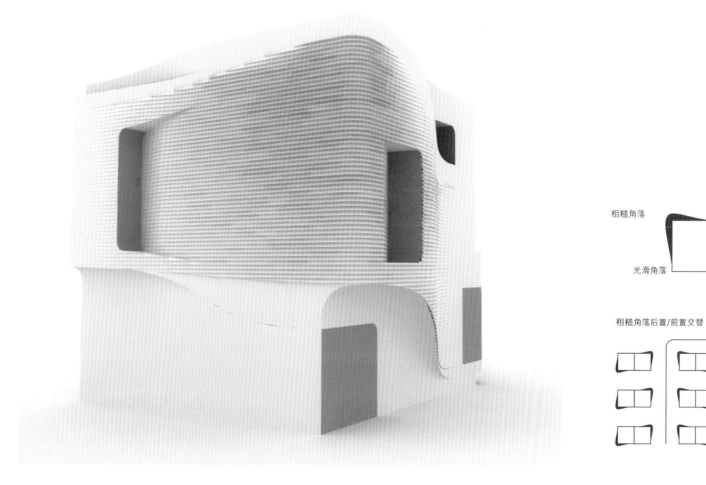

粗糙角落   光滑角落

光滑角落

粗糙角落后置/前置交替

甲方
福州万科
建筑设计
John Curran Architects
设计团队
John Curran、Calvin Lim、
王睿、Alex Valle、Adrian Lo
施工图设计
福州万科
结构与设备设计
福州嘉博
施工
中建四局
规模
一期，建成，地上建筑面积
64,380平方米
二期，在建，地上建筑面积
119,680平方米

福建，福州

福州万科上海道
Vanke Plaza Fuzhou

John Curran Architects / 设计　李玲玉 / 摄影

　　福州万科上海道项目摒弃了在中国随处可见的封闭式居住区模型，选择更加开放、更能融入城市生活的社区模式。一直以来，John Curran Architects推崇社区型建筑，已成功设计并实现了70万平方米的"根植于城市"的综合体社区。

　　白马公园与白马河形成了福州市区的绿化核心，城市日常的生活每天都在这里上演。福州万科上海道项目一期于2015年夏天建成，这一项目实现了创造一个与周围绿地、河流、市场以及其他居住区相融合的、开放的、充满活力的步行社区的愿景。

　　已经建成的项目一期沿一条"文化走廊"布局，这一核心公共空间能够承载艺术展览、音乐演出等公共活动。作为一个城市空间节点，这一社区能够为从公园步行穿越至临近的大学、中小学、医院以及幼儿园等城市公共设施的市民提供生动有趣的景观环境。

　　重生的社区将工作、生活、娱乐以及文化等多种生活元素融合到一起，为福州确立了新的高品质居住标准。在这一社区中，儿童可以在一个安全、绿色、励志的环境中玩耍，父母可以找到一个适合中等收入家庭的居所，并且可以俯瞰白马公园及其在群山环抱中的福州城市景色。

　　秉承明亮、高效、有趣的设计理念，社区中色彩艳丽的居住塔楼为城市天际线增添了新的风景。经过6年的酝酿，这一"步行城市街区"即将荣获中国绿色可持续发展三星评级。

立面效果图

商业街道分析

规划示意图

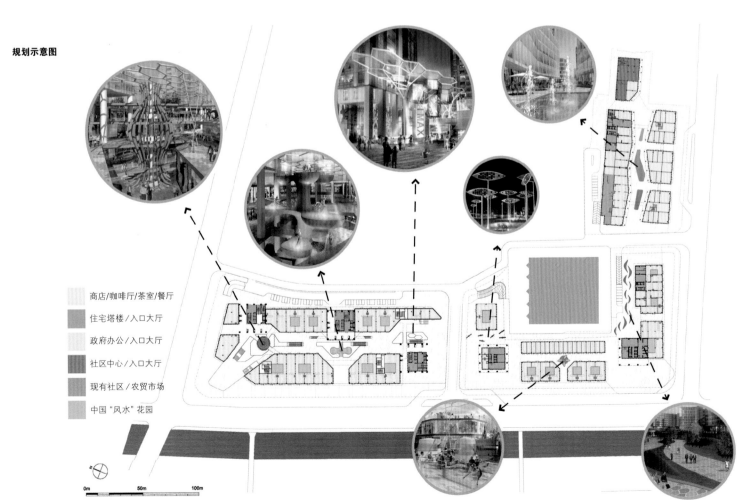

商店/咖啡厅/茶室/餐厅

住宅塔楼/入口大厅

政府办公/入口大厅

社区中心/入口大厅

现有社区/农贸市场

中国"风水"花园

0m   50m   100m

方案设计
KKL Architects
客户
北京瑞坤置业有限责任公司
用地面积
7.2公顷
建筑面积
3.3万平方米
建成时间
2015年

北京，昌平

观山悦别墅区
Guanshanyue Villas

李阳／主持建筑师

观山悦的别墅，其环境是山地的构成，是来源于自然的有机环境，在这样一个环境中的建筑形态，也应该是自然、有机、生长的建筑。

观山悦的别墅不是建筑本身单独构成的，是和环境、气候、光线、人等多方位的因素共同构成的。如建筑设计中的四水归堂的节点设计，在下雨的时候，内坡的屋顶将雨水收集起来，沿专门设计的排水沟排出，从山墙的交汇处形成瀑布，并流入院内的水系。可以说这一体系是一个完整的设计。在这里，气候、雨水、建筑、庭院水系，甚至声音共同构成了完整的建筑理念。离开了雨水，建筑形态的设计就会变得毫无意义。同样，离开建筑本身的雨水也是没有特点的。

再如，对落地窗上遮阳百叶的设计，是考虑了四季日照角度不同而提出的概念。夏季阳光的日照角度比较高，比较强烈的日照从百叶上面照入室内，百叶在这里就起到了遮挡阳光的作用；同样的百叶，同样的位置，到了冬天，阳光的日照角度比较低，所以从百叶下面照入室内，百叶在这里就不再遮挡，而使阳光能够完全照入室内，使得冬季室内最大程度地获得阳光。建筑师根据四季日照角度的变化做了精确的计算，最终确定了最佳的位置、高度、尺寸和分隔。由此可以看出，仅仅对这一理念的理解，就需要一个动态的对阳光变化的关注，是需要对四时、四季每一时刻的一个动态变化的理解。

自然构成的建筑除了其形态，更从材料构成上与自然融为一体。观山悦的别墅以山地原石为墙面、以陶制瓦为屋面、以原木为顶棚、以实木为门窗……都充分表达了对环境的尊重，并展现最质朴的建筑形象。

观山悦的别墅建筑空间构筑的是远至群山近至树木相互协调关系的体现。建筑生长于大自然中，使人无法分辨哪个是自然，哪个是建筑。如同一幅淋漓的泼墨，体现出天人合一的思想。

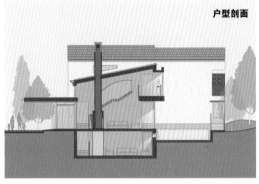

户型剖面

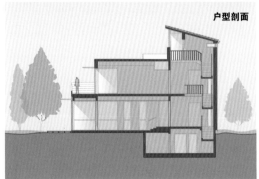

户型剖面

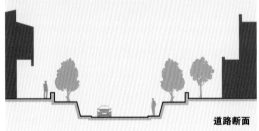

道路断面

户型演示图

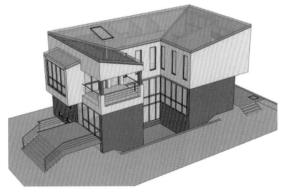

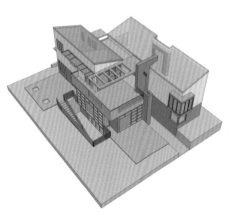

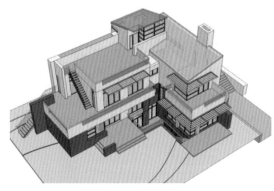

宁夏，银川

银川凯威·观湖壹号
Yinchuan Kaiwei - Lake No.1

李阳／主持建筑师　徐铭／摄影

本项目地块位于银川城区东北，东侧为风景如画的北塔湖，笼罩于西夏千年古塔——海宝塔的浓厚人文气息之中，用地面积266亩。为了尊重"海宝塔"文化遗迹的整体氛围和挖掘银川古城之历史遗风，该地块规划采用纤陌肌理布局，既延续了历史文脉的城市肌理，又最大限度保证了住区本身的舒适和空间绿化率最大化。由于上位控规缺位，又处于敏感的历史地段，本项目的规划审批缺乏宏观依据。我们在尊重当地遗存古建及当地人的生活等文化传承的前提下，整体定量设计项目所在大区的1800亩城市空间规划。公平规划范围内所有宗地的公共资源，最终使业主所在社区的266亩规划一并得到审批通过。

本住区建筑容积率为1.35，依景观条件和开发强度，空间上从沿城市主路的6.5层的花园洋房到住区中间的4.5层的叠院洋房再到沿湖2.5层的Townhouse。空间和建造密度向湖面梯次跌落，景观资源和物业类型也随之梯次升级。

就像高等级的中国传统建筑一样，住宅组团建在一个平台基座上，经过住宅与住宅之间在道路上形成的一个个方整的街道空间系列，到方整的组团空间再到每个单元入口，再到中心楔形自然水景空间。经过有层次、有节奏的空间体验，感受到空间的

礼仪感及登堂入室的尊贵感，方整的建筑空间与自然的景观空间相得益彰。

从传统中国西北民居的启示到立面构成的风格、色彩的研究；从现代中式屋顶形式的探讨、材质应用及构件的处理到景观环境对立面的影响，现代中式空间设计的精髓得以全面展示。结合西北地域文化特色，创造出既符合当地的传统形式特点又具有现代风格特征的整体形象。立面设计概念为：封闭为主，开放为辅；整体造型具有历史风韵，院落环境近似江南园林。色彩上灰色为主，白色为辅，点染红色；神秘的空间层次和穿插的院落及平台，体现现代品质和传统精神生活的结合。结合太阳能光热板的金属构架屋顶、金属质感的转角阳台、长线条的阳台栏杆等，都在力图传达中式建筑的抽象特点。高耸的烟道构件与水平的遮阳百叶形成对比，不同面砖材质和白色涂料的有机构成，使建筑群体更具活泼感，而传统符号的应用，在细节上使建筑群体不失中式思想的内涵。

本项目一经推出，便成为当时银川的顶级楼盘，售价远远高于周边楼盘，除了项目本身的地段优势、居住品质之外，相信其所传达的中式情怀也是吸引业主不可忽略的重要因素。

客户
宁夏凯威地产开发有限公司
方案设计
KKL Architects
总建筑面积
29.73万平方米
建成时间
2015年

叠院洋房北立面

乡村别墅南立面

乡村别墅北立面

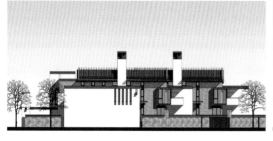

2.5层独联体南立面

2.5层独联体东立面

6.5层情景洋房南立面

项目建筑师

梁幸

设计团队

陈心悦、卢慧娇

面积

15,000平方米

山东，莱阳

居住集合体L
Housing L

徐千禾（AIA, LEED AP）/ 主创建筑师　苏圣亮 / 摄影

"城市的特征向来都是由住宅所表现,事实上如果没有住宅的话,城市将不可能存在。"——《城市建筑》阿尔多·罗西

城市住宅和人们的生活如此息息相关,对于建筑师来说,它们其实是一个特别复杂令人头疼的课题,特别是在急速发展中的中国。中国的住宅开发模式,注定建筑师所面对的用户,也就是未来入住的"居住者",往往只是抽象的市场调查数据,以及客户的商业盈利目标。更有甚者,建筑师的工作往往只是给既有的、"成熟的"、完全迎合市场的平面图穿上一件名为"建筑立面"的外衣,去完成客户对于未知的居住者生活环境的"幻想",各种"风情"也应运而生,所以"千城一面"是一无法避免的噩梦。在这样的环境下,位于山东省烟台市下属的莱阳市的这个公寓项目对于建筑师来说是一个难得机会和尝试。甲方给予的最大程度的信任,让我们在整个实施的过程中最大程度的保留了现代城市居住生活的思考和尝试。

这是汇建筑成立后第一个城市住宅项目,它是

如此的特殊,一个带有明显时代特征,地处一个地级市中心区域空置十多年的烂尾楼的改造。这栋旧楼就像是这个四线小城市的缩影,过去的十多年中,它一直默默耸立在市中心,被遗弃在时代的浪潮当中。时过境迁,新一轮的土地开发爆发,它再次被记起,因为它的位置,和曾经寄托于其身的期许。原构造物为一建成后从未使用过的10层办公建筑,这样类似废墟的不良资产是高速城市化所带来的不可预期的结果。对于它的荒废闲置,周边居民用"路冲"等各种"神乎其神"的说法去解释。城市经济快速发展带来了大量的住宅需求,业主期望能在这城市丁字路口空置多年的构造物内植入新的居住功能,而这也提供了城市未来转型与发展的另一种可能。

一个旧建筑的改造,从原有的公共建筑转变为居住建筑,除了需要通过设计去消除原有建筑闲置后形成的负面影响外,它将如何颠覆"形随机能"的束缚去和城市产生新的互动是一个挑战。基于周边城市发展的需要,户型均为小面积户型,这是我们接受委托时甲方的需求。在不调整原有的结构柱网的原则下,八个居住楼层分割成了三

种共244户居住单元。原有的平面进行了有效的面积分割后,每一层户数相较于一般的公寓类型产品来的更多,但原有公建走廊的狭长和封闭并不适合日常生活的出入感受。为了满足安全疏散以及垂直交通的速率需求,我们增加了电梯厅的数量,并通过将原有体量的折角区域打开,变为公共使用的生活露台,墙面色彩的分段化处理等措施丰富了公共走廊动线过程中的空间体验。小户型的居住单元置入在这15,000平方米的混凝土构造物中,尺度和功能各异的公共空间穿插于其间。各楼层的公共露台的设置消化了建筑平面不适合居住开发的区域,而这些位于转角"路冲"处的户外公共空间也弱化了原有对于这个地级市来说过于巨大的建筑体量对城市空间的影响,这样尺度的空间像是旧时农村居住建筑群中的活动广场般,在垂直向度上提供各楼层住户一个能发生多样活动的场所。让居住者的生活不再只是局限在四堵墙之间,而有更多的空间去感受这个城市和生活。

对于居住空间,由于南侧柱网原本的进深不足,造成南侧房间内部空间舒适度不够,我们在南侧增

加了阳台，标准化钢结构阳台的设计充分满足了构造的安全性和建造速度的需求，1.6米进深的大面宽阳台，就像是小户型室内空间的延伸，同时它也减少了南向直射阳光对室内生活空间的直接影响。低楼层的居住单元和城市交接的界面处，在阳台之外又增加了一层穿孔钢板，它过滤了街道活动对私人生活空间的干扰，阳台在此更像是一个半户外的私人空间。透过公共露台和私人阳台的处理，一种新的居住生活对话发生在建筑和忙碌的城市之间。而北侧，由于条件限制，只能增加标准化的钢构架用以提供每一户的空调外机位的摆设和绿化花架，同时也借此活化了北侧的立面层次。

小户型在平面布局上能高效率的利用空间是必须的。在单元的室内规划上，设计师避免了单一功能非停留空间的存在。食、住和清洁等生活机能，结合了交通空间，再透过必要的储物空间的配置串联成为一个高弹性的生活综合体，而这些单一功能空间边界的模糊化处理，使得居住空间整体具备了更多使用功能的自主性和更高的效率。在整个设计中设计师一直力求让光线和内部空间产生一个自然的交

流，南侧阳台的进深弱化了直射光线对内部空间的负面影响，让整个南向的居住空间更加舒适。而作为内部空间与城市外部空间缓冲的北侧钢结构框架没有遮挡任何光线，光线能够自然均匀的进入，保证了北侧房间内部空间的亮度。

原有建筑作为公共建筑，在临城市的界面是一个相对开敞的处理，而大面积的城市广场随着主体建筑的闲置被停满了路边商行售卖的叉车和汽车，主入口直对城市广场和城市主干道，十分的喧嚣。在景观的设计调整上，原有临路侧的绿化带没有做任何的拆除，只做了花坛边缘必要的翻新和维护，在原有绿化带和建筑主入口之间增加了新的公共绿地和步行道，同时利用一道水墙和鱼池在建筑主入口处围合出一个可停留驻足的"玄关"空间，用以弱化城市主干道交通对建筑主入口的直接影响，同时也强化了其作为居住建筑的私密感。门口新增的景观空间以及各楼层的公共露台的绿化，应对了建筑功能的变更所带来的建筑面对城市的姿态上的变化。

整体建筑形象上，外加的标准化钢结构阳台所

形成的水平带状感，将人的视觉感知引导至沿着道路的方向发散，继而将建筑"阻挡"道路的感觉转化为建筑"沿着"道路顺势而行。用橙黄色强调了原有的结构框架，立面处理上同色的还有阳台分户墙以及晒衣区的玻璃隔扇，再加上钢构件的深灰色、打孔金属板的红锈色和整体的米白色，这些所在城市不常见的建筑颜色形成的组合将建筑从纷扰的环境中抽离出来，勾勒出了公共空间往内延伸的虚空间。用一个鲜活的、虚的空间形象去破除原有立面的仪式感和充满象征意义的建筑符号，营造出一个新的、亲切的建筑形象。

在中国如何做好一个居住空间是我们在整个设计以及实施过程中一直在思考的问题，最后我们的答卷也有很多不尽人意的地方，但是在整个过程中我们还是看到了一个可能，无论是从大的城市发展的层面上还是细小的生活空间多样化上，建筑师是可以为实际的使用者做到更多。在保证甲方经济利益的同时，城市住宅的空间是可以更加的多样和舒适。

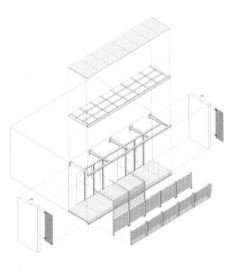

阳台构造示意图-标准层

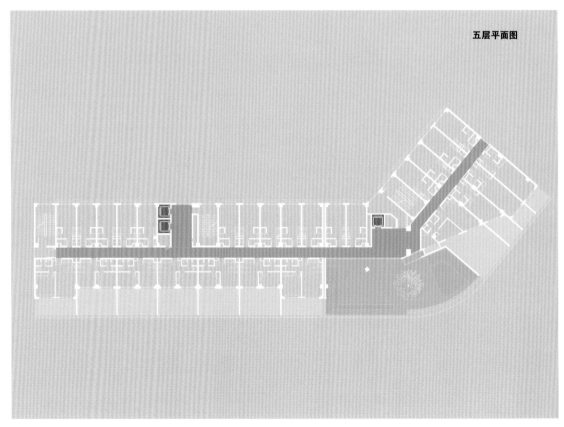

五层平面图

设计单位

中怡设计有限公司

设计团队

杨珮珩、康皓竹、江佩静

完成时间

2015年

总建筑面积

11,762平方米

中国台湾，台北

奇妍出云
Qiyan Cloud

沈中怡／主持建筑师　李国民／摄影

退缩后的延伸

基地位于以生态为主题的北投奇岩重划区，因此与自然呼应、与天空及环山融合，成为本案设计的主轴。呼应生态重划区的规划理念，基地大量退缩出开放空间，包含入口广场、街角广场、节点广场及带状开放空间等虽然大量退缩了一楼的建筑空间，但是借由地面层天花及地坪材质与设计语汇的延伸，及天然、低彩度建材的采用，增添与环境融合的质感及视觉的延伸感，并由大量落地开窗及户外错落的格栅，创造出空间的开放及层次，反倒有退缩后更加宽阔的效果。

去单元性的立面

受限于中小坪数户型的需求，正立面上产生出一个个单元的分割，为了打破单元性、呆板的立面

分割，刻意将各楼层住宅单元的阳台位置交错配置，再以水平带状的遮阳板设计，串起整个立面的一致性，考量正立面出现的工作阳台美观性，采用半穿透的水平向铝格栅，一方面遮挡工作阳台的设备及杂乱，另一方面创造另一种立面的层次语汇。

投影天空表情的遮阳系统

水平贯穿立面的遮阳板设计，主要缘起于正立面西晒的问题，满足遮阳功能又不屏障视线的前提下，玻璃遮阳板便成了最佳的选择。

在思考不让行人、行车产生眩光、有效地反射阳光并能与环境对话的种种需求下，向上倾斜的玻璃遮阳系统便应运而生，不时的反射出天空的变化，造就了本案最好的立面语汇。

垂直绿化

基地周围山系环绕，建筑的绿化也不应仅限于平面，因此我们也纳入了垂直绿化的概念，在部分错置的阳台上种植树木，让立面有不规则的垂直绿化效果，与群山相呼应。

低调沉静的自然与人文

与自然融合的建筑设计下，室内氛围的塑造也倾向于沉静、放松的，材质大多数采用木皮及天然石材，色系上，则多采大地色系，没有华丽、铺张的软装搭配，家具摆饰着重于线条、比例与质感，在公共空间中置入艺术作品，给自然沉静的空间注入人文的灵魂。

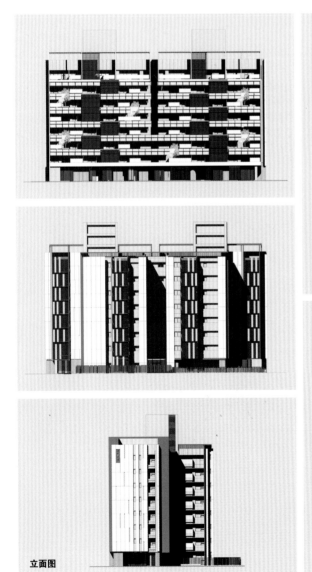

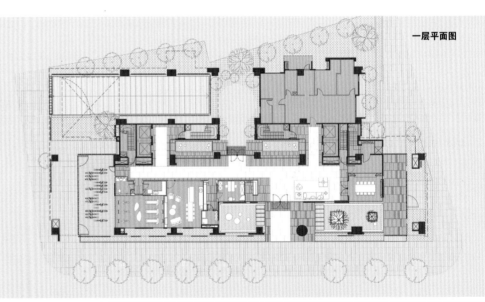

一层平面图

标准层平面图

立面图

设计团队
夏慕蓉、葛宇斐、王素玉、
刘奇才、于军峰
设计时间
2015.4-2015.5
施工时间
2015.5-2015.7
建筑面积
46平方米

上海，金陵东路

水塔之家
Water Tower Home

俞挺／主持建筑师　胡义杰、CreatAR清筑影像（艾清、毛盈晨）／摄影

梦想改造家之水塔的家位于金陵东路389弄23号顶层，系1980年代改建落成于1920年代的水塔而成。面积39平方米，两层，内部用爬梯联系。厨房占用楼梯，屋子年久失修，已经破败不堪犹如废墟。建筑师把水塔之家看成一个复杂系统，这个复杂系统在空间领域上其实等于一个新房子插在旧的结构系统上。在里面，设计师重新组织了功能布局，新空间是基于业主家6口人的人体工学的模数体系以求达到最为经济但舒适的尺度，设计师不认为变形金刚式样的设计是方便的，设计师力争所有设计都简单成单一功能，而这些单一组合在一起则形成多样性。

内部的多样性首先体现在功能上，设计师把业主的需求和在其基础上发展出来的他自己未曾想到的细节整理成140多条愿望清单作为设计任务书，具体到人，没有借口用自己的审美直接伤害户主的使用。其次是空间的多样性，设计师利用L形楼梯在7个不同标高展开空间和场所叙事。设计师刻意摒弃视觉的统一性控制和所谓的建筑逻辑，而在

不同的节点上制造戏剧性场景，形成此起彼伏的高潮。这种戏剧性场景不是杜撰出来的，而是通过对户主的访问引申出来的。最后的多样性是基于户主生活的多样性，以及我提供给他的这个复杂系统可以激发他进一步发展出新的多样性。这个复杂系统虽然小，但基于多样性和一定的自组织从而可以保证它更持久的生命周期。

这个复杂系统的边界是模糊的，由于它本身是旧区的制高点，所以每个窗户都能将景致借入室内，借着精心设置的天窗和刻意处理的枫叶墙以及墙绘的儿童房，打破了气候边界的确定性，这种不确定性最后体现在作为垂直花园存在的阳台和由立面形成的有弹性的气候边界，使得这个复杂系统内部更像一个具体而微的世界，而不是一个常规意义的建筑内部。不过，这个复杂系统在和外部社区系统的边界上还是受制于规定，鉴于街道管理部门建议，水塔之家的建筑外轮廓不宜改动。设计师小心翼翼地沿着外轮廓线重新翻新了外墙、阳台和屋顶，并重新组织了排水系统，并连带楼下一起做

了粉刷。而在外部视线不及的地方，设计师重新设计了阳台内立面和阁楼立面。它们很好地隐藏在基于外轮廓翻新后的立面之下的第二层次，这使得建筑的外立面和室内似乎存在两种设计逻辑，但事实上，它们是基于旧楼的迭次结构形成的相同的设计逻辑，只是表现出不同的审美形式。除了基本的居住功能，设计发掘出了户主意料之外的功能。儿童房、如室外空间的通过交流空间……改造后的空间舒适、尺度宜人。

水塔之家这个小的复杂系统是作为水塔里其他未改建住户的对偶下句而存在，重新被粉刷的水塔又是作为整个里弄的对偶下句而存在。由于我在城市界面坚持一种轻介入，使得这个改造在建成之后重新定义了水塔之家、水塔、里弄和城市的关系后但并没被居民察觉。所有被刻意保护的野心最后体现在屋顶平面上，银色的屋顶飘浮在红瓦屋顶上具有一种超现实主义的图景。很好地改变了这个旧区负面的影响。这是一个在风景里的水塔之家，改造之后，它本身也是风景。

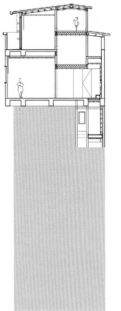
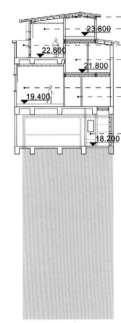

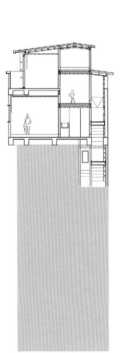
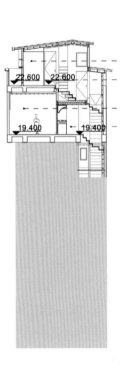

剖面图

浙江，杭州

西溪天堂–悦庄
Xixi Wetland Estate

戴卫奇普菲尔德建筑事务所（柏林、上海）/ 设计　Simon Menges / 摄影

委托方
杭州西溪投资发展有限公司
设计
Mark Randel–合伙人
项目管理
陈立缤–合伙人
景观设计师
新加坡贝尔高林
结构工程师
华东建筑设计研究总院
总建筑面积
11,800平方米
建成时间
2015年

　　西溪国家湿地公园位于杭州郊区，是一处主打自然景观的公园，在一千多年的时间里经过不断的人为改造而成。景观、建筑与水元素之间无处不在的联系是打造西溪国家湿地公园的关键。当地一个新的公寓建设项目也融合了园内的这种氛围。

　　环绕公寓的水景花园代表了湿地公园，以自然景观为主。与这些绿色环境相比，公寓楼看起来就像是卧在水景花园中的黑色大石。公寓采用了西溪地区村庄常见的石质底座结构。这些底座立于水中，不同的层次、墙面和栏杆形成一系列有序的，能够通向公寓楼的外部空间，构成了村落的基础。室内空间采用的是漂浮的设计概念。落地大窗使得自然光照充足，并可以将整个水景花园的美景尽收眼底。

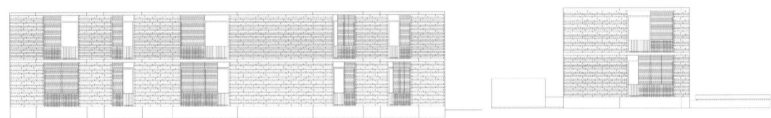

立面图

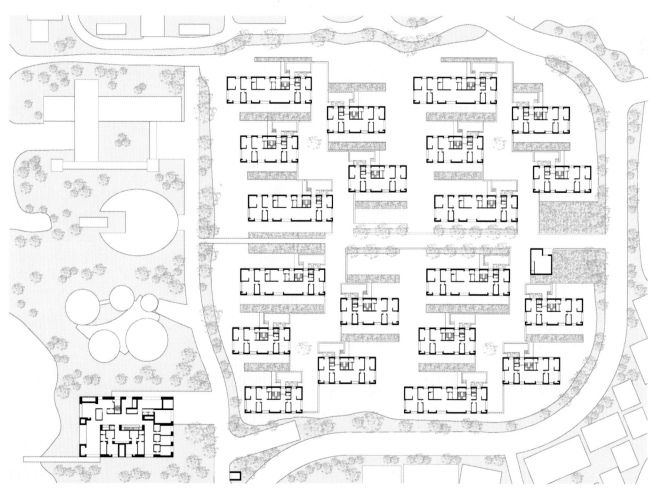

总平面
及户型分布图

主　　编：程泰宁

执行主编：王大鹏

编委（以姓氏笔画排序）：

丁劭恒　卜骁骏　马清运　王　戈　王　灏　石　华　任力之　刘宏伟　朱　锫

张之杨　沈中怡　苏云锋　李　阳　杜地阳（法）　张玛龙　张应鹏　张　耕

杨　昳　李　涛　张继元　张晓东　张健蘅　张　斌　张　雷　李颖悟　张睦晨

狄韶华　陈玉霖　陈　俊　陈　贻　陆　洲　陈　强　周　蔚　赵　扬　南　旭

俞　挺　祝晓峰　荣朝晖　徐千禾　凌　建　徐金荣　袁　烽　徐甜甜　戚山山

黄　河　曹　辉　黄新玉　彭　征　曾冠生　程艳春　霍俊龙　魏宏杨

图书在版编目（CIP）数据

中国建筑设计年鉴．2016：全2册 / 程泰宁主编；潘月明，张晨译．—沈阳：辽宁科学技术出版社，2017.1

ISBN 978-7-5381-9982-6

Ⅰ．①中… Ⅱ．①程… ②潘… ③张… Ⅲ．①建筑设计—中国—2016—年鉴 Ⅳ．① TU206-54

中国版本图书馆 CIP 数据核字 (2016) 第 251772 号

出版发行：辽宁科学技术出版社

　　　　　（地址：沈阳市和平区十一纬路 25 号 邮编：110003）

印 刷 者：恒美印务（广州）有限公司

经 销 者：各地新华书店

幅面尺寸：240mm×305mm

印　　张：72

插　　页：8

字　　数：450 千字

出版时间：2017 年 1 月第 1 版

印刷时间：2017 年 1 月第 1 版

责任编辑：杜丙旭　刘翰林

封面设计：周　洁

版式设计：周　洁

责任校对：周　文

书　　号：ISBN 978-7-5381-9982-6

定　　价：618.00 元（全 2 册）

联系电话：024-23280070

邮购热线：024-23284502

http://www.lnkj.com.cn